产教融合新形态计算机系列教材

C语言程序设计与实践

微课视频版

魏怀明　郝志卿　刘继华　主编

清华大学出版社
北京

内 容 简 介

随着国家对应用型本科和职业本科教育体系的调整,相关院校急需能够与高层次技术技能人才培养目标相衔接的理实一体化教材。本教材正是基于这一需求而编写的。

在教学内容的组织上,本教材强调知识结构的完整性和深刻性;对于基础理论和基本概念,进行了高度的概括和明确的界定,旨在帮助学生形成相关程序设计语言的知识体系。

在教学材料的选择上,本教材注重实践性,构建了由"基本语法示例+语法应用示例+综合应用实践+项目开发实践"等要素组成的知识与实践能力逐级提升的训练模式。通过选取大量典型示例,按照"提出问题—解决问题—分析总结"的讲述方式,着力培养学生的编程技能和职业思维能力。

教材结构合理,层次清晰,任务明确,直击目标。示例典型,内容详尽,通俗易懂。习题丰富,覆盖面广,并与优质的实训资源平台对接,形成全方位的教学资源,对学生学习和教师教学都有良好的支撑。

本教材适合计算机科学与技术、电子信息及相关专业教学使用,也可以供相关技术人员参考。

版权所有,侵权必究。举报: 010-62782989,beiqinquan@tup.tsinghua.edu.cn。

图书在版编目(CIP)数据

C语言程序设计与实践: 微课视频版 / 魏怀明,郝志卿,刘继华主编. -- 北京: 清华大学出版社,2024.12. -- (产教融合新形态计算机系列教材). -- ISBN 978-7-302-67261-6

Ⅰ.TP312.8

中国国家版本馆 CIP 数据核字第 20247MS160 号

责任编辑: 郑寅堃　薛　阳
封面设计: 刘　键
责任校对: 韩天竹
责任印制: 沈　露

出版发行: 清华大学出版社
　　网　　址: https://www.tup.com.cn, https://www.wqxuetang.com
　　地　　址: 北京清华大学学研大厦 A 座　　邮　　编: 100084
　　社 总 机: 010-83470000　　邮　　购: 010-62786544
　　投稿与读者服务: 010-62776969, c-service@tup.tsinghua.edu.cn
　　质量反馈: 010-62772015, zhiliang@tup.tsinghua.edu.cn
　　课件下载: https://www.tup.com.cn, 010-83470236
印 装 者: 北京嘉实印刷有限公司
经　　销: 全国新华书店
开　　本: 185mm×260mm　　印　　张: 19.25　　字　　数: 482 千字
版　　次: 2024 年 12 月第 1 版　　印　　次: 2024 年 12 月第 1 次印刷
印　　数: 1~1500
定　　价: 59.90 元

产品编号: 100445-01

前　言

新一轮科技革命和产业变革带动了传统产业的升级改造。党的二十大报告强调"必须坚持科技是第一生产力、人才是第一资源、创新是第一动力,深入实施科教兴国战略、人才强国战略、创新驱动发展战略,开辟发展新领域新赛道,不断塑造发展新动能新优势。"建设高质量高等教育体系是摆在高等教育面前的重大历史使命和政治责任。高等教育要坚持国家战略引领,聚焦重大需求布局,推进新工科、新医科、新农科、新文科建设,聚焦新质生产力发展,加快培养紧缺型人才。

C语言具有语法简洁、结构严谨、数据类型丰富、功能强大、用途广泛等优点,是典型的结构化程序设计语言。从20世纪90年代开始,它备受软件开发人员青睐,直至现在仍为世界上普及最为广泛的程序设计语言之一。C语言既有高级语言的结构特点,又具有低级语言的功能特点,因此既可以用来编写应用软件,又可以用来编写操作系统等系统软件。在信息技术专业领域人才的培养过程中,C语言程序设计发挥着启蒙的作用,成为众多学校开展计算机语言课程教学的首选内容。

随着国家职业教育改革的不断深入,职业本科层次教育迎来了蓬勃发展期,许多"双高计划"学校纷纷加入这个行列,为经济社会培养高层次技术技能人才和现场工程师是这类教育对于人才培养的目标定位。该类教育具有学科性与职业性双重特性,人才培养过程既要重视理论知识的系统性,又要强化对理论知识的应用和实践性,因此,对教材提出了双重要求:理论知识学习和实践技能训练同等重要。

基于职业本科人才培养模式的特殊要求,本书以C语言的语法学习和程序设计方法学习为基础,重视知识的系统性、深刻性和软件思维模式的形成;以培养分析和解决实际问题为核心,内容构建力求系统全面,知识讲解力求准确精练,示例选取力求典型实用;理论与实践高度统一,理论知识模块化构建,学习过程任务化驱动、实践提升项目化导引;全面系统地介绍了C语言的知识、编程技巧和实践应用。

本书具有以下特点:

(1) **理论教学系统深入**。构建了由"基本语法示例＋基础应用示例＋综合应用实践＋项目开发实践"等要素组成的知识与能力提升的认知模式。在素材选择和内容叙述方面,本书符合学生的认知规律,有利于提高学生的学习兴趣和学习效能。

(2) **实践环节循序渐进**。构建了由"语法认知＋基础编程＋综合应用编程＋项目开发实践"等要素组成的实践教学环节,通过大量由浅入深的习题以及习题编排与教学过程的紧密配合,能够帮助学生更好地理解和掌握与实际问题相关的知识。

(3) **平台支撑资源充足**。配备了丰富的教学资源,内容包含教学课件、教材源代码、习题参考答案、教学计划、试题样本等,与北京浩泰思特科技有限公司联合,为用户提供 Alpha 教学平台全套教学资源及实践教学环境,供教师合理选择使用。

(4) **育人延伸阅读材料持续更新**。为落实立德树人根本任务,利用教材微课及资源体系,持续丰富和更新延伸阅读材料,实现资源的拓展。

本书由多年从事 C 语言教学实践、经验丰富的一线教师编写,其中第 1 章由王龙编写,第 2 章由郝志卿、柳钦云编写,第 3 章由高志娥编写,第 4 章由刘继华编写,第 5 章由姚晓玲编写,第 6 章由杨米娜编写,第 7 章由王志俊编写,第 8 章由魏怀明编写,第 9 章由宁晓青编写。魏怀明、郝志卿、刘继华对全书进行了统稿总撰,杨米娜、王志俊对全书进行了审核。

本书编写过程中,作者参考了有关专著、论文,在此向相关作者一并致谢。

鉴于信息技术日新月异,加之作者水平有限,书中难免有疏漏和不妥之处,欢迎各界专家和读者批评指正。

编 者
2024 年 9 月

目 录

随书资源

第 1 章　认识 C 语言程序 ········· 1
1.1　程序设计语言概述 ········· 2
1.1.1　计算机语言与程序 ········· 2
1.1.2　程序设计语言的发展历史 ········· 3
1.1.3　程序的执行方式 ········· 4
1.1.4　程序设计语言的结构分类 ········· 5
1.2　C 语言的发展及特点 ········· 6
1.2.1　C 语言的发展 ········· 6
1.2.2　体验简单的 C 语言程序 ········· 7
1.2.3　C 语言程序的结构及特点 ········· 11
1.3　C 语言编程过程及开发工具 ········· 12
1.3.1　C 语言程序编写过程 ········· 12
1.3.2　C 语言程序开发工具介绍 ········· 14
习题与实训 1 ········· 18

第 2 章　C 语言基础知识 ········· 20
2.1　数据类型概述 ········· 21
2.1.1　数据类型 ········· 21
2.1.2　C 语言的数据类型 ········· 21
2.2　C 语言常量 ········· 25
2.2.1　认识常量 ········· 26
2.2.2　整型常量 ········· 26
2.2.3　实型常量 ········· 26
2.2.4　字符型常量 ········· 27
2.3　C 语言变量 ········· 29
2.3.1　认识变量 ········· 29
2.3.2　变量的命名规则 ········· 30
2.3.3　变量的定义与引用 ········· 31

2.4 C语言库函数 ·· 34
   2.4.1 函数的概念 ·· 34
   2.4.2 C语言库函数的调用 ·· 35
2.5 运算符与表达式 ··· 36
   2.5.1 C语言的运算符与表达式 ·· 36
   2.5.2 算术运算符与算术表达式 ·· 37
   2.5.3 关系运算符与关系表达式 ·· 38
   2.5.4 逻辑运算符与逻辑表达式 ·· 40
   2.5.5 赋值运算符与赋值表达式 ·· 41
   2.5.6 其他运算符 ·· 42
   2.5.7 运算符的优先级 ··· 44
   2.5.8 表达式中的数据类型转换 ·· 45
习题与实训 2 ·· 46

第3章 C语言简单程序设计 ·· 50

3.1 算法及表示 ··· 51
   3.1.1 算法的概念 ·· 51
   3.1.2 算法的表示 ·· 52
3.2 结构化程序概述 ··· 54
   3.2.1 结构化程序设计方法 ·· 54
   3.2.2 结构化程序的三种结构 ··· 55
3.3 顺序程序设计 ·· 56
   3.3.1 赋值语句 ··· 57
   3.3.2 数据的输入输出 ··· 60
   3.3.3 字符的输入输出 ··· 65
3.4 顺序程序实训案例 ·· 67
3.5 顺序程序实践项目 ·· 69
习题与实训 3 ·· 71

第4章 控制结构程序设计 ·· 75

4.1 选择结构 ·· 76
   4.1.1 单分支结构 ·· 76
   4.1.2 双分支结构 ·· 78
   4.1.3 条件运算符和条件表达式 ·· 79
   4.1.4 多分支结构 ·· 80
   4.1.5 选择结构的嵌套 ··· 81
   4.1.6 用 switch 实现的选择结构 ··· 85
4.2 循环结构 ·· 88
   4.2.1 do-while 循环 ··· 88
   4.2.2 while 循环 ··· 91
   4.2.3 for 循环 ·· 93

    4.2.4 循环的嵌套 ······ 96
    4.2.5 改变循环结构固有执行状态的语句 ······ 98
    4.2.6 三种循环结构的比较 ······ 101
  4.3 控制结构程序实训案例 ······ 101
  4.4 控制结构程序实践项目 ······ 104
  习题与实训 4 ······ 106

第 5 章 数组 ······ **110**
  5.1 一维数组及使用 ······ 111
    5.1.1 一维数组的概念及定义 ······ 111
    5.1.2 一维数组的引用 ······ 113
    5.1.3 一维数组的初始化 ······ 115
    5.1.4 一维数组程序设计示例 ······ 117
  5.2 二维数组及使用 ······ 119
    5.2.1 二维数组的定义 ······ 119
    5.2.2 二维数组的初始化 ······ 120
    5.2.3 二维数组的引用 ······ 122
  5.3 字符数组及使用 ······ 124
    5.3.1 字符数组的定义 ······ 124
    5.3.2 字符数组的初始化 ······ 125
    5.3.3 字符串的使用 ······ 128
    5.3.4 字符数组的引用 ······ 130
  5.4 字符串专用库函数的使用 ······ 135
    5.4.1 strcpy()——字符串复制函数 ······ 135
    5.4.2 strncpy()——指定长度的字符串复制函数 ······ 136
    5.4.3 strcat()——字符串连接函数 ······ 137
    5.4.4 strcmp()——字符串比较函数 ······ 137
    5.4.5 strlen()——求字符串长度函数 ······ 138
    5.4.6 strupr()——小写字母转换为大写字母函数 ······ 139
    5.4.7 strlwr()——大写字母转换为小写字母函数 ······ 139
  5.5 数组实训案例 ······ 140
  5.6 数组实践项目 ······ 142
  习题与实训 5 ······ 144

第 6 章 函数与模块化程序设计 ······ **148**
  6.1 认识 C 语言函数 ······ 149
    6.1.1 函数概述 ······ 149
    6.1.2 函数的分类 ······ 149
    6.1.3 函数的定义 ······ 151
  6.2 函数调用 ······ 154
    6.2.1 函数的调用形式 ······ 154

6.2.2 函数的声明 156
6.2.3 函数中的参数 157
6.2.4 数组作函数参数 162
6.3 函数的嵌套与递归调用 165
6.3.1 函数的嵌套调用 165
6.3.2 函数的递归调用 167
6.4 变量的作用域 168
6.4.1 局部变量 168
6.4.2 全局变量 170
6.5 变量的存储方式及生存期 173
6.5.1 变量的存储方式 173
6.5.2 局部变量的存储类别及生存期 174
6.5.3 全局变量的存储类别及生存期 177
6.5.4 存储类别小结 179
6.6 内部函数和外部函数 181
6.6.1 内部函数 181
6.6.2 外部函数 181
6.7 函数实训案例 182
6.8 函数实践项目 185
习题与实训 6 186

第 7 章 指针 191

7.1 初识指针 192
7.1.1 指针的基本概念 192
7.1.2 指针变量 192
7.2 通过指针操作数组 198
7.2.1 指针与一维数组 198
7.2.2 指针与二维数组 203
7.2.3 指针数组和多重指针 207
7.3 指针操作字符串 212
7.3.1 用字符指针表示和引用字符串 212
7.3.2 字符指针作函数参数 214
7.3.3 字符指针与字符数组的区别 215
7.4 指针与函数 216
7.4.1 指针函数 217
7.4.2 函数指针 218
7.5 指针操作动态内存 221
7.5.1 动态内存的分配 221
7.5.2 动态内存的申请 221
7.5.3 释放动态存储空间 224

7.6 指针小结 ··· 224
7.7 指针实训案例 ··· 226
7.8 指针实践项目 ··· 229
习题与实训 7 ·· 231

第 8 章 用户自定义数据类型 ·· 236

8.1 结构体 ·· 237
   8.1.1 C 语言结构体数据类型概述 ··· 237
   8.1.2 结构体数据类型的一般应用 ··· 238

8.2 使用结构体数组 ··· 243
   8.2.1 结构体数组的概念 ··· 243
   8.2.2 定义结构体数组 ·· 244
   8.2.3 结构体数组的初始化 ·· 245
   8.2.4 结构体数组元素的引用 ·· 245

8.3 使用结构体指针 ··· 246
   8.3.1 结构体指针概述 ·· 246
   8.3.2 指向结构体变量的指针 ·· 247
   8.3.3 指向结构体数组的指针 ·· 248

8.4 结构体数据类型作函数参数 ·· 249
   8.4.1 结构体变量作函数参数概述 ·· 249
   8.4.2 结构体变量作函数参数应用 ·· 250

8.5 用结构体实现链表操作 ·· 252
   8.5.1 链表概述 ·· 252
   8.5.2 链表操作 ·· 252

8.6 共用体 ·· 254
   8.6.1 共用体概述 ··· 255
   8.6.2 共用体的定义 ·· 256
   8.6.3 共用体变量的定义 ··· 256
   8.6.4 共用体变量的引用及特点 ··· 257

8.7 枚举类型 ··· 261
   8.7.1 枚举类型概述 ·· 261
   8.7.2 枚举数据类型的定义 ·· 261
   8.7.3 枚举变量的定义 ·· 263
   8.7.4 枚举变量的使用 ·· 263

8.8 数据类型命名 ·· 264
8.9 用户自定义数据类型实训案例 ··· 266
8.10 用户自定义数据类型实践项目 ·· 268
习题与实训 8 ·· 271

第9章 文件 276

9.1 文件的基本知识 277
9.1.1 外部设备及其操作 277
9.1.2 文件和流的概念 277
9.1.3 文件的分类 278

9.2 输入输出与文件指针 279
9.2.1 控制台输入与输出 279
9.2.2 文件指针与命名 280
9.2.3 文件操作过程 281

9.3 文件的读写与定位 282
9.3.1 字符读写 283
9.3.2 文件中读写字符串 284
9.3.3 文件的格式化读写 286
9.3.4 文件的数据块读写 287
9.3.5 文件指针的定位 288

9.4 检测文件读写错误 289
9.4.1 检测文件读写错误的作用 289
9.4.2 检测文件读写错误的函数 290

9.5 文件操作实训案例 291
习题与实训 9 293

附录 295

参考文献 296

第 1 章

认识C语言程序

CHAPTER 1

内容导引

计算机的应用经历了一个由粗浅到深入的过程,在这个过程中功不可没的是计算机软件技术的发展,通过软件使计算机这个冰冷的机器具有了活生生的"灵魂",与人类的活动建立了密不可分的关联。软件是程序的集合,程序是由计算机语言编写而成的,因此计算机语言是计算机应用领域中基础的知识要素。

与计算机应用的发展相同,计算机语言的发展也经历了漫长的过程,产生了特色各异的诸多语言,其中 C 语言是国际上流行的计算机高级语言,于 1972 年由美国贝尔实验室的 Dennis M. Ritchie 设计完成。1978 年以后,C 语言移植到大、中、小、微等各种计算机上,有了更加广泛的应用,从 20 世纪 90 年代开始,C 语言成为世界范围内普及最为广泛的程序设计语言之一,它被称为是具有低级语言功能的高级语言,既能用于编写系统软件,又能用于编写应用软件,被广泛应用于各种软件的开发。因此,"C 语言程序设计"成为计算机及相关专业学生的必修课,也成为计算机从业人员必备的知识储备和技能养成训练的基本课程。

本章重点学习和了解程序设计语言的相关概念、C 语言的发展历史、C 语言的主要特点、C 语言的构成,初步认识 C 语言编程环境、程序设计与编译过程。

学习目标

- 认识计算机程序设计语言。
- 了解计算机程序设计语言的发展历程。
- 理解计算机程序设计语言与程序的关系。
- 熟悉 C 语言的结构及语法特征。
- 认识和了解 C 语言编译环境和编程过程。

1.1 程序设计语言概述

内容概述

计算机程序设计语言是计算机技术领域最为基础的概念和必不可少的学习内容,了解计算机程序设计语言及发展历程,对于理解计算机语言体系的相关概念和知识非常必要。本节学习重点为:

- 理解计算机程序设计语言与程序的关系。
- 了解计算机语言的发展历程。
- 掌握 C 语言的结构特点。

1.1.1 计算机语言与程序

在线视频

随着信息技术的发展,电子计算机的应用深入到生产、生活的各个领域,诸如用于企业管理的信息系统、各种网站、数据加工、文本处理、邮件系统、自动化生产控制;用于日常生活的小程序、App、微信支付、网上购物、网约出行、外卖派送;用于新冠疫情防控的大数据管理;甚至用于无人机、无人驾驶汽车、机器医生等人工智能领域。无论哪个领域的应用都离不开人和计算机之间进行信息交互。现阶段使用的计算机均为电子计算机,通常称为计算机。

人与人之间的交流需要通过语言,比如中国人主要使用中文,英国人使用英语,法国人使用法语等。与人类交流需要使用语言相同,人和计算机之间要互通信息,也需要建立一种信息交换机制,这个机制实质上是一种计算机可以识别的指令系统。**人与计算机之间进行信息交互的指令系统称为计算机语言**(computer language)。计算机语言连接人和计算机双方,因此必须具有"人能懂,计算机也能懂"的特点。为了使计算机完成各种工作任务,除了需要接收表征问题的数字、字符等数据外,还需要有一套能够指挥计算机工作的操作法则,这些**数据和操作法则共同组成了计算机的指令系统,是计算机语言的组成要素**。计算机语言是对工作流程和数据进行表述的工具,是计算机能够正确理解用程序设计语言描述的解决问题的方法;同时程序员能够使用某种计算机语言准确地定义计算机所使用的数据和需要执行的操作。

在计算机的发展过程中,计算机科学家们为了解决不同的问题,发明了许多各具特色的计算机语言。比如早期的 BASIC、C、Pascal、FORTRAN、LOGO 等语言,以及 21 世纪初流行的 C++、C♯、Java 等。随着网络技术的发展,目前像 Python、Java Web、ASP.NET 等支持网络功能的语言层出不穷。不同的语言在于它的操作法则(即语法)不同,学习计算机语言的任务就是掌握这些不同的语法规则。

现实中人类解决问题需要有方法和步骤,同样地,要使用计算机辅助或代替人类解决问题,必须预先使用计算机语言把问题求解方法与过程描述清楚,这就是计算机程序。一个程序就像一个用中文(程序设计语言)描述的工作流程(程序),用于指导懂中文的人来完成一种操作一样,通常用某种程序设计语言编写。这种**用计算机语言描述的解决问题的方法和步骤的一组指令称作计算机程序**。通常计算机程序(简称程序)要经过编译和链接成为计算机易于理解的格式后运行。未经编译就可以运行的程序称为脚本程序。

编写程序的任务就是选用合适的计算机语言,编排合理的解决问题的方法或步骤。一般来说一个程序只能完成一个或几个局部任务,多个程序协调配合,可以构成一个复杂系统,能够解决完整的、系统化的工作任务。通常把**程序及相关数据文档的集合称作软件**(software)。根据所起的作用不同,软件划分为**系统软件**、**应用软件**;其中起基础性、支撑作用的软件称作系统软件,如操作系统、各种程序设计语言、数据库语言等;在系统软件支持的基础上开发的为用户解决专门问题的软件称为应用软件,如办公软件 Office、制图软件 AutoCAD、工资管理系统、小程序、各种 App 等。程序连同需要加工的数据一并存储到计算机中,当需要执行工作任务时,运行相应的程序,计算机就会按照程序规定的动作"不折不扣"地完成工作任务。

1.1.2 程序设计语言的发展历史

在线视频

从发展的历程看,程序设计语言大致经历了 3 个发展阶段:机器语言、汇编语言、高级语言。

1. 机器语言

电子计算机实质上是一种电子设备,当它运行时,其实内部真实存在的是电流,用微电子知识解释为电路的导通和截止,体现为高电位和低电位两种状态,计算机科学家们把这两种状态分别用 0、1 表示,这样就使得电流和数字之间产生了密切联系,由此可知计算机设备上仅能承载 0、1 两种信息,由 0、1 两个数码构成的数制称为二进制数。计算机诞生之初,人们只能使用二进制代码构造出指挥计算机工作的指令,这种由二进制 0、1 代码表示的指令称作**机器指令**(machine instruction)。例如:用 1011011000000000 表示加法运算。

机器指令是计算机唯一能直接识别并执行的指令,它与计算机的硬件设备有紧密的关联,不同的机型机器指令也不尽相同,机器指令的集合构成计算机的**机器语言**(machine language)。显然,在计算机诞生早期,要使计算机能够按程序设计人员的意图执行任务,就需要按机器语言规则编写一串串的指令代码,这种代码体系与自然语言差别很大,难学、难写、难检查、难修改,难以推广使用,因此只有极少数计算机专业人员才能够编写程序。

2. 汇编语言

为了克服机器语言的缺点,对应机器语言中的每条指令,人们创造了称为**助字符**的符号体系,它用英文字母和数字表示指令,例如用 LD 表示"传送数据"、用 ADD 表示"加"、用 SUB 表示"减"等。

例如:

ADD A　B　表示寄存器 B 与寄存器 A 的内容相加的和存储于寄存器 A 中。

LD　A　45　表示把 45 传送到寄存器 A 中。

这种由助记符集构成的计算机指令系统称作**汇编语言**(assembler language)。与机器语言相比,汇编语言使用起来方便了很多。如前所述,计算机只能直接识别机器语言代码,因此用汇编语言编写的程序最终必须转换为机器语言代码。于是人们又发明了一种称为汇编程序的软件，用于把汇编语言指令转换为机器语言指令。一条符号语言的指令转换为对应的一条机器指令，这个转换过程称为"汇编"。

虽然汇编语言比机器语言简单好记一些，但仍然难以普及，由于汇编语言是基于机器语言设计的，不同类型的计算机机器语言和汇编语言互不通用，是依赖于具体机器硬件特性的，因此这种语言更贴近机器，是面向机器的语言，也称为计算机**低级语言**（low level language）。

3．高级语言

为了克服低级语言的缺点，人们在想方设法寻找更好的编程方法。1954 年美国 IBM 公司的 John Backus 研究小组发明了世界上第一个用接近于人类自然语言和数学语言的符号体系编写程序的语言——FORTRAN 语言，是 Formula Translator 的缩写，意为"公式翻译器"，广泛应用于科学和工程计算领域。FORTRAN 语言的出现具有划时代的意义，它改变了之前人与计算机的交互方式，将人们从代码编辑和校对等烦琐的劳动中解放出来，把主要精力转向解决问题的策略研究中。把这种用接近人类自然语言和数学语言的符号编写程序的语言称作**高级语言**（high level language）。FORTRAN 之后，有很多种计算机高级语言相继问世。

某种高级语言的示例如下所示：

```
print(a + b)
a = 45
s = R * R * PI
```

1.1.3　程序的执行方式

高级语言是相对于低级语言来说的。从示例可以看出，高级语言采用的符号更接近于人们固有的知识体系，同时它不依赖于具体机器，编写的程序在任何型号的计算机上都可使用，因此说它离机器"远"而离人"近"。

显然，计算机不能直接识别高级语言编写的程序，必须有一个翻译器对其进行"翻译"才能获得结果。高级语言的翻译方式一般有两种类型：编译方式和解释方式。能够把用高级语言编写的程序（称为源程序）转换为机器指令程序（称为目标程序）是高级语言编程软件应该具有的基本功能，这个编程软件称作**编译程序**。源程序通过编译程序翻译为目标程序，计算机执行目标程序，最后得到结果。C 语言就采用了编译执行方式。源程序转换为目标程序的翻译方式称为**编译方式**。与汇编语言翻译不同的是，高级语言中的一个语句（类似于汇编语言中的一条指令）往往被翻译为多条机器指令，汇编程序中的指令与机器语言中的指令是一一对应的。源程序不编译为目标程序而是直接解释为结果的程序执行方式称为**解释方式**。早期的 BASIC 语言、现今的网页采用的就是这种解释方式。因为解释方式是程序运行时当下生成结果，而源程序的运行离不开能够识别它的编程环境或解释软件，所以运行速度较慢。而编译方式是在编程过程中就生成了计算机能够直接识别的机器代码程序，因此程序能够离开编程环境独立运行。程序的两种翻译方式也就是程序的执行过程，流程如图 1-1 所示。

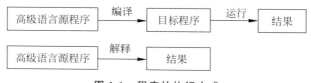

图 1-1　程序的执行方式

1.1.4　程序设计语言的结构分类

从机器语言发展到高级语言用了近十年时间,高级语言问世至今,已经经历了 70 年的历史,语言的种类不胜枚举,从结构特点上看,大体可划分为以下几个不同的类别。

(1) **非结构化语言**。编程风格比较随意,没有严格的规范要求,程序中的流程可以随意跳转,程序变得难以阅读和维护。如早期的 BASIC、FORTRAN 和 ALGOL 等。随着问题规模的复杂,程序设计修改变得很复杂,有人形容这种非结构化的程序修改就像一匹掉进泥坑中的野马,越想走出来却陷得越深。

(2) **结构化语言**。为了解决上述问题,程序设计科学家们提出了"结构化程序设计方法",要求程序必须具有良好的基本结构,主要有顺序结构、分支结构和循环结构,程序中的流程不允许随意跳转,程序总是按自上而下的顺序执行各个基本结构。这种有结构的程序,构成清晰,易于编写、阅读和维护。如 QBASIC、FORTRAN77 语言等。

非结构化和结构化程序都是基于过程的语言,在编写程序时需要不断编写每一个任务的处理细节(过程),存在程序再利用(复用)程度不高等缺陷,在大规模程序设计时问题更加突出,因此人们又提出了面向对象的程序设计方法。

(3) **面向对象的语言**。面向对象的程序设计(Object Oriented Programming,OOP)关注的不是处理问题的过程和细节,而是被定义好的一个个对象。对象是问题域中某些事物的一个抽象,它反映该事物在系统中需要保存的信息和发挥的作用,是一组属性和对这些属性进行操作功能描述的组合体(封装体)。这种封装体结构具有以下优点:一是维护简单。面向对象程序设计的一个特征就是模块化。实体(现实世界中的一类事物)被表示为类,可以通过自由添加类来完成实体空间的问题,这种特征为程序的维护提供了便捷性。二是可扩充性。允许通过对已有的一个具有某一种功能的类进行扩充,创建一个具有扩充功能的类。三是代码重用。程序的功能(操作)被封装在类中,类是作为一个独立实体存在的,因此可以通过提供类库,使代码得以重复使用。当前 C++,C♯,Visual BASIC 和 Java 等语言都是面向对象的程序设计语言。

程序设计的目的是利用计算机解决现实中的各种问题。用计算机程序解决问题的过程为:根据任务的需要选择合适的计算机语言编写程序,通过编译生成目标程序,运行目标程序得到结果。因此,掌握计算机语言是对程序设计人员的基本要求。

C 语言是结构化程序设计语言的典型代表,本教程将以 C 语言为蓝本,系统学习结构化程序设计的基本概念、基础知识及基本技能,为其他语言等软件课程的系统学习打下良好的基础。

1.2　C 语言的发展及特点

内容概述

　　计算机语言种类繁多，各种语言的语法规则有其相对的独立性，语法规则有所不同。本节重点了解 C 语言的发展历程，初步认识 C 语言程序的构成，了解 C 语言的语法特点，形成对 C 语言程序的直观认识，是进一步学习 C 语言的基础。本节学习重点为：
- 了解 C 语言的发展历程。
- 理解 C 语言的结构特点。
- 认识 C 语言的语法特点。

1.2.1　C 语言的发展

　　C 语言是一种通用的模块化编程语言，被广泛应用于操作系统和应用软件的开发。由于其高效和可移植性，适应不同硬件和软件平台，深受开发人员的青睐。

　　C 语言的祖先是 BCPL 语言。1967 年英国剑桥大学的 Martin Richards 推出了没有类型的 BCPL(Basic Combined Programming Language)语言。1970 年美国电话电报公司(AT&T)贝尔实验室的 Ken Thompson 以 BCPL 语言为基础，设计出了简单且很接近硬件的 B 语言(取 BCPL 的第一个字母)。由于 B 语言过于简单，功能有限，1972 年 11 月，美国贝尔实验室的 Dennis Ritchie(丹尼斯·里奇)在 B 语言的基础上设计出了 C 语言。

　　1978 年，丹尼斯·里奇(Dennis Ritchie)和布莱恩·科尔尼干(Brian Kernighan)出版了一本名为 *The C Programming Language*(《C 程序设计语言》)的书，这本书被 C 语言开发者们称为"K&R"，很多年来被当作 C 语言的非正式的标准，这个版本也被称为 C 语言的"K&R C"。

　　1983 年美国国家标准局(American National Standards Institute，ANSI)成立了一个委员会，来制定 C 语言标准。

　　1989 年 C 语言标准被批准，这个版本的 C 语言标准通常被称为 ANSI C，由于这个版本是 1989 年完成制定的，也被称为 C89。同期丹尼斯·里奇和布莱恩·科尔尼干也对第一版教材进行了修改，出版了 *The C Programming Language* 第二版，第二版涵盖了 ANSI C 语言标准，从此成为大学计算机教授 C 语言的经典教材使用多年。

　　后来 ANSI 把这个标准提交到 ISO(国际标准化组织)，1990 年国际标准化组织接受 C89 作为国际标准 ISO/IEC9899：1990，称为 ISO C。又因为这个版本是 1990 年发布的，因此也被称为 C90。

　　1995 年，C 程序设计语言工作组对 C 语言进行了一些修改，成为后来 1999 年发布的 ISO/IEC 9899：1999 标准，通常被称为 C99。C 语言的发展历程如图 1-2 所示。

　　很多编程语言都深受 C 语言的影响，比如 C++、C♯、Java、PHP、JavaScript、LPC 和 UNIX 的 C Shell 等。

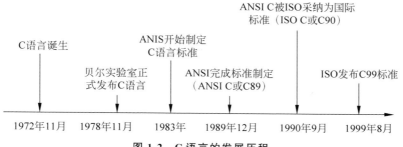

图 1-2 C 语言的发展历程

1.2.2 体验简单的 C 语言程序

在讲解 C 语言内容之前,为了对 C 语言程序的特点有个直观的认识,让我们先认识以下几个程序示例,从中可以看出 C 语言最基本的语法特点及程序的结构特点。

【例 1-1】 在屏幕输出字符"Hello World!"
这是程序设计语言中惯用的第一个程序。

```
#include<stdio.h>              //编译预处理
int main()                     //定义主函数
{                              //函数开始标志
    printf("Hello World!\n");  //输出指定的信息
    return 0;                  //返回语句
}                              //函数结束标志
```

运行结果:

```
Hello World!
```

程序构成解析:

- ♯include<stdio.h>:编译预处理语句。表示本程序包含 stdio.h 文件中的内容。stdio.h 是系统提供的一个文件名,stdio 是 standard input & output 的缩写,文件后缀.h 意思是头文件(header file),系统要求这种以.h 为后缀名的文件必须出现在源程序文件的头部。由于输入输出功能函数都包含在 stdio.h 系统文件中,所以通过♯include 加载引入后,本程序就可以直接使用了。头文件除了本例中的 stdio.h 外,还有关于调用其他功能的头文件,我们会随着学习内容的深入逐步介绍。对于初学者来说,只要知道在程序头部必须加入预处理语句即可。

- main():主函数。**任何 C 语言程序都必须有且仅有一个称为主函数的** main() **函数,其后以花括号包含的内容称为函数体**,表示主函数 main() 要执行的全部指令。可以理解为"{"表示程序开始,"}"表示程序结束。本例中函数体只有一个语句,是 C 语言系统函数库中提供的输出函数 printf()。函数前面的"int"表示本函数的取值为整数,与函数尾部的"return 0;"语句对应,表示在执行主函数后会得到一个值 0。C 语言编译系统用这个值表示程序正常结束。为了使程序规范,建议今后 main() 函数都按此模式书写。

- printf():输出函数。函数的自变量内容为"Hello World!"字符串,数学中所谓的自变量在 C 语言中习惯称作参数,今后我们将把函数中的"自变量"改称"参数"。本函数的功能是原样输出参数的内容,也就是字符串的内容,"\n"表示输出内容后换行。

- return 0:返回语句。在此先理解为 main()函数(程序)到此结束,传递给调用者的值为 0。
- //:**单行注释**符号。表示从它出现的位置开始到本行结束的内容为"注释"内容,用于对语句或程序段功能进行必要的说明。为了方便编程人员理解和阅读程序,在编程过程中会对其中部分关键语句附加这种说明。注释部分不是程序要执行的内容,编译时注释部分也不会产生目标代码,因此对计算机而言它不起作用。注释是给人阅读的,不是给计算机执行的语句。本注释符号只在单行内起作用,如果注释内容需要写多行,在每一行的左侧都需加此注释符号。与此功能相对应,还可以使用以下注释符号。
- /*……*/:**块注释符号**。以/*开始,以*/结束的注释符号称为块注释符号。它可以单独占一行(头尾符号在一行内,此时与//功能相同),更多的情况是头符号"/*"和尾符号"*/"不在同一行内,从头符号开始到尾符号结束的所有内容均视为注释内容,即这些内容都是给编程人员阅读的,计算机并不执行。注释内容可以是通过键盘能够输入的任意符号。

技巧:注释符号在程序调试过程中的应用。因注释内容计算机不执行,因此在程序调试过程中,常把注释符号作为临时屏蔽语句或程序段的标志符号使用。当怀疑程序中某个语句或某个程序段代码有误但又不确定时,可先不删除相关代码,而是给它们加相应的注释符号,以临时关闭执行,当确认后再删除或留用,这样可以提高程序编辑效率。

【例 1-2】 求圆的面积 s=r*r*3.1415926。

```
#include <stdio.h>
int main()
{   float s,r;                      //定义浮点型变量
    printf("请输入圆的半径大小:\n");
    scanf("%f", &r);                //从键盘输入半径的数值
    s = r * r * 3.1415926 ;         /* 计算圆的面积赋给左侧的变量 s */
    printf("圆的面积:%.2f\n",s);    //输出提示信息及计算结果
    return 0;
}
```

运行结果:

```
请输入圆的半径大小:
2.0
圆的面积:12.57
```

结果分析:

本程序的功能代表了一般程序的基础构成,主要包括三部分:一是输入数据,为程序提供加工素材;二是数据加工处理,程序的核心功能,是程序所要完成任务的集中体现;三是输出结果,没有结果的程序是毫无意义的。

该示例中各语句的详细功能在今后学习,本章主要学习任务是认识程序的基本结构,对

例 1-1 中已经说明的语句功能不再赘述。

程序声明部分：一般程序前面为程序的声明部分，目的是对程序中使用到的变量进行定义，如本例中的 float s,r;,定义了两个变量 s 和 r,取值类型为浮点型。变量在使用之前必须先声明，所有变量声明语句必须在执行语句前面书写，不可相互穿插。

数据输入部分：本例中的 scanf("%f",&r);语句实现数据输入功能，运行过程如本例运行结果中的第 2 行。该语句表示从键盘输入的值以实数形式存储在已经声明的变量 r 中，因为该语句功能只是接收信息，为了让用户在输入数据时更清楚所需输入的数据功能及格式要求，在它前面增加一个输出语句：形式如 printf("关于输入数据的内容及格式说明")，这样对用户能够起到提醒作用，如本例运行结果中的第一行。

数据加工处理部分：本例中的 s=r*r*3.1415926;语句实现数据加工处理功能，本例中的数据处理功能为把"="右侧计算得到的圆的面积值存储到左侧的变量 s 中。执行该语句后结果已经求得，但是存储在内存中，用户不得而知。

结果输出部分：本例中的 printf("圆的面积：%.2f\n",s);语句实现结果输出功能，如本例运行结果中的第 3 行。其输出功能是按规定的格式把 s 变量的值输出到屏幕，%作为引导符号表示后面字符为规定输出格式，.2f 表明保留 2 位小数的实数格式。%出现的位置会被 s 变量的值取代，\n 表明输出数据后光标跳转到下一行的首位置。

【例 1-3】 求圆的面积 s=r*r*3.1415926,要求以函数形式实现。

```
#include <stdio.h>
float area(float r)                //求面积函数
{   float s;                       //定义变量 s
    s = r * r * 3.1415926;         //计算面积
    return s;                      //把 s 的值返回给函数 area()
}
int main()
{   float a,radius;                //定义浮点型变量
    printf("请输入圆的半径大小:\n");
    scanf("%f", &radius);          //从键盘输入半径的数据
    a = area(radius);              //调用 area()函数求面积值赋给 a
    printf("圆的面积:%.2f\n",a);   //输出 a 的值
    return 0;
}
```

运行结果：

```
请输入圆的半径大小:
2.0
圆的面积:12.57
```

结果分析：

本程序的功能与例 1-2 相同，不同的是采用了函数实现方式。对于特别简单问题的编程，在 main()函数中可以实现；但对于一个项目，功能复杂繁多，不可能在一段代码中实现全部功能，我们普遍采用"化整为零"的方式把全部任务分解为一个个小的子任务，每个子任务由一个或几个函数实现，各个函数组合后共同完成整个项目任务。本例就是为体现这一思想而设计的。

1. 程序构成解析

函数的构成：概括来说，一个函数必须包括两部分内容：①函数首部；②函数体。

函数首部：即函数的第一行，由函数(值)类型、函数名、参数类型及参数组成。本例中的 area()函数首部为：

float	area	(	float	r	)
函数类型	函数名		参数类型	参数名	

又如 main()函数，其首部为：

int	main()
函数类型	函数名

函数体：即函数首部下方花括号"{ }"包围的所有语句，如果有多层括号，按最外面一层作为函数体的边界。函数体主要包括函数前部的声明部分和后部的执行部分。函数体的构成在例 1-1 和例 1-2 中已经有具体描述。函数的构成形式可以归纳如下：

```
函数数据类型　函数名(参数类型名　参数)
{　声明部分;
　　函数体;
}
```

2. 程序执行过程分析

先执行 main()函数。
(1) 定义(声明)了本函数中需要的两个变量 a、radius。
(2) 输出语句输出提示信息："请输入圆的半径大小："。
(3) 从键盘输入数据，存入变量 radius 中(本例中为 2.0)。
(4) 以 radius 值为实际参数，调用 area(radius)函数，本例相当于执行 area(2.0)。
再执行 area()函数。
(5) 程序执行被调用函数，把 radius 的值 2.0 传递给 area 函数中的 r。
(6) 根据计算公式求得结果并存储在 s 变量中。
(7) 通过"return s;"语句把 s 的值返回给函数 area()，程序返回到 main()函数的调用处，通过 a=area()语句，使 a 获得与 area()函数同值的结果。最后返回到主函数 main()继续执行后续语句。
(8) 输出 a 的值到屏幕。
(9) 执行主函数中的"return 0;"语句，结束整个程序的运行。

函数之间的调用关系和运行过程如下所示，程序从 main()函数开始执行，最后结束于 main()中。

```
int main()                      float area(float r)
{ …                             {…
a=area(radius);                     s=r*r*3.1415926;
printf("%.2f \n",a);                return s;
return 0;                       }
}
```

1.2.3 C语言程序的结构及特点

通过以上三个示例,可以概括出 C 语言程序的结构及特点如下。

在线视频

1. C 语言程序的结构

(1) 一个程序由一个或多个源程序文件构成。在程序设计语言编辑器中,任何一个程序都会生成一个源文件,C 语言源文件为 *.c 类型的文件。对于复杂系统,还可能需要生成多个文件。

(2) 一个源程序文件可以包括以下三部分内容。

① 预处理指令♯include <头文件名.h> 或 ♯include "stdio.h";

② 全局变量声明;

③ 函数。

函数是 C 程序的主要组成部分,C 程序功能全部由函数来实现。

(3) 一个函数包括两部分内容。

① 函数首部;

② 函数体。

函数体一般包括两部分内容:声明部分和执行操作部分。

C 程序总是从 main() 函数开始执行,结束于 main() 函数中。一个源程序文件中无论有多少个函数,必须有且仅有一个 main() 函数;无论 main() 函数出现的位置如何。

(4) 语句是 C 语言的基本书写和执行单位,每个语句必须以分号结束。

(5) 复合语句标志符"{}"能够使语句成为一个组合体,使多个语句合并完成某项操作。同时它也是函数体的起止标志。

(6) 注释是程序的重要组成部分。在源程序中增加必要的注释,可增加程序的可读性。C 语言的注释可分为行注释和块注释两种,注释标志还可用于程序调试过程中语句暂时"屏蔽"操作。

2. C 语言的语法特点

(1) C 语言程序书写自由。一行可以写多个语句,一个语句也可以写于多行,以分号(;)作为唯一的结束标志。

(2) C 语言严格区分大小写。系统固有的指令系统中的单词称作**关键字**,用户自定义的特殊标记词汇称作**标识符**。关键字全部使用小写字符,标识符可以根据用户定义格式,使用大小写字符均可,标识符不可与关键字相同。

(3) 运算符丰富。有如 ++(自增)、--(自减)和 ?:(条件运行符)等。

(4) 数据类型较丰富。数据类型的多少是衡量一种语言处理能力强弱的重要标志,C 语言提供的数据类型达 15 种之多。

(5) C 语言属于面向过程的程序设计语言。具有面向过程的结构化控制语句,提供完备的分支、循环等结构化控制语法功能。

(6) 模块化的程序结构形式。C 语言以函数作为程序的基本单位,通过多个函数之间的调用关系实现功能组合,便于实现程序的模块化设计。

（7）复合语句是程序功能的基本构件。标识符"{}"可使多个语句复合为一个整体，便于划分程序的功能模块，方便语法检查。

1.3 C语言编程过程及开发工具

内容概述

计算机之所以能够按照人的意图自动完成相应的工作任务，是因为计算机执行了人们根据工作任务预先编制好的程序。就像工厂中的产品需要有生产车间或车床来生产一样，程序的生产也是通过特定的编程环境来实现的，这个环境称为程序编译器。程序编译器是程序编辑、调试、修改和运行并得到结果的一个软件系统。

本节将学习C语言程序设计流程，学习C语言编译器——Visual Studio开发环境的使用方法。本节学习重点为：

- C语言程序编译过程概述。
- C语言编译环境及使用简介。

在线视频

1.3.1 C语言程序编写过程

如1.1节中所述，计算机不能直接识别和执行用高级语言编写的程序，必须经过编译程序（也称编译器）把C语言源程序翻译成机器能够识别的二进制代码（目标程序），再经过与系统提供的库函数等文件连接形成最终的目标程序方可运行。本部分将重点讲述这个过程是如何进行的。程序编译主要分为以下几个阶段和步骤。

1．编辑源程序

在计算机上输入并编辑源程序是程序设计的工作起点。在计算机中必须安装有可以对C语言进行编辑的软件系统即程序编译器。启动编译器编辑源程序是程序开发过程的第一步。与使用其他文字编辑器相同，编译器具有与文件操作相关的基本功能，如输入文字、编辑文本、文件操作等。不同的编辑器操作方法有所不同，但基本功能类似。

2．编译预处理

在源程序中以＃号开头的指令称为预处理指令，此类指令一般都编排在源文件的最前面。在源程序进行正式编译之前，系统会先对程序中的预处理指令进行编译预处理。预处理是C语言的一个重要功能，当对一个源文件进行编译时，系统将自动调用预处理程序对源程序中的预处理部分作处理，处理完毕自动进入对源程序的编译。

下面以＃include为例重点解释预处理原理。

＃include指令的书写格式有如下两种：＃include < stdio. h > 或 ＃include "stdlib. h"。以尖括号(< >)或引号(" ")包围的字符串称为"头文件"。顾名思义，可以理解为本程序中包含(＃include)指定的头文件的内容。

＃include使用尖括号(< >)或双引号(" ")细微的区别在于头文件的搜索路径不同：使

用尖括号＜＞时，编译器会到系统所在路径下查找头文件，引入对应的头文件(.h)；而使用双引号(" ")时，编译器将首先在当前目录下查找头文件，如果找不到，再到系统路径下查找。也就是说，使用双引号比使用尖括号多了一个查找路径。因此可以根据所引入的头文件存储位置的不同，选择使用更适合的引用方式。stdio.h 和 stdlib.h 都是系统提供的头文件，它们存放于系统路径下，所以使用尖括号和双引号都能够成功引用。而我们自己编写的头文件，一般存放于当前项目的路径下，所以不能使用尖括号，只能使用双引号。

预处理器对 #include 指令的处理过程，是把头文件的内容插入所引用的程序中，从而把头文件和当前源程序文件合并为一个完整的程序文件，这个过程叫作预处理，由编译器的预处理过程完成。

3. 编译源程序

编译的任务就是对经过预处理后的源程序进行语法检查，在无语法错误的情况下，把源程序转换为二进制形式的目标程序。

这个阶段的主要任务有两个：一是检查源程序文件是否存在语法错误。如果有语法错误，会给出错误提示以帮助编程人员进行有针对性的修改。这个过程可能需要反复进行多次，直到系统不再有错误信息出现，表明程序语法错误排查完毕，编译自动进入下一步操作。二是把源程序文件(后缀为.c)转换为二进制形式的目标程序(后缀为.obj)。

4. 连接目标程序

编译阶段生成的目标程序还不能被计算机直接使用，必须经过连接操作生成可执行程序才能够运行。

连接阶段的主要任务有两个：一是把编译生成的多个目标程序连接为一个整体。编译是以源文件为对象的，一次编译只能得到与一个源程序文件对应的目标程序，如果程序中有多个源文件，就需要多次执行编译操作，每个目标程序只是整个程序的一部分，因此必须通过连接把多个目标程序组合为一个整体，才能完成相应的工作任务。二是目标程序与函数库相连接。C 语言程序全部由函数组合而成，在源程序编写中，很多情况下需要调用标准库函数，比如任何程序必须有输入输出功能，至少需要调用标准库中的输入输出函数。因此把目标程序与库函数进行连接，形成计算机能够最终执行的目标程序，称为可执行程序(executive program)。

5. 运行可执行程序

经过连接生成的可执行程序是程序设计的最终结果。在计算机上运行的所有软件的启动程序大多是这种可执行程序(后缀为.exe)。对于用户编程过程来说，当生成可执行程序时，仅仅表明程序编写过程的正常结束，但程序运行结果是否正确，还需要通过反复测试才能确定。只有编译正常通过，运行结果与预设目标一致的程序才能算是正确的程序。

能够正常通过系统编译检查的程序，只能说明程序无语法错误，要保证程序运行正确，还需要经过系统的功能测试，确保程序的逻辑功能与用户需求一致。比如对于一名学生成绩处理程序，当输入成绩数据为 0～100 以外的数据时，程序如何处理？是异常中断，或是提示数据不合规范要求重新输入，还是不分青红皂白直接处理等。因此，除了程序设计人员要对问题有正确的分析处理以外，在程序调试阶段需要系统化设计关键值，对程序进行功能测试，力争使程序满足运行稳定、容错率高、对异常情况能够做出妥善处理的目标要求。C语言源程序转换为可执行程序的过程如图1-3所示。

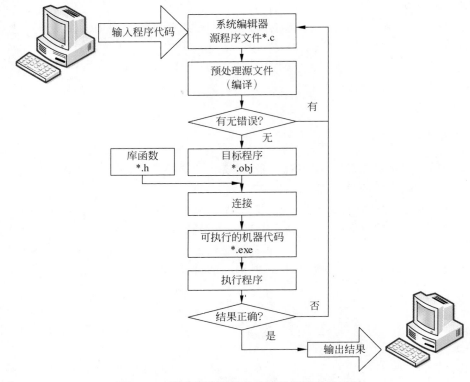

图1-3　C语言源程序转换为可执行程序的过程

在线视频

1.3.2　C语言程序开发工具介绍

1. 程序编译器概述

程序编译器是用来编辑和编译程序的程序，也称作程序编辑器，程序员通过程序编译器编写计算机程序。编译器提供两方面的功能：一是提供源程序编辑环境。它是一个功能齐全的编辑器，它能够实现程序的编辑功能。编辑器提供文件管理功能，比如对文件的创建、打开、保存、另存为、页面设置、打印等；同时提供文件的编辑功能，如录入、复制、移动、删除、替换等文本操作。二是能够提供程序的翻译功能。也就是如前所述把高级语言源程序转换为计算机能够直接识别的可执行文件的功能。

除专用的程序编译器以外，计算机中任何一款具有文本编辑功能的软件（如记事本），都可以对程序进行编辑，但是编译功能必须在专用的编译器中实现。目前，随着移动设备的功能越来越强大，初学者也可以使用像手机等移动设备编写小型程序，可以实现泛在的和碎片化的学习。

不同的程序编译器可支持不同的语言编译，有的可支持多种语言的编译，如Notepad++是一款Windows环境下免费开源的代码编辑器，支持的语言有C、C++、Java、C#、XML、

HTML、PHP、JavaScript 等；有的只支持特定语言编译，如 Python Fiddle 就是一款完整的 Python 语言开发环境。对于 C 语言而言，PC(Personal Computer)机常用的编译器如 Visual Studio，手机端编译器有 C 语言编译器、C4droid 等。

本书将以 Visual Studio(VS)为蓝本，学习 C 语言编程工具的使用方法。

2. Visual Studio 的使用

【例 1-4】 以求圆的面积为例，学习 Visual Studio 开发环境的使用过程。

(1) 新建项目

① 启动 VS，依次单击"文件"→"新建"→"项目"命令，或者在起始页中的"最近项目栏"中选择"创建项目"选项，打开如图 1-4 所示的"新建项目"对话框。

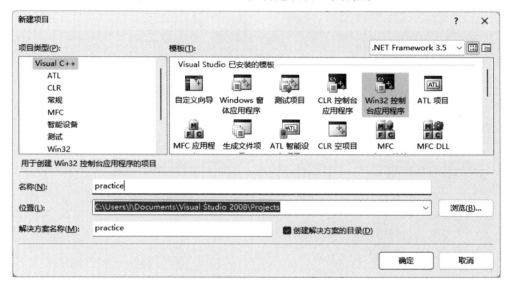

图 1-4　Visual Studio"新建项目"对话框

② 在项目类型栏中选择"Visual C++"，在模板栏中选择"Win32 控制台应用程序"，在名称栏中输入新建项目名称，如本例中输入"practice"，该名称同时将出现在解决方案名称栏内。单击"确定"按钮后，弹出程序向导对话框，单击"下一步"按钮，将弹出应用程序设置对话框，如图 1-5 所示，此时勾选"空项目"复选框，并单击"完成"按钮，项目创建完成。此时可以看到编辑器的左侧"解决方案资源管理器"中生成了新建的项目名称，如图 1-6 所示。

(2) 新建源程序文件

在图 1-6 中，右击项目名 practice 下的"源文件"，在弹出的菜单或在"文件"菜单中依次选择"添加"→"新建项"，打开如图 1-7 所示的界面。在模板中选择"C++文件(.cpp)"、在"名称"文本框中输入程序文件名包括扩展名，一定以".c"作为扩展名，本例中输入"circle.c"，然后单击"添加"按钮，进入程序编译器界面，如图 1-8 所示。

(3) 编辑程序代码

如图 1-8 所示，在程序编译器的右上方编辑窗格中，输入程序代码如下：

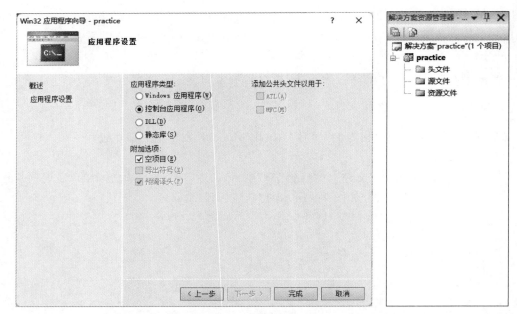

图 1-5　Visual Studio 新建项目应用程序设置对话框　　图 1-6　Visual Studio 新建项目

图 1-7　新建程序文件界面

```
#include <stdio.h>
#define PI 3.1415926
main()
{   float r,s;
    printf("请输入圆的半径:\n");
    scanf("%f",&r);
    s = PI*r*r;
    printf("圆的面积 s = %f\n",s);
}
```

图 1-8　程序编译器窗口

（4）编译运行程序

程序编写完毕，选择编译器窗口"调试"菜单中的"开始执行"命令或执行快捷命令 Ctrl+F5，编译器对程序进行编译并检查语法是否有误。

如果程序有语法错误，则停止运行，提示错误，如图 1-9 所示。此时需根据系统提示，检查修正程序中的错误，直到程序能够正确运行。

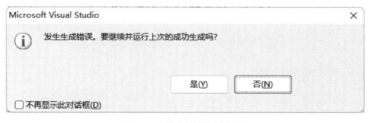

图 1-9　控制台错误提示

如果程序正确，则进入到运行阶段，输出结果如图 1-10 所示。

图 1-10　控制台输出结果

习题与实训 1

一、概念题

1. 什么是计算机语言?
2. 什么是计算机程序?
3. 什么是软件?
4. C 语言的主要结构及语法特点有哪些?
5. C 语言程序编译需要经过哪几个步骤?

二、选择题

1. C 程序由(　　)组成。
   A. 语句　　　　　　B. 函数　　　　　　C. 模块　　　　　　D. 数据
2. C 程序语句都以(　　)作为结束标志。
   A. .　　　　　　　　B. }　　　　　　　　C. ,　　　　　　　　D. ;
3. 高级语言的特点是(　　)。
   A. 接近自然语言　　　　　　　　　　B. 由 0 和 1 的代码组成
   C. 计算机可以直接识别　　　　　　　D. 需要人工翻译
4. 语言的重要组成要素包括操作规则和(　　)。
   A. 语句　　　　　　B. 函数　　　　　　C. 模块　　　　　　D. 数据
5. C 语言源程序文件由预处理指令、全局变量声明和(　　)构成。
   A. 语句　　　　　　B. 函数　　　　　　C. 模块　　　　　　D. 数据
6. C 语言是面向(　　)的编程语言。
   A. 对象　　　　　　B. 程序　　　　　　C. 过程　　　　　　D. 系统
7. C 语言一行(　　)语句。
   A. 只能写一个　　　B. 可以写多个　　　C. 算作一个　　　　D. 必须写多个
8. C 程序中的预处理过程是(　　)。
   A. 可有可无的　　　B. 必要的　　　　　C. 不必要的　　　　D. 由系统决定的
9. 程序编译过程中,连接环节生成的目标程序是(　　)。
   A. *.obj 文件　　　B. *.c 文件　　　　C. *.exe 文件　　　D. *.txt 文件
10. 程序编译器与一般的文本编辑器相比,最核心的功能在于它必须具有(　　)功能。
    A. 编辑文本　　　　　　　　　　　　B. 文件管理
    C. 翻译　　　　　　　　　　　　　　D. 多样化版面设计

三、填空题

1. _____ 和 _____ 共同组成计算机的指令系统。
2. 软件可分为 _____ 软件和 _____ 软件。
3. 程序设计语言的经历了 _____ 、_____ 和 _____ 三个发展阶段。

4. 计算机语言执行分为_____方式和_____方式。
5. 任何 C 程序都有且仅有一个_____函数。
6. C 程序的函数体由_____和_____组成。
7. C 程序的注释符号分为_____和_____。
8. C 程序从结构方面看,除了必要的声明和数据加工处理之外,一般还应有_____和_____。
9. 函数的构成主要有_____和_____。
10. 在 C 程序中,预处理语句是以_____作为标志的。

四、判断题

1. C 程序中可执行语句都以分号作为结束标志的。   （   ）
2. C 语言严格区别大小写。   （   ）
3. 关键字与标识符是一种元素。   （   ）
4. 复合语句中的语句是一个整体,程序运行时同时执行或者同时不执行。（   ）
5. 编译预处理是由♯开头的语句,一般出现在源程序文件的头部。   （   ）
6. C 语言可执行程序文件名格式为 *.c。   （   ）
7. 可执行文件是直接可以被计算机执行的程序文件。   （   ）
8. 源程序文件一般为纯文本文件。   （   ）
9. 头文件名以<>或" "包围。   （   ）
10. 程序的编译功能是由语言的编译系统提供的。   （   ）

五、应用题

请描述如下程序的功能。

```
# include <stdio.h>
int main()
{   int s,a,b;
    printf("请输入两个数: \n");
    scanf("%f %f", &a,&b);
    s = a * b;
    printf("结果为: %.2f\n",s);
    return 0;
}
```

第 2 章

C语言基础知识

CHAPTER 2

内容导引

数据是信息的表现形式和载体,是程序加工处理的对象和内容,没有数据计算机程序执行就没有基础,结果也无所体现。数据是用来反映客观事物特性的,**客观事物的多样性决定了数据类型的多样性**,如名称、大小、轻重等。为了更精准地表现对象的诸多特性,C语言中构造了不同的数据类型,因此学习和掌握各种数据类型及其表现形式是C语言重要的学习内容,也是编写C语言程序的基本要求。

C语言程序中的数据都是有确定类型的,不同类型的数据表示形式、取值范围、占用的存储空间大小、可参与的运算等都各有区别。本章重点学习C语言的数据类型、常量、变量、函数、运算符及其表达式的书写以及各自的运算规则,最终能够识别并正确书写C语言表达式。

学习目标

- 理解数据类型的意义,了解C语言的数据类型。
- 掌握C语言中整型、实型、字符型等基本数据类型的使用方法。
- 掌握C语言中关键字与标识符的概念,能够识别关键字,能够正确使用标识符。
- 掌握C语言中常量、变量的概念及其使用方法。
- 理解C语言中函数的概念,掌握库函数的引用方法。
- 掌握C语言中算术运算符、关系运算符、逻辑运算符等基本运算符及功能。
- 掌握赋值运算符、自增自减运算符、求字节数运算符和条件运算符等几个特殊运算符的使用方法。

2.1 数据类型概述

内容概述

程序设计离不开数据加工处理,数据是信息的表现形式和载体,以符号、文字、数字、语音、图像、视频等形式呈现。只有当数据反映实体对象的属性时才成为有价值的信息。由于实体对象属性的多样性,数据也具有多样性,在计算机语言中以数据类型来表征数据的多样性。C 语言的数据类型非常丰富,本节将了解 C 语言数据类型的基本概念,学习和理解常用的几种基本数据类型及其存储方式,关于更多的复杂数据类型及应用,我们将随着学习内容的不断深入逐步理解和掌握。本节学习重点为:

- 理解数据类型的概念。
- 了解 C 语言中的数据类型。
- 掌握 C 语言中基本数据类型及存储。

2.1.1 数据类型

在线视频

使用计算机编写程序时,需要把反映现实事物属性的数据输入到计算机中存储,程序对这些数据进行运算才能获得问题的求解结果。比如输入长方形的长、宽,求面积值;输入圆的半径求出面积值。从某种意义上讲,语言功能的强弱取决于它能够处理数据类型的多寡。**客观事物特征的多样性决定了描述这些事物特征数据类型的多样性**。比如一名学生的信息可能包含:学号、姓名、性别、年龄、身份证号、成绩、通信地址等,这些信息有着不同的数据类型特点,如姓名适合使用字符表示、年龄适合使用整数表示、而成绩适合使用实数表示。因此一般的程序设计语言都应该具备处理多种数据类型的功能。

在程序设计语言中研究数据类型的目的一方面是要能够在程序设计过程中选择符合实体对象自身特点的数据类型,如学生年龄应该选择整型数据,姓名应该选择字符型数据,成绩应该选择实数类型的数据等;另一方面是在满足功能要求的情况下,应尽可能节省存储空间,能用简单数据类型解决问题就不选择使用复杂数据类型。

认识数据类型概念的本质意义在于:**不同的数据类型在内存中占用的存储空间大小及存储格式不同**。计算机的存储空间都是以字节(Byte)为基本单元分配使用的。比如在 C 语言中,一个字符在内存中占用 1 字节的存储空间,一个整型数据占用 2 字节或 4 字节的存储空间(具体几字节,因不同的语言编译系统而有所不同)。

2.1.2 C 语言的数据类型

在线视频

C 语言中所用到的数据都需要有明确的数据类型。数据类型决定了数据的取值范围、占用内存的字节数及所能对应的操作。C 语言的数据类型在不同的教材中对其分类有细微的差别,这种归类的差异性不影响数据类型的使用,对读者而言,掌握正确使用不同数据类型的方法即可。本教材把 C 语言的数据类型归并为基本类型、派生类型和空类型三大类,具体分类如图 2-1 所示。

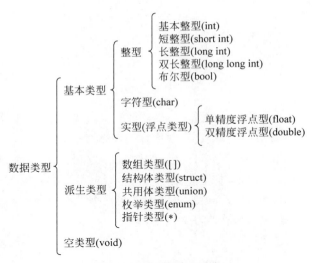

图 2-1 C 语言的数据类型

C 语言的数据类型需要读者随着学习过程的不断深入,逐步认识、理解和应用。本节重点学习基本类型。

1. 整型

整型(int)用于表示和存储**整数**。C 语言的整型数据根据值的大小和有无符号又可分为多种类型,如表 2-1 所示。

表 2-1 整型数据常见的存储空间和值的范围(Visual C++ 2010 编译器)

关 键 字	数据类型	字节数	取值范围
int	基本整型	4	$-2147483648 \sim 2147483647$(即$-2^{31} \sim 2^{31}-1$)
unsigned int	无符号整型	4	$0 \sim 4294967295$(即 $0 \sim 2^{32}-1$)
short	短整型	2	$-32768 \sim 32767$(即$-2^{15} \sim 2^{15}-1$)
unsigned short	无符号短整型	2	$0 \sim 65535$(即 $0 \sim 2^{16}-1$)
long	长整型	4	$-2147483648 \sim 2147483647$(即$-2^{31} \sim 2^{31}-1$)
unsigned long	无符号长整型	4	$0 \sim 4294967295$(即 $0 \sim 2^{32}-1$)
long long	双长整型	8	$-9223372036854775808 \sim 9223372036854775807$(即$-2^{63} \sim 2^{63}-1$)
unsigned long long	无符号双长整型	8	$0 \sim 18446744073709551615$(即 $0 \sim 2^{64}-1$)

从表 2-1 中可以看出,不同类型的数据所占用的字节数不同,存储数据的取值范围也不同。在后期进行程序设计时要合理规划数据类型,以满足数据能够正确存储的需要。

数据在计算机中都是以二进制形式存储的。规定数据的最高位(最左侧位)用于表示符号,值为 0 表示正数,值为 1 表示负数。为理解数据类型与存储的关系,以短整型数为例来说明数据在计算机中的存储格式,其他数据类型与此相似。

对于短整型数(short),存储单元分配 2 字节(16 位),存储格式如表 2-2 所示。

表 2-2　整型数存储格式示例

位号	16	15	14	13	12	11	10	9	8	7	6	5	4	3	2	1
正数	0	1	1	1	1	1	1	1	1	1	1	1	1	1	1	1
负数	1	0	0	0	0	0	0	0	0	0	0	0	0	0	0	0
无符号	1	1	1	1	1	1	1	1	1	1	1	1	1	1	1	1

第 1 行数字表示单元位置序号,第 2 行最左侧为 0,表示存储的是正数,0111 1111 1111 1111＝＋2^{15}－1＝32767。第 3 行首位为 1,表示存储的是负数,1000 0000 0000 0000＝－2^{15}＝－32768。第 4 行表示无符号整型数,即所有位都用来表示数据,因此它可表示的最大数值为 65535。

从以上分析可知,假设一次运算中指定的数据类型为短整型(short),求解的结果超过取值范围(－32768～＋32767)时,会产生因存储不当而导致的错误结果,这种现象称为"溢出"。

【例 2-1】 数据类型值域验证。

```
main()
{   short r;                    //指定 r 为 short 数据类型
    unsigned int k;
    r = 32769;
    k = 32769;
    printf("%d\n",r);           //按十进制整数输出 r 的值
    printf("%d\n",k);
}
```

运行结果:

```
-32767
32769
```

结果分析:

程序中 r 的值输出错误,k 的值输出正确。显然 r 的输出发生了错误。原因是指定 r 的数据类型为 short 类型,而 r 实际值为 32769,超过了它所能表示的数据范围－32768～32767,因此不能得到正确的结果,属于溢出错误。而 k 定义为无符号整型,可存储的最大值为 65535,实际存储的值为 32769,在它所能表示值的范围内,结果正确。

从例 2-1 中可以认识到,学习数据类型的目的就是在编写程序过程中,要能够正确选择合适的数据类型。

2. 实型

实型数据用于表示和存储实数,包括单精度实型(float)和双精度实型(double)。实型数也称作浮点数。由于在 C 语言中,实数是通过小数和指数组合表示的,小数点的位置是可以变化的,因此称之为浮点数。如 3.1415926 在存储区中表示为表 2-3 所示。

表 2-3　浮点数的存储格式示例

符号区	.小数部分	指数部分
+	.31415926	1

表 2-3 是为方便阅读以十进制数表示的，在机器内部是以二进制形式存储数据的。由于存储单元总是有限的，因此计算机中的实数不可能像数学中那样存储无限数，就需要有精度限定。小数部分占用的位数越多，数的有效数值越多，精度也就越高，因此就有了单精度和双精度之分。

C 语言的实型数有效数字及数值范围基本情况如表 2-4 所示。

表 2-4　实型数据存储空间和值的范围（Visual C++2010 编译器）

关键字	数据类型	字节数	有效数字位数	取值范围（绝对值）
float	单精度型	4	6	0 以及 $1.2\times10^{-38} \sim 3.4\times10^{38}$
double	双精度型	8	15	0 以及 $2.3\times10^{-308} \sim 1.7\times10^{308}$

从表 2-4 中可以看出，单精度实型分配 4 字节的存储单元，其数值范围为 $-10^{38} \sim 10^{38}$，并提供 6 位有效数字。而双精度实型分配 8 字节的存储单元，其数值范围为 $-10^{308} \sim 10^{308}$，并提供 15 位有效数字。双精度实型变量比单精度实型变量的数值精度高一倍。在一般的实型数据处理中，单精度就足以满足要求。但为了满足更高的计算要求，系统提供了双精度实型数据类型。

3. 字符型

在计算机领域，广义的字符类型是指计算机能识别的所有符号，主要包括英文字符、数字及汉字等。对于 C 语言来说，并不是对所有字符都一视同仁，而是有所区别。能用于编写程序指令的字符型数据（char）主要指 ASCII 字符集中的 127 个基本字符，见附录 A（ASCII 字符表），其中包括如下内容。

字母：大写英文字母 A～Z，小写英文字母 a～z。

数字：0～9。

其他特殊字符：! ' ( ) + - * / : . < = > ? [ ] { } | & ♯等。

空格符。

不可见功能字符：空（NULL）字符 \0 \r \n \a 等。

除此之外的其他字符如汉字、扩展 ASCII 码中的字符等，只能作为一般字符"常量"引用，而不可能做指令集字符（所谓的关键字字符）。在 C 语言中，字符是以整数形式（实质是字符的 ASCII）存放在内存中的，例如：

A 的 ASCII 码为 65，转换为二进制为 1000001；

a 的 ASCII 码为 97，转换为二进制为 1100001；

0 的 ASCII 码为 48，转换为二进制为 0110000。

基本 ASCII 码为 7 位二进制数，在存储中最高位补 0，凑齐 8 位，占有 1 字节。

由于基本 ASCII 码表中的字符是以整数形式存储其对应的代码的，因此，字符型和整型数据之间可交互使用。但这种交互使用也仅限于字符对应的 ASCII 码值（127）范围内的相互转化。

【例 2-2】 字符型数据、整型数据与 ASCII 码之间的关系验证。

```
main()
{   char ch = 'a';                    //定义了一个字符型数据
    int k = 97;                       //定义了一个整型数据
    int m1 = 128, m2 = 256;
            //定义了两个整型数据,128 为 ASCII 扩展区字符,256 超过 ASCII 区
    printf("%d %c\n",ch,ch);          //分别以数和字符形式输出 ch(即 a)的值
    printf("%d %c\n",k,k);            //分别以数和字符形式输出 k(即 97)的值
    printf("%d %d %c %c\n",m1,m2,m1,m2);
                                      //分别以数和字符形式输出 m1、m2 的值
}
```

运行结果：

```
97 a
97 a
128 256 €
```

结果分析：

第一行输出结果是用于测试 ch 的值,因为字符 a 的 ASCII 码为 97,因此以数值形式(由格式字符 %d 指定)输出为 97,以字符形式(由格式字符 %c 指定)输出为 a。第二行输出结果是用于测试 k 的值,可以得到同样的结果,以数值输出为 97,以字符形式输出为 a。第三行输出结果是用于测试 m1 和 m2 的值,m1 为扩展 ASCII 码区的第一个字符,256 超出了 ASCII 码值区域,因此数值显示 128,256 以正常数据显示,而 128 显示为相应的字符 €,256 以字符输出时无结果显示,属于无效信息。

C 语言中字符型数据的存储空间和取值范围如表 2-5 所示。

表 2-5　字符型数据的存储空间和取值范围（Visual C++ 2010 编译器）

关键字	数据类型	字节数	取值范围
char	字符型	1	0～127
unsigned char	无符号字符型	2	0～256

在 C 语言编程过程中,对于字符型数据,主要使用 0～127 之间的基本 ASCII 字符。

2.2　C 语言常量

内容概述

在计算机程序中,常量是基本的数据表现形式,是程序运算的基础条件。下面将学习几种常用的数据类型常量的表示形式。本节学习重点为：

- 整型常量、实型常量、字符型常量。
- 符号常量。

2.2.1 认识常量

程序运行过程中**取值已知且固定不变的运算对象称为常量**,它一般用于指定运算对象的初始取值或是数学公式中的常数项等,其值可以直接使用。

比如求圆的面积的运算公式 s=r*r*3.1415926 中,π 的值 3.1415926 就是常量。又如学生的姓名数据 zhang、wang、li,学生成绩数据 88.5、78.5,职工的年龄数据 30、45 等都是常量。

根据常量的取值类型的不同,常量可分为整型常量、实型常量和字符型常量。在 C 语言中,不同类型的常量书写规范也有所不同,需要重点掌握。

2.2.2 整型常量

整型常量即整数。包括正整数、负整数和零。整型常量是最常用也是最简单的一种常量类型,与数学中整数的写法和使用规则相同。

需要注意的是,在 C 语言中,整型常量可以采用十进制、八进制和十六进制三种表示形式,具体采用哪种形式,由规定的格式决定,这里认识一下表示形式。

(1) 十进制表示:由数字 0~9 以及正、负符号组成,如 0、120、365、−1250 等。

(2) 八进制表示:以数字 0 开头,构成数字为 0~7 之间的数字,如 0112(十进制 74)、0123(十进制 83)、077(十进制 63)等,八进制数一般用于无符号数。

(3) 十六进制表示:以 0x(数字 0 和字母 x)或 0X 做前缀,后跟数字 0~9 和字母 a~f 或 A~F,如 0x11(十进制 17)、0xa5(十进制 165)、0X5a(十进制 90)等。十六进制数一般也只用于无符号数。

2.2.3 实型常量

实型常量即实数,又称为浮点数。在 C 语言中,实型常量只能以十进制形式表示,有两种形式:小数形式和指数形式。

(1) 小数形式。由整数部分、小数点和小数部分组成。当数字部分为 0 时可以省略不写,但不能同时没有数字。如以下实型常量写法都是正确的:

3.14159   0.158   12.   .36   0.0   −18.0

(2) 指数形式。由尾数部分、字母 e 或 E 和指数部分组成,格式为:**±尾数 E 指数**。指数部分是在 e 或者 E 后跟整数阶码(即可带符号的整数)。如:

1e5   (表示数值 1×10^5)

1.25E+4   (表示数值 1.25×10^4)

2.0E−3   (表示数值 2.0×10^{-3})

说明:

(1) 指数标志字母 E(或 e)的两边必须有数字,且指数部分必须是整数。以下是不正确的实型常量。

e5   (缺少小数部分)

1.25E   (缺少指数部分)

2.0E1.3　　　（阶码部分不是整数）

(2) C语言中，**实型常量**默认为 double 类型，如果要使用单精度型，则需在数的后面加字母 F（或 f），如 1.234f 或 245.123F。

2.2.4　字符型常量

1．一般字符常量

一般字符常量是由**单个字符构成的字符数据**。表示为以一对单引号引起来的单个字符，因此**单引号**(' ')是其标志性引导符号。如'a'、'A'、' * '、'9'都是字符常量。

字符常量的值，就是该字符相对应的 ASCII 编码值（见附录 A）。如字符常量'A'的值为 65，而字符常量'a'的值为 97。在 ASCII 编码表中，字符排列次序就是 ASCII 码值从小到大的排列次序。

每个字符常量占用 1 字节的存储单元，存放的是其对应的 ASCII 编码。因此 C 语言中的字符常量具有整数特征，可以进行数值类型运算，此时运算对象实质是使用了字符的 ASCII 码值。有的教程把字符常量纳入整型数据类型，也是基于此原因。

2．转义字符

C语言中**转义字符是由"\"引导的，后跟字符或数字而构成的字符常量**。在程序中转义字符主要用于实现某种控制功能，多出现在程序结果输出时的格式控制中。"\"表示后面的字符要"转变本义"，即不是原来的字符值了。如'\n'表示换行，'\a'表示响铃等。常用的转义字符及意义如表 2-6 所示。

表 2-6　C 语言中常用的转义字符及意义

字符形式	字符值	ASCII 码	转义功能
\0	Null(空字符)	0	输出空字符
\a	响铃(bel)	7	计算机警告响铃一声
\b	退格符(backspace)	8	将光标位置后退一个字符位
\t	水平制表符(横向跳格 Tab)	9	将光标位置移到下一个 Tab 位置
\n	换行(Enter)	10	将光标位置移到下一行开头
\v	竖向跳格	11	将光标位置移到下一个垂直制表位置
\f	换页符	12	将光标位置移到下一页开头
\r	回车符	13	将光标移到本行开头
\"	双引号"	34	输出一个双引号字符"
\'	单引号'	39	输出一个单引号'
\?	问号？	63	输出一个问号？
\\	一个反斜杠字符 \	92	输出一个反斜杠 \
\o、\oo 或 \ooo	o 代表 1~3 位八进制数码对应的 ASCII 码字符	3 位八进制数	与该八进制码对应的字符
\xhh	h 代表 1~2 位十六进制数对应的 ASCII 码字符	2 位十六进制数	与该十六进制码对应的字符

说明：
(1) 转义字符形式上看是多个字符组合而成，但表示的结果依然是一个字符常量。
(2) 一般的转义字符常量代表一种功能，如\n代表回车换行。
(3) 对于转义符后的数码进一步解释如下：

- 反斜线后跟八进制数表示其后跟的八进制数为某个字符的ASCII码。如"\101"代表的是字符"A"，"\141"代表字符常量"a"。
- 写在转义符后的数默认为八进制数，十进制数无须由转义符引导。
- 反斜线后以字母x开头，表示其后跟十六进制数为字符的ASCII码，如"\x41"代表字符常量"A"。标志x只能小写，不允许使用大写。"\x6d"（也可写成"\x6D"）表示字符常量"m"（m的ASCII码以十六进制表示即为6D）。

两种数制应用对比举例："\x41"是以十六进制数表示的字符码，"\101"是以八进制数表示的字符码。它们都代表同一个字符"A"。

3. 字符串常量

字符串常量是由双引号引起来的零个或多个字符组成的序列。其中的双引号是定界符，不属于字符串常量部分。如"Hello Program C!"、"book"、"123"等。习惯上也称字符串常量为"字符串"。

字符串常量在内存中存储时要占用一段连续的存储单元，每个字符占1字节，并在尾部增加一个字符串结束标志"\0"。因此n个字符构成的字符串要占用n+1字节的存储单元。如字符串"book"在内存中要占用5字节的存储空间，其存储形式如下：

| b | o | o | k | \0 |

实际上内存中存放的是字符串中各字符的ASCII码，这里为直观起见用字符本身表示。

用字符串长度来度量字符串中字符的个数。可以使用sizeof()运算符来测定字符串的长度。如执行语句：printf("%d\n",sizeof("book"));

输出结果为：5。

说明：
(1) 要注意区分字符型常量与字符串常量的本质区别。如"a"是字符型常量，在内存中占1字节；而"a"是字符串常量，在内存中占2字节。
(2) 要注意区分"0"与"\0"的不同含义。"0"是取值为0的一个字符常量，用1字节存放它的ASCII码值（十进制为48）。"\0"是把空字符(null)作为一个字符常量，存储时用1字节存放它的ASCII码值（十进制为0）。

4. 符号常量

如前所述，π是不可识别的字符，因其没有编入ASCII码表中，键盘上又没有该符号，因此在大多数程序设计语言中不可直接使用该符号，而是用具体的值3.14159取代，这样很不方便，为此C语言提供了为符号指定值的功能。

这种**由用户指定值的符号称作符号常量**。因符号被指派值后就有了固定不变的取值，

又具有常量的属性,由此得名。在符号常量使用前必须先指定常量值,语法格式为:

♯define 符号 常量值

例如:♯define PI 3.14159

程序示例:计算圆的面积。

```
#include <stdio.h>
#define PI 3.14159                //定义符号常量
main()
{   float r, area;
    r = 12.5;                     //指定圆半径
    area = PI * r * r;            //计算圆面积
    printf("area = % f\n", area);
}
```

该例中,程序的第 2 行表示使用符号常量 PI 代替 3.14159。通常习惯把符号常量用大写字母表示,但这并不是语法的要求,只是为了与将要学到的变量区分开来,便于辨认。进行定义后,程序中只要用到相应的值都可以用符号常量代替,这就给程序的修改提供了方便。例如,假设需要进一步提高圆周率的精度,可以直接修改定义语句中的常量值,这样,程序中所有用到符号常量 PI 的地方,其值都自动变更为新值。

说明:

(1) 符号常量不可重复定义,也不可通过其他方式改变其所指定的值。

(2) 符号常量也属于标识符的一种。要服从 C 语言中标识符的命名规则。关于标识符的命名规则参见 2.3.2 节相关内容。

2.3 C 语言变量

内容概述

变量是程序的灵魂,程序的核心是以不变应万变的算法,在算法的通用性设计中,变量充当了重要角色,变量是取值可以变化的运算对象。变量的学习对于程序设计有着非常重要的意义,要深刻理解并熟练掌握变量的使用规则。

本节将学习 C 语言中与变量相关的概念,关键字、标识符以及变量的命名规则,C 语言基本数据类型的定义、初始化及引用等语法规范。本节学习重点为:

- C 语言基本数据类型变量的定义。
- C 语言中变量的初始化及引用。

2.3.1 认识变量

程序运行过程中**取值可以变化的运算对象称为变量**,类似于数学方程中的未知数或函数中的自变量。如求圆的面积的运算公式如下:

s = r * r * 3.1415926;

其中,r 和 s 是变量。

又如:f(x)=x*x+sin(5);其中 x 是变量。

变量在程序运行过程中具有十分重要的作用,通过它可获取并存储数据、保存程序运行的中间结果及最终结果,程序中的常量值都是通过变量进行处理的。变量需要有确切的名字,系统会为每个变量分配相应的存储空间,变量与存储空间有着一一对应的关系,用户在程序中操作的是变量,而计算机内部是数据与内存之间进行信息交互。学习 C 语言必须结合内存空间理解变量才能融会贯通。

掌握变量的使用需要从以下 3 方面学习变量的属性。

(1) 变量名。每个变量都必须有一个确切的名字,变量的命名是有规则的。

(2) 变量的数据类型。变量是用来存储常量的,因此常量的数据类型决定了使用变量的数据类型、表现形式和分配存储空间大小,同时也规定了对该变量所能执行的操作。

(3) 变量的值。在程序运行过程中,任何时刻变量都是有值的,但变量的值是可以变化的,值是存储在内存中的,不同类型的变量,占用的内存空间不同。

在线视频

2.3.2 变量的命名规则

程序是由数据和指令集合有序排列而构成的,C 语言的指令集合由关键字、标识符等能够实现特定功能的语言成分构成。

1. 关键字

关键字是语言系统中拥有特定语义及功能的指令的集合。在 C 语言中关键字一般以单词或单词的缩略组合形式表示。

因系统已经赋予关键字规定的含义,故用户不可以再作他用。语言学习中需要掌握的核心内容就是关键字的功能及应用。在 C 语言标准版本中有 32 个关键字,具体如下:
auto、break、case、char、const、continue、default、do、double、else、enum、extern、float、for、goto、if、int、long、register、return、short、signed、sizeof、static、struct、switch、typedef、union、unsigned、void、volatile、while。

从上述所列关键字可以看出,它们大多是由小写字母组成的英文单词,在今后的学习过程中会逐步认识这些关键字的功能及用途,在此不再赘述。

2. 标识符

就像家族中的每个成员都需要有个称呼一样,程序中的每个对象也必须有一个确切的名称。**标识符是程序中系统或用户为操作对象标定的名称符号**。C 语言中的标识对象主要有符号常量、变量、数组、函数、指针、结构体、共用体等。

按标识符的来源,可将其细分为**预定义标识符**和**用户自定义标识符**。

1) 预定义标识符

预定义标识符主要包含 C 语言的库函数和预处理命令。

(1) **库函数**:在语言系统中已经固化了许多常用的函数供用户直接调用,这类函数都有确切的标识符(即函数名),这种标识符类似于关键字,不能再做他用。如实现输入输出功能的函数 printf()、scanf(),标准算术函数 sin()等。

(2) **预处理命令**:在程序中,系统要求在头部加载系统运行相关的环境文件或环境常量。♯include 用于加载环境文件,♯define 用于定义符号常量,这些以♯开头的预处理命令都属于预定义标识符。

2)用户自定义标识符

用户自定义标识符是标识符的主要构成要素。程序设计过程中大多数操作对象都是以这类标识符出现的,学会正确命名用户自定义标识符是有效进行程序设计的关键环节。

C语言标识符命名遵循以下规则。

(1)可用字符集:标识符只能由大小写字母、数字和下画线组成。

(2)标识符的第一个字符必须是字母或下画线,后续字符可以是字母、数字或下画线。

(3)C语言语法是严格区分字母大小写的,即系统把同一个字母的大写和小写当作不相同的两个字母。如a和A是两个不同的标识符。

(4)在同一个C函数中,一个标识符只能标识一个对象,不可使用同名的两个标识符。

(5)标识符命名应尽量做到见名知意,便于程序的阅读与修改。

(6)不可用字符集:关键字、预定义标识符、标点符号、运算符号等不可以作为标识符使用,因这些符号在系统中已经赋予了特别含义,再用作用户标识符会引起歧义。

3. 变量的命名规则

变量是C语言程序设计中应用最为广泛的一种操作对象,几乎所有程序都会用到它。**变量是典型的标识符,必须遵循标识符命名规则**。

以下分别列出了正确和错误的变量命名示例。

正确的变量命名示例:

a   x   sum   program ab1   _to   file_5   a1b2c3   _2   B3

错误的变量命名示例:

```
yes?        (含有不合法的字符"?")
2a          (第一个字符不能为数字)
Yes-no      (运算符减号不是合法的标识符字符)
yes/no      (含有不合法的字符"/")
int         (int 为关键字)
```

2.3.3 变量的定义与引用

变量是程序的灵魂,所有的数据几乎都是通过变量进行操作的。在C语言中,所有**变量都必须先定义后使用**。变量定义的实质是在内存中申请存储空间并与之建立关联。

变量定义的语法格式如下。

格式1:数据类型关键字　　变量名表;

格式2:数据类型关键字　　变量名1,变量名2,…,变量名n=初值;

格式1例:

```
int  a;
float x,y,z;              //可以同时定义多个变量,变量之间以逗号分隔
char ch;
```

格式2例:

```
int a,b,c=0;  或  int  a=0,b,c         //定义变量的同时给部分变量赋初值
```

说明:
(1) 数据类型关键字是 C 语言中有效的数据类型关键字,如基本数据类型 int、float、double、char 等。

(2) 一个说明语句可以说明 1 个变量,也可以同时说明多个变量,此时变量之间用逗号","分隔。

(3) 在定义变量的同时,还可以给变量指定初始值,称为赋初值或变量的初始化。

(4) 变量定义时所确定的数据类型一般要求与实际存储的数据类型一致,否则会带来数据的不准确性。如果数据类型不一致的变量之间进行混合运算,需要强制进行类型转换。

(5) 仅经过定义未初始化的变量,其值是不确定的,也就是取值具有随机性。如前所述,程序在定义变量时申请到了相应的内存单元,未初始化的变量取值的随机性理解为随机存储在相应单元中的数值,因此这个值对于当前的程序来说是不确定的,也无实际意义。

【例 2-3】 变量定义及初始化。

```
#include <stdio.h>
main()
{   int a = 10, b = 20, c, x;
    c = a + b;
    printf("c = %d\n", c);
    printf("%d \n", x);
}
```

运行结果:

```
c = 30
-858993460
```

结果分析:
该程序中,变量 a 和 b 被定义为整型变量并分别被赋初值 10 和 20,因此变量 a 和 b 中分别存放了整型数据 10 和 20,c 变量中存入了 a+b 的运算结果 30。x 变量只完成了定义而未初始化,因此程序运行过程中会给出错误警告,如果忽略警告强制执行,输出结果为不可预知的随机数据。如例 2-3 中输出为 -858993460。

根据变量所操作的数据类型的不同,可把变量分为以下几种基本类型。

1. 整型变量

整型变量是用于存储和操作整型数据的变量。与整型常量对应,C 语言中整型变量可分为短整型(short int)、基本整型(int)、长整型(long int)和无符号整型(unsigned)四种类型。例如操作人数、次数、序号等的变量应定义为整型变量。

示例:

```
int i,j;              //定义了两个基本整型变量 i 和 j
long m = 0;           //定义了一个长整型变量 m 并赋初值 0,相当于 long int m = 0;
unsigned k;           //定义了一个无符号整型变量 k
```

定义变量的同时可以对其进行初始化操作,要注意初始值的设置。整型变量一般用于存储程序运行过程中的计数初值或累加初值,赋初值为 0 不会影响到最终的计算结果。

2. 浮点型变量

浮点型变量是用于存储和操作浮点型数据的变量。与实型常量对应,C 语言中实型变量分为单精度实型(float)、双精度实型(double)和长双精度实型(long double)三种。定义形式如下：

```
float x,y,z;              //定义单精度实型变量 x,y,z
double a,b,c;             //定义双精度实型变量 a,b,c
long double n;            //定义了一个长双精度实型变量 n
```

实型变量也可以在定义的同时进行初始化。示例如下：

```
float x = 1.0,y = 2.0,z = 3.0;    //定义实型变量 x,y,z 并初始化
```

注意：在为实型变量赋初值时，合理的初值设置是加小数位，如：x＝1.0，这样初值与变量类型一致，会省去编译系统进行数据类型转换的过程，提高程序运行效率，程序设计也更加规范。

3. 字符型变量

字符型变量是用来存储和操作字符型数据的变量。C 语言中定义字符型变量的关键字只有一个 char。示例如下：

```
char ch;                  //定义了一个字符型变量 ch
char ch1 = 'A';           //定义了一个字符型变量 ch1,并赋初值为'A'
```

当给字符型变量赋初值后，变量中存放的是初值字符的 ASCII 码值，如上例中变量 ch1 中保存的值为'A'的 ASCII 码值 65。从数据类型相关内容中已经知道，字符型数据与对应的整型数之间有共用性，因此赋值语句 a＝65 与赋值语句 a＝'A'等价。

【例 2-4】 字符数据与整型数据的混用。

```
#include <stdio.h>
main()
{   int x = 65;
    char y = 'a';
    int z = 257;
    printf("x = %d or x = %c\n",x,x);    //x 变量以整数输出或以字符形式输出
    printf("y = %c or y = %d\n",y,y);    //y 变量以字符输出或以整数形式输出
    printf("z = %c or z = %d\n",z,z);    //z 变量以字符输出或以整数形式输出
}
```

运行结果：

```
x = 65 or x = A
y = a or y = 97
z =  or z = 257
```

结果分析：

通过三个变量的定义和赋初值语句，三个变量分别获得了相应的值，从输出语句可以看出，x 变量以整型数据输出为初值 65，以字符型数据输出为"A"。y 变量以字符型数据输出为初值"a"，以整型数据输出为初值 97，即 a 的 ASCII 码值。z 变量以字符型数据输出为无效数据"空值"，以整型数输出为初值 257。

字符型与整型数据使用说明：

（1）字符型数据与整型数据之间的"互通性"限制在 ASCII 码值范围内是有意义的。超出 ASCII 码值范围后(基本 ASCII 码为 0～127，扩展 ASCII 码为 128～255)，字符型数据不

存在,整型数据依然服从固有类型使用规则。

（2）**C语言中没有专用于定义字符串的关键字,单个字符型变量无法存储字符串数据。**如前所述,一个字符型变量占用一字节的存储空间,只能存放一个字符,而一个字符串一般由多个字符外加一个字符串结束标志"\0"构成,因此定义为字符型的一个变量是不可以存放一个字符串数据的,而需要多个字符型变量联合存放。此类数据操作需要数组类型。

2.4 C语言库函数

内容概述

函数是C语言程序的基本组成单元。利用函数可以把复杂的、规模庞大的程序进行模块化拆分,便于调试、阅读和修改,同时有利于实现代码的复用,提高程序的开发效率。C语言编译系统提供了大量的标准函数(或称作库函数),同时也提供了编写自定义函数的功能。

本节将重点学习函数的基本概念、库函数的引用方法,了解用户自定义函数的概念,为今后进一步学习函数程序设计打下良好基础,本节学习重点为:
- 函数的概念。
- 库函数及引用方法。

2.4.1 函数的概念

函数是数学中非常重要的概念及研究内容,常见的数学函数有三角函数、指数函数、对数函数等。计算机程序设计的很多应用场景都是辅助其他工程领域解决计算问题的,因此计算机程序设计必然离不开数学公式,也必然要使用数学函数,这是C语言中使用函数的原因之一。在C语言中,函数的应用得到了进一步的拓展。在第1章中已经了解到,一个完整的C语言程序全部由函数构成。**函数是C语言的基本组成单元,是具有相对独立功能的可以被重复调用的程序段。**

一个完整的软件系统功能很庞大,代码很长,需要组织多人合作完成,如果所有代码"串接"在一个程序文件中,既不利于程序的阅读、修改和维护,也不便于分组开展项目实施,为此C语言程序设计中引入了函数的概念。**利用函数可以达成两个目标：一是对复杂系统实施模块化拆分；二是实现代码的复用。**模块化设计也称结构化设计,就是把一个大的系统分为多个子系统,由函数分别实现这些子系统的功能,各功能模块之间通过函数参数传递进行对接,再经过函数之间的相互调用实现系统的整体功能,这种模块化设计思想利于组织多人合作开发。模块化设计中的某些子功能如果是通用的,如输入输出、查找等,就可以被需要这些子功能的其他函数重复调用,这种代码被重复调用的特性称为代码的"复用性"。显然代码的复用性能够产生"一劳永逸"的效果,能够充分提高系统开发效率。

正确灵活地利用函数,将大大缩短程序代码长度,提高程序的可读性和可维护性,减少重复编写的工作任务。

如前所述,一个 C 语言程序由一个或多个函数组成,其中有且仅有一个主函数 main(),无论其出现的位置如何,整个程序总是从 main() 开始执行的。main 函数调用其他函数,其他函数之间可以相互调用,同一个函数可以被一个或多个函数调用一次或多次,形成统一的整体功能。一个函数调用另一个函数,相对而言前者称为主调函数,后者称为被调函数。从函数的来源看,C 语言中的函数可分为标准函数和用户自定义函数。

(1) **标准函数**。标准函数也称库函数,是 C 语言编译系统为方便用户编写程序而预先设计好的一批常用的功能函数,各种版本的编译系统所包含的库函数不尽相同,但基本的功能函数都具备,主要包括 4 大类函数:数学函数如 sin()、cos()、sqrt() 等;字符处理函数如 strcat()、strcmp()、strlen() 等;输入输出函数如 scanf()、printf()、putchar()、getcahr() 等;动态存储分配函数如 malloc()、free() 等。这些库函数的相关功能用户不必再通过编程实现,而是通过直接调用库函数代理完成。

(2) **用户自定义函数**。**用户自定义函数是用户自己编写的功能模块程序代码。**C 语言中的自定义函数在其他语言系统中被称为子程序或过程,用于实现用户所要求的某种功能,这种函数的编写是程序设计的主要内容,用户编写的程序都是通过自定义函数实现的。

本节中引入函数学习的目的在于初步理解函数的概念,认识函数是构成程序的重要内容,为表达式和基本输入输出函数的使用奠定良好的学习基础。自定义函数相对复杂,这里不作详细讲解。

2.4.2 C 语言库函数的调用

在线视频

库函数调用需要具备以下两个条件。

(1) **加载头文件**。在程序头部通过预处理标识符把头文件加载到当前程序中,格式如下:

```
#include <头文件名.h> 或
#include "头文件名.h"
```

其中头文件名应该根据所调用的函数不同而有所不同,库函数列表参见附录 C,库函数与头文件的对应关系如表 2-7 所示。

表 2-7 库函数与头文件的对应关系

函数类型	头文件名	函数类型	头文件名
数学函数	math.h	输入输出函数	stdio.h
字符处理函数	string.h	动态存储分配函数	stdlib.h 或 malloc.h

(2) **正确地调用库函数的语法**。要根据库函数原型(即函数的基本构成形式)书写正确的函数调用语句,才能正确调用函数,其中包括函数名称、函数返回值类型的匹配关系、函数的参数个数、数据类型及次序等。

库函数的调用格式: 函数名(参数列表)

【**例 2-5**】 库函数调用示例程序。

```
#include <stdio.h>              //输入输出库函数头文件
#include <math.h>               //数学函数头文件
main()
{   float y1,y2,x=3.0,z=100.0;
    y1=sin(x)+1;                //调用正弦函数
```

```
        y2 = sqrt(z);                           //调用开平方函数
        printf("y1 = % f y2 = % f\n",y1,y2);    //调用输出函数
}
```

运行结果：

```
y1 = 1.141120 y2 = 10.000000
```

结果分析：

因为程序中调用了 sin() 和 sqrt() 两个数学函数，因此在程序头部加入 ♯ include <math.h>头文件；程序中调用了 printf() 输出函数，因此在程序头部加入 ♯ include <stdio.h>头文件。假设程序中删除 ♯ include <math.h>语句，编译过程将出现错误提示：warning C4013："sqrt"未定义；假设外部返回 int，则输出错误结果：

```
y1 = 2063819136.000000 y2 = 1079575168.000000
```

关于函数引用说明：

(1) 习惯上把函数的运算结果称作函数的"返回值"，即返回值就是函数的取值。

(2) 函数的返回值是有数据类型的，函数的返回值类型就是函数的数据类型。在构造函数表达式时，要确保取值类型的一致性。

(3) 数学函数中的"自变量"在 C 语言函数中称为"参数"。库函数和自定义函数中均可能有参数，在自定义函数中的参数称为形式参数，在主调函数中的参数称为实参。调用者和被调用者的参数之间必须保持数量和数据类型一一对应。

2.5 运算符与表达式

内容概述

表达式是构成语句的基本要素，构造表达式是代码编写中很重要的工作。由运算符把常量、变量、函数等运算对象连接而成的运算式称为表达式。

本节将学习 C 语言表达式的概念，掌握常用运算符的书写及功能，达到能够书写出正确的 C 语言表达式的目的，本节学习重点为：

- 算术运算符、关系运算符、逻辑运算符的书写及基本功能。
- 赋值运算符、自增自减运算符、求字节数运算符的书写及其功能。

在线视频

2.5.1 C 语言的运算符与表达式

运算是计算机程序的基本功能，**表示运算对象之间关系的符号称作运算符**。

根据运算对象的多少，可以把运算符分为以下三种。

(1) 单目运算符：只与一个运算对象连接的运算符。

(2) 双目运算符：连接两个运算对象的运算符，大多数运算符都属于此类。

(3) 三目运算符：连接三个运算对象的运算符。

根据运算对象与运算结果的数据类型及所实现的运算功能不同,把 C 语言中的运算符分为以下几种类型。

1. 运算符

算术运算符:+ - % * / ++ --(加、减、求余或模运算、乘、除、自增、自减)
关系运算符:> >= < <= == !=(大于、大于或等于、小于、小于或等于、等于、不等于)
逻辑运算符:! && ||(非、与、或)
赋值运算符:= += -= *= /= %=(简单赋值、复合算术赋值)
位运算符:<< >> & | ~ ∧(左移、右移、位与、位或、位非、位异或)
条件运算符:?:(三目运算符,与条件表达式联合使用)
逗号运算符:,(运算对象之间的分隔符)
指针运算符:* &(指针类型符、取地址符)
求字节运算符:sizeof(计算数据类型的字符数,很像一个函数的功能)
强制类型转换运算符:(数据类型)转换对象 (使转换对象的数据类型成为指定类型)
成员运算符:. ->(非指针成员引用、指针成员引用)
下标运算符:[ ](数组中的下标符号)
其他运算符:( )(调整运算优先次序,是所有运算符中优先级最高的运算符)

2. 表达式

表达式是由运算符把常量、变量、函数连接而成的一个计算式。如 a>=b && a<sin(c)*5 就是一个表达式。学习表达式的目标就是能够书写出正确的 C 语言表达式。

受键盘结构设计等因素的制约,为输入程序方便起见,计算机程序设计语言对键盘上没有固化的部分运算符做了形式上的变动,初学者受多年数学运算符及运算公式书写习惯的影响,在写 C 语言表达式时很容易误以数学符号代换语言符号,比如把">="写作"≥",这类现象要引起足够的重视。

C 语言中的运算符有**优先级**(即运算符的先后次序性)和**结合性**(即结合方向)两方面的运算顺序规范。**优先级是指不同运算之间的先后次序**,如"先乘除后加减",**结合性是指同级运算的运算次序**。如果运算是从左到右进行的,称为左结合方向或**左结合性**,相反称为右结合方向或**右结合性**。

C 语言的运算符很多,读者将在课程学习过程中逐步掌握,本节中重点掌握基本运算符及表达式书写。

2.5.2 算术运算符与算术表达式

1. 算术运算符

算术运算符表示运算对象之间的算术运算关系。在 C 语言中,算术运算符与数学中的运算符大致相同。形式上,只是"×"和"÷"分别以"*"和"/"代换(因键盘上无"×"和"÷"键,用很相似的"*"和"/"代换),另外增加了"%"运算符,其功能为取余数,也称"模"运算。运算符"/"与"%"都是做除法,差别在于前者运算结果取商,后者取余数。

在线视频

"＋"和"－"与数学中所表达的运算关系相同,可作为"加"和"减"运算符,此时运算对象有两个,称为二目(或双目)运算;同时它们也是"正数"和"负数"的符号标记,此时称为单目运算符,单目运算的运算优先级是最高的。算术运算符及含义解析如表 2-8 所示。

表 2-8 算术运算符及含义解析

运算符	含 义	示例	运算结果及解析	优先级	运算级别顺序
()	调整运算顺序	(x＋y)＊a	加()后,＋运算优先于＊运算	1	高
＋	正号(单目运算)	＋x	x 的值	2	
－	负号(单目运算)	－x	x 的负值		
＊	乘法运算符	x＊y	x 与 y 的乘积	3	
/	除法运算符	x/y	x 除以 y 的商		
％	取余运算符	x％y	x 除以 y 并取余数		
＋	加法运算符	x＋y	x 加 y 的和	4	
－	减法运算符	x－y	x 减 y 的差		低

使用算术运算符要注意以下事项。

(1) **算术运算符有优先级次序**。正如数学中的四则运算符具有优先顺序一样,C 语言中的运算符也有优先级排序,不同级别的运算按表 2-8 所示的优先级进行运算,基本顺序依据"先乘除后加减",如果有括号则括号优先。

(2) **求余运算符％的运算对象必须为整型**,运算结果也是整型。当运算对象为负数时,所得结果的符号随编译系统不同而不同。在 VS C++中,运算结果的符号与被除数相同。如 13％－2 运算结果为 1,而－13％2 的运算结果为－1。

2. 算术表达式

由算术运算符将运算对象连接而成的运算式称为算术表达式。算术表达式的特点是:参加运算的对象为数值型,运算结果也一定是数值型。算术运算符的优先级如表 2-8 所示,正负号按右结合方式(从右向左)、同级别的其他运算符都按左结合方式(从左向右)进行运算。

例如,x/(x＋y)＋1.0/2＊x 为合法的算术表达式。其运算过程如下,下画线部分为当前运算先进行的处理。

第一步: x/(x＋y)＋1.0/2＊x　　⇒ x/a＋1.0/2＊x　　//()优先,假设 a＝x＋y
第二步: x/a＋1.0/2＊x　　⇒ b＋c＊x　　//从左到右计算,假设 b＝x/a,c＝1.0/2
第三步: b＋c＊x　　⇒ b＋d　　//假设 d＝c＊x
第四步: b＋d　　⇒ p　　//假设 p＝b＋d

2.5.3 关系运算符与关系表达式

在线视频

1. 关系运算符

关系运算符用于表示运算对象之间的大小关系。关系运算其实质是比较运算,C 语言中关系运算符有 6 种,如表 2-9 所示。

表 2-9 关系运算符及解析

运算符	含义	示例	运算结果及解析	优先级	运算级别顺序
>	大于	a>b	如果 a>b,结果为真,否则为假	1	高
>=	大于或等于	a>=b	如果 a≥b,结果为真,否则为假	1	↑
<	小于	a<b	如果 a<b,结果为真,否则为假	1	
<=	小于或等于	a<=b	如果 a≤b,结果为真,否则为假	1	
==	等于	a==b	如果 a 等于 b,结果为真,否则为假	2	↓
!=	不等于	a!=b	如果 a 不等于 b,结果为真,否则为假	2	低

使用关系运算符的注意事项如下。

(1) 关系运算符的前四种运算的优先级相同,后两种运算的优先级相同,而且前四种的优先级高于后两种。

(2) 关系运算符都是双目运算符,连接的两端数据类型必须一致。

2. 关系表达式

由关系运算符将运算对象连接而成的运算式称为关系表达式。 关系表达式的特点是:连接的运算对象为数值型或字符型,运算结果则必定是逻辑型,因此可以说关系运算是一种数据类型"变型"操作,变型的意义在于可使算术运算结果转变成为逻辑值,完成复杂的判断处理。C 语言中逻辑值用 0 或 1 表示,0 表示逻辑"假",1 表示逻辑"真"。关系运算符的优先级如表 2-9 所示,都按左结合方式进行运算。

例如:a<b、a>=b、'a'>'b'、(a=10)>(b=20)、(a>10)>(b>20)等都是合法的关系表达式。

假设变量 a 中的值为 5,变量 b 中的值为 10,则关系表达式的 a>b 值为"0",而关系表达式(a>10)<(b<=20)值为"1"。以下程序可测试和证实关系表达式值的表示规则。

【例 2-6】 关系运算示例程序。

```
#include<stdio.h>
main()
{   int a=5,b=10;
    printf("a>b 的结果为: %d\n",a>b);
    printf("(a>10)<(b<=20)的结果为: %d\n",(a>10)<(b<=20));
}
```

运行结果:

```
a>b 的结果为:0
(a>10)<(b<=20)的结果为:1
```

结果分析:

例 2-6 中,因 a 的值为 5,b 的值为 10,a>b 结果为 0。又因 a>10 结果为假值"0",b<=20 结果为真值"1",最后做 0<1 的运算,结果为 1。由此可证实逻辑值是以整数形式表示的。

2.5.4 逻辑运算符与逻辑表达式

在线视频

1. 逻辑运算符

逻辑运算符是用于连接关系运算以形成复合关系的运算符。C语言的逻辑运算符有3种，即非(!)、与(&&)、或(||)，与数学中的非、与、或含义基本相同，如表2-10所示。

表2-10 逻辑运算符及解析

运算符	含 义	示 例	运算结果及解析	优先级	运算级别顺序
!	逻辑非	!a	如果a=0,则!a=0	1	高
&&	逻辑与	a<100 && a>=0	若a<100而且a≥0则结果为真	2	↑
||	逻辑或	a>100 || a<-100	a>100 或 a<-100		低

在逻辑运算中，表示运算对象、运算规则及其运算结果的表格称为"真值表"，掌握真值表是理解和应用逻辑运算的基础。逻辑运算的真值表如表2-11所示。

表2-11 逻辑运算的真值表

运算对象及运算	a	b	!a	!b	a&&b	a||b
真值	0	0	1	1	0	0
	0	1	1	0	0	1
	1	0	0	1	0	1
	1	1	0	0	1	1

关于逻辑运算符说明如下。

(1) C语言编译系统中用0表示逻辑假，用1表示逻辑真；但在进行判断处理时是以非0值为真、以0值为假。

(2) 逻辑运算符中的非运算(!)为单目运算符，与和或(&&、||)为双目运算。单目运算为右结合方式，优先级高于双目运算。两个双目运算优先级相同，为左结合方式。

2. 逻辑表达式

由逻辑运算符将关系表达式或逻辑运算对象连接而成的运算式称为逻辑表达式。逻辑表达式的特点是：连接的运算对象可以是任何类型，而经运算后它们也转变为逻辑值，最终运算结果一定是逻辑值(1或0)。如：'a'<'b' && x<y 中，显然a与b是字符型数据，假设x与y是数值型数据，则&&运算符的左右两侧值均为逻辑值，结果也一定为逻辑值。

逻辑表达式示例：

(1) a&&b 从真值表可以看出，当运算对象a和b的值均为"真"时，a&&b的值才为"真"。只要有一个为假，a&&b的结果即为假。

(2) a||b 与&&运算符相反，当运算对象a和b的值只要有一个为"真"时，a||b的值就为"真"，只有当运算对象的值全为假时，a||b的结果才为假。

(3) !a 运算对象与运算结果的值恰好相反。

以上三个示例验证了真值表中关于与、或、非三种逻辑运算的基本规则。

(4) 3&&0||4 的结果为1。按左结合方式计算：3&&0结果为0，0||4结果为1。

(5) 3&&0&&4 的结果为 0。

2.5.5 赋值运算符与赋值表达式

在线视频

C 语言中的赋值运算符可分为简单赋值运算符和复合赋值运算符。

1．简单赋值运算符

简单赋值运算符以"="表示,"赋"即"给",赋值运算符"="为动词,要注意它与数学中"等号"的含义不同。简单赋值运算符常用的语法格式可分为以下三种。

格式 1：变量 = 常量；

格式 2：变量 = 变量；

格式 3：变量 = 表达式；

格式 1 示例：int x = 0；

格式 2 示例：int a = b；

格式 3 示例：x = x - k；

赋值运算符的功能：把常量、变量或表达式的值赋给变量；如果是表达式赋值,则先求表达式的值,然后赋给变量。显然,赋值运算符具有赋值和计算双重功能。

2．复合赋值运算符

在赋值运算符前面加上算术运算符即构成复合运算符,复合运算符保留了算术运算符与赋值两方面的功能,可概括为左侧变量与右侧的运算对象实施相应运算后再赋给变量。复合赋值运算符及等价形式如表 2-12 所示。

表 2-12 复合赋值运算符及等价形式

运 算 符	示 例	等 价 形 式
+ =	a + = b	a = a + b
- =	a - = b	a = a - b
* =	a * = b	a = a * b
/ =	a / = b	a = a/b
% =	a % = b	a = a % b

更多的复合赋值运算符示例：

x/ = y + z - 3 相当于 x = x/(y + z - 3),而不是 x = x/y + z - 3。类似的还有 x% = y + 7 相当于 x = x%(y + 7)。

3．赋值表达式

用赋值运算符把运算对象连接而成的运算关系式称为赋值表达式。赋值表达式的一般格式为：

变量 = 表达式

其中,"="称为**赋值运算符**,含义与数学中的等号截然不同,需要特别注意。

简单赋值表达式示例如：①a = 3　②a = b　③v = l * w * h

复合赋值表达式示例如：①z=(m=5)+(n=6)　②a=b=c=10　③x+=y*c+5

【例 2-7】 赋值运算验证程序。

```c
#include<stdio.h>
main()
{   int z,m,n;                                    //定义变量
    int a,b,c;
    int x=0,y=2;                                  //定义变量并初始化
    printf("z=(m=5)+(n=6)%d\n",z=(m=5)+(n=6));
                                                  //验证复合赋值表达式先计算后赋值
    printf("m=%d n=%d\n",m,n);                    //经过上一语句执行赋值后,m,n获得值
    printf("a=%d\n",a=b=c=10);                    //复合赋值表达式,按右结合性依次赋值
    printf("b=%d c=%d\n",b,c);                    //b,c均获得赋值 10
    printf("x=%d\n",x+=y*z+5);                    //复合赋值表达式的右结合性
    printf("y=%d z=%d\n",y,z);                    //y,z保持原值不变
}
```

运行结果：

```
z=(m=5)+(n=6)11
m=5 n=6
a=10
b=10 c=10
x=27
y=2 z=11
```

结果分析：

从程序的运行结果可以看出,赋值表达式的计算过程为先求"表达式"的值然后赋给变量。简单的常量或变量可视为表达式的特例,此时直接把常量或变量的值赋给左侧的变量。赋值表达式具有以下特点。

(1) 赋值表达式左侧必须为变量。如 a+b=5 是错误的。

(2) 赋值运算符具有右结合性,即从右向左进行计算。

(3) 赋值表达式运算符右侧可以是常量、变量或表达式,还可以是另一个赋值表达式。

因赋值表达式具有右结合性,因此上述示例中 a=b=c=10 相当于 a=(b=(c=10)),即先把 10 赋给 c,表达式演变为 a=(b=10),再把 10 赋给 b,表达式演变为 a=10。最终表达式的值为 10,同时,a、b、c 三个变量的值也都更改为 10。复合表达式 x+=y*z+5 相当于 x=x+(y*z+5)。

(4) 赋值表达式不是独立的语句,不同于赋值语句,只能作为语句的成分,此例中充当了输出函数 printf()的输出项。

(5) 赋值过程中如果表达式的值与左侧的变量类型不一致,需要进行数据类型转换,转换规则与数值型数据转换规则类似。

2.5.6 其他运算符

在线视频

1. 自增自减运算符

在 C 语言中有称作自增"++"和自减"--"的两个运算符,它们都是单目运算符,书写形式上可以出现在变量的前后,其功能是对变量实行加 1 和减 1 的赋值操作。"++"使变量

的值自动加 1,如 i++ 相当于 i=i+1;"--"使变量的值自动减 1,如 i-- 相当于 i=i-1。根据运算符与变量的先后位置可分为两种:前缀形式和后缀形式,每种形式根据运算符分为自增和自减两种操作,由此形成四种不同的运算符,即 i++、i--、++i、--i。

(1) 后缀方式:运算符出现在变量的后面,属于**"先引用后增减"**型,如 i++,i--。执行过程是先引用变量 i 的值,然后再使 i 的值+1 或-1。设执行运算前 i 的值为 1,则 i++ 可引用的 i 值为 1,引用之后的 i 值变为 2;i-- 可引用的 i 的值也为 1,引用之后的 i 值为 0。

(2) 前缀方式:运算符出现在变量的前面,属于**"先增减后引用"**型,如 ++i,--i。执行过程是先使变量 i 的值+1 或-1,然后再引用 i 的值。同样设执行运算前 i 的值为 1,则 ++i 可引用的 i 值为 2,引用之后的 i 值仍然为 2;--i 可引用的 i 的值为 0,引用之后的 i 值仍然为 0。

语句 j=i++ 等价于下面的语句:

j=i;i=i+1;

语句 j=++i 等价于下面的语句:

i=i+1; j=i;

【例 2-8】 自增、自减四种运算符的区别示例。

```
#include <stdio.h>
main()
{   int i=1;                        //定义并初始化 i 值为 1
    printf("i++ = %d\n",i++);
    printf("之后的 i = %d\n",i);
    i=1;                            //重新初始化 i 值为 1
    printf("++i = %d\n",++i);
    printf("之后的 i = %d\n",i);
    i=1;                            //重新初始化 i 值为 1
    printf("i-- = %d\n",i--);
    printf("之后的 i = %d\n",i);
    i=1;                            //重新初始化 i 值为 1
    printf("--i = %d\n",--i);
    printf("之后的 i = %d\n",i);
}
```

运行结果:

```
i++ = 1
之后的 i = 2
++i = 2
之后的 i = 2
i-- = 1
之后的 i = 0
--i = 0
之后的 i = 0
```

结果分析:

(1) 自增、自减运算符的运算对象只能为变量,不能是常量或是表达式。例如 ++3、++(i+1)等都是不合法的表达式。

（2）无论++、--在变量的前或后，对于变量本身的+1或-1都具有相同的效果，如i++、++i两个增量表达式运算后变量i的值都是增加1。

（3）自增、自减运算符具有右结合性，即运算方向为"从右到左"。例如：-x++，负号"-"与自加运算符"++"具有相同的运算优先级，但是根据右结合规则，将先计算x++，然后取负值。

2. 求字节数运算符 sizeof

C语言提供了获取数据类型字节数的运算符 sizeof，表现形式与函数格式相似，该运算符的格式如下：

格式1：sizeof(数据类型名)
格式2：sizeof(表达式)

格式1，获取指定数据类型所占用的字节数。格式2，先求表达式类型值，据此获取数据类型相应的字节数。

示例：sizeof(int)
　　　sizeof(i+3.0)

sizeof(int)为整型数据类型占用的字节数为4，sizeof(double)为8。

sizeof(i+2.0)表达式，类型值计算过程为：int型变量i的值与double型数值2.0进行运算，系统向精度更高的double类型转换，由此获得double类型字节数8为最终结果。又如sizeof("abc")获得字符类型长度的值3，因字符串结束标志"\0"占用1字节，因此获取字节数4为最终结果。

3. 条件运算符(?:)

C语言中提供了唯一的一个三目运算符"?:"，由该运算符构成的表达式称为条件表达式。条件表达式的格式如下：

表达式1?表达式2：表达式3

条件表达式的运算规则：先求"表达式1"的值，若为"真"，将"表达式2"的值作为条件表达式的最终取值；若为"假"，则将"表达式3"的值作为条件表达式的最终取值。

假设a=5,b=7，则赋值表达式max=a>b?a:b中max将获得b变量的值7；而赋值表达式min=a<b?a:b中min变量将获得变量a变量的值5。

说明：**条件运算符优先于赋值运算符**，因此上例中先求条件表达式的值，然后执行赋值运算。

在线视频

2.5.7　运算符的优先级

不同运算符同时出现在一个表达式中进行混合运算是在表达式中常遇到的问题，只有理解并掌握这些运算符的优先级才可以写出符合计算要求的表达式。

首先要了解系统默认的运算符优先次序。大多同类型运算符之间有优先级，不同类型运算符之间也有优先级。其次，要掌握利用运算符优先次序调整运算次序的方法。比如若需要优先进行运算级别较低的运算，可通过加括号"()"来调整运算次序，括号是所有运算中级别最高的一级运算。常用的几类运算符及优先次序汇总如表 2-13 所示。

表 2-13 运算符及优先次序汇总

运算符类型	运算符与优先级				
	1	2	3	4	高
算术运算符	( ) 括号	+ − 正 负	* / % 乘 除 取余	+ − 加 减	
	1		2		
关系运算符	> >= < <= 大于 大于或等于 小于 小于或等于		== != 等于 不等于		
	1	2			
逻辑运算符	! 非	&& || 与 或			
	1	2			
赋值运算符	( ) 括号	*= /= %= += −= = 乘赋值 除赋值 取余赋值 加赋值 减赋值 赋值			
运算符优先级	高 ──────────────────────────→ 低				低

2.5.8 表达式中的数据类型转换

在线视频

1. 不同类型数据的混合运算

（1）**运算符左右两边运算对象的数据类型应尽量保持一致**。如在书写算术运算表达式时，应尽量使运算对象的数据类型保持一致并与运算结果数据类型也保持一致。

假设 a 为 float 型，a 加 5 以 a+5.0 作为表达式更合理，这样将免去系统所做的数据类型转换过程，提高系统的运算效率。

（2）**运算符左右运算对象数据类型不一致时，系统将自动进行类型转换**。若运算符左右运算对象数据类型不一致，系统处理方法是由精度低的类型向精度高的类型转换，然后再进行计算。

如果表达式 5/2.0 运算符左边的运算对象为整型数，而右边为实型数，系统会先将整数 5 变为 5.0，然后再计算 5.0/2.0，得到 2.5 作为运算结果。假设运算对象为整数 5 和 2，则 5/2 的结果是 2，而不是 2.5，同样 1/2 的运算结果为 0，因为被除数与除数都是整数，得到的结果也自动按整数处理；而 1/2.0 的运算结果为 0.5，系统自动完成数据类型向更高精度 double 的转换。

C 语言中整型数除法运算的结果按数据类型进行取整处理，而不是"四舍五入"。

（3）**字符型数据可与整型数据进行混合运算**。此时字符型运算量采用的是字符的 ASCII 编码，有些教材把字符型和整型归为一种类型的数据，也是因为它们可以进行混合运算的原因。如：10+'A' 的运算结果为 75，是因为 A 的 ASCII 码为 65。

2. 强制类型转换运算符

通过强制类型转换运算符"()"，可将某种数据类型强行转换为指定的数据类型，其一般语法格式为：

(类型说明标识符)(表达式)

语法功能：将"表达式"的值类型转换为"类型说明标识符"指定的数据类型。

示例：

(int)(x + y)	//将 x + y 的结果转换为整型数据
(float)x	//将 x 转换为实型
(float)(10 % 3 + 2)	//将(10 % 3 + 2)的整型值转换为实型
(int)(x) + y	//与(int) x + y 相同,将 x 的值转换成 int 型后与 y 相加

关于数据类型转换说明：

(1) 混合运算中的数据类型转换是由系统自动完成的。了解这些转换规则的目的在于用户能够灵活应用这些规则进行程序编写，并知晓运算结果产生的缘由。

(2) 当需要使表达式的结果转换为用户希望得到的结果时，可以使用强制类型转换。

需要注意的是，在进行强制类型转换过程中，结果是转换后的数据类型，而被转换的对象仍然保持原类型不变。

习题与实训 2

一、概念题

1. 什么是关键字？什么是标识符？两者有何不同？
2. 字符串和字符在存储中有何区别？
3. C 语言变量定义的实质是什么？
4. 变量定义后未初始化取值如何？
5. 符号常量与变量都是先声明后使用，说明它们有何区别。
6. 什么是库函数？引用库函数应具备的条件有哪些？
7. 使用用户自定义函数的意义是什么？
8. C 语言的运算符主要分为哪些类型？
9. 运算符的优先级和结合性解决什么问题？
10. C 语言中不同类型的数据如何进行混合运算？

二、选择题

1. C 语言中合法的一组标识符是(　　)。
   A. and_2007　　　　　　　　　　B. Void y-m-d
   B. 5Hi Dr.Tom　　　　　　　　D. int Big1
2. 以下合法的用户标识符是(　　)。
   A. j2_KEY　　　B. double　　　C. 4d　　　　D. -8
3. 以下选项中不合法的一组 C 语言数值常量是(　　)。
   A. 028 .5e-3 -0xf　　　　　　B. 12. 0Xa23 4.5e0
   C. .177 4e1.5 0abc　　　　　　D. 0x8A 10.000 3.e5

4. 以下选项中,不能作为合法常量的是( )。
   A. 1.234e04　　　　　B. 1.234e0.4　　　　C. 1.234e+4　　　　D. 1.234e0
5. 数据在内存中基本的存储单元是( )。
   A. Byte　　　　　　　B. Word　　　　　　C. bit　　　　　　　D. string
6. int 与 unsigned int 都占用 4 字节,它们所能表示的数值( )。
   A. 完全相同　　　　　　　　　　　　　　B. 值相同,数符不同
   C. 数符与数值范围均不同　　　　　　　　D. 数符相同,数值不同
7. 字符串一般是由多个字符构成,处理字符串时需要使用( )。
   A. 多个变量　　　　　　　　　　　　　　B. 一个字符串变量
   C. 多个字符串变量　　　　　　　　　　　D. 特殊变量
8. 以下变量定义中错误的是( )。
   A. int a = 0xef;　　　　　　　　　　　　B. long a = 3L;
   C. double a = 1.2e1.2　　　　　　　　　D. char a = '\101'
9. 设 char k,则 k = 'A'+2.5 后,k 的值为( )。
   A. C　　　　　　　　　B. 67.5　　　　　　C. 67　　　　　　　D. 68
10. 能够正确表示 $-2 \leqslant x \leqslant 2$ 的 C 语言表达式是( )。
    A. x>=-2 || x<=2　　　　　　　　　　　B. x>=-2 and x<=2
    C. x>=-2 &&x<=2　　　　　　　　　　　D. x>=-2 or x<=2
11. 以下正确的字符常量是( )。
    A. '　　　　　　　　　B. 'w'　　　　　　　C. 'tt'　　　　　　　D. "\\"
12. 以下正确的字符串常量是( )。
    A. "a"　　　　　　　　B. 'ab'　　　　　　　C. '\111'　　　　　　D. ''
13. 以下哪个不可以作为用户定义标识符?( )
    A. b1　　　　　　　　B. s_1　　　　　　　C. student　　　　　D. define
14. 以下整型常量写法不正确的是( )。
    A. 056　　　　　　　　B. -23　　　　　　　C. 0x7f　　　　　　D. x12
15. 假设有声明语句: int i = 5,则执行完 ++i 和 i++ 之后,i 的值( )。
    A. 相同　　　　　　　　　　　　　　　　B. 不相同
    C. ++i 总比 i++ 大 1　　　　　　　　　　D. 不确定

三、填空题

1. C 语言基本数据类型分为 _____ 、_____ 和 _____ 。
2. Visual C++ 中 int 型数据分配的字节数是 _____ ,double 型数据分配的字节数是 _____ 。
3. 在内存中,字符串常量"program"占用 _____ 字节,'0'占用 _____ 字节。
4. 转义字符中,_____ 表示回车换行,_____ 表示水平制表位。
5. C 语言中,实质上字符在内存中存储的是字符的 _____ 值。
6. int x = 3, n = 3; 计算表达式 x += n++ 后,x 的值为 _____ ,n 的值为 _____ 。
7. 在 C 程序中,如果想使用 PAI 表示圆周率的值,可由 _____ 进行说明。

8. 表达式 1 + sqrt(9)值的数据类型为_____。

9. 假设有变量声明语句：int a = 2;double x；执行 x =（double）a；之后，变量 a 的数据类型为_____。

10. sizeof(5)的值为_____，sizeof(5.0)的值为_____。

11. 有声明语句 char c = '\077'，c 中包含的字符个数为_____。

12. 字符串"A\x39T\101X"的长度为_____。

13. 执行预处理 #define x 5 后，4 * x + x 的值为_____。

14. 假设 x = 2，则表达式 x + = x * = x 的值为_____。

15. 已知 ch 为大写英文字母，将它转换为相应的小写字母的表达式为_____。

16. C 语言中运算对象必须是整型的运算符是_____。

17. C 语言中表示十六进制整型常数必须以_____开头。

18. C 语言程序中出现常量"1L"，该常量的类型为_____。

19. 已有 char ch = 'b'；则表达式 ch = ch - 'a' + 'A'的值对应的字符为_____。

20. 已有 float x = 1.23456;，则表达式(int)(x * 100 + 0.5)/100.0 后 x 的值为_____。

四、判断题

1. 不同的数据类型在内存中对应的存储空间格式也不尽相同。（   ）
2. C 语言标识符不区分大小写，即变量 n 和 N 是同一个变量。（   ）
3. 变量定义的作用是为其在内存中分配相应的存储单元。（   ）
4. 常数 3 和 3.0 在内存中占用的字节数是不同的。（   ）
5. 整型变量中不能存放字符型常量。（   ）
6. 表达式 2 * 3/2 + 5 % 9 - 1 的结果是 6。（   ）
7. 符号常量可以像变量一样反复赋值。（   ）
8. 变量命名中所使用的字符是有一定限制的。（   ）
9. 变量必须初始化后才可正常参与运算。（   ）
10. 标准库函数为程序设计提供了方便。（   ）
11. 函数是 C 程序的主要内容。（   ）
12. 程序中包含头文件是引用库函数的必备条件。（   ）
13. 表达式可以独立使用。（   ）
14. 关系运算符运算前后的数据类型一定会发生改变。（   ）
15. 强制类型转换不会产生数据失真。（   ）

五、应用题

1. 已有定义 double n;，写出数学公式：$\frac{3}{4}n(4n^2-3n+1)$对应的 C 语言表达式。

2. 设 a = 3, b = 4, c = 5，求逻辑表达式!(a+b) * c - 1 && b + c/2 的值。

3. 写出数学计算式 $p=(1+r)^n$ 的 C 语言表达式。

4. 写出数学公式 $\sqrt[3]{m+1}$ 对应的 C 语言表达式。

5. 写出 a≤b≤c 或 x≤z≥3y 而且 x≠a 的 C 语言表达式。

6. 设圆半径为 r,圆柱高 h=5,试分别写出求圆周长、圆面积、圆球表面积、球体体积、圆柱体表面积、圆柱体体积的表达式。

7. 设有 float t1,t2,a=5.6,b=7.8;,分别执行 t1 = a>b?b:a 和 t2 = a<b?b:a 后,试写出 t1 与 t2 的值。

8. 设有 float a = 1.23456; int b;,欲使 a 的值保留小数点后两位,且第三位进行四舍五入处理,试写出能够完成此功能的表达式。

第 3 章

C语言简单程序设计

CHAPTER 3

内容导引

通过前面内容的学习,我们初步掌握了 C 语言数据类型及表达式的书写,这是程序设计的前提和基础。**程序**是用计算机能够识别和执行的指令表示的解决问题的方法和步骤。从程序的定义可以看出,计算机程序涉及两个主要方面:一是使用计算机能够识别和执行的指令表示,二是解决问题的方法和步骤。这里所说的指令就是语言中的语法,解决问题的方法就是算法,算法是为解决具体问题而采取的确定且有限的操作方法和步骤。因此可以说,学习编写程序的重点任务就是学习**语法和算法**。

本章将从算法的概念开始,逐步讲解有关程序设计的相关知识,主要学习算法及其表示形式、流程图的绘制、程序的概念及结构化程序设计的三种结构,并以掌握赋值语句、输入输出函数(语句)为重点,掌握简单程序——顺序结构程序的编写方法。同时,学习字符处理函数的使用及程序的编写。

学习目标

- 理解算法的概念。
- 理解结构化程序的概念,并了解三种基本结构:顺序结构、选择结构和循环结构。
- 根据结构化程序设计思想,学习程序流程图的绘制方法。
- 掌握顺序结构的三种基本语法:
  ◆ 赋值语句的功能及应用;
  ◆ 格式输入函数的用法;
  ◆ 格式输出函数的用法。
- 掌握字符输入输出函数的使用方法。
- 能够编写简单的顺序结构程序。

3.1 算法及表示

内容概述

计算机代替人完成任务的基本工作方法就是执行程序,程序是计算机编程人员预先编制设计而成的。能够正确运行的程序,是按照预先定义好的计算机语言语法而编写的解决问题的过程描述。一个能够计算出正确结果的程序要依赖于正确的算法,算法是程序的灵魂和内涵,语法是程序的表现形式,两者密不可分。本节学习重点为:

- 算法的概念。
- 算法的表示:自然语言、流程图、伪代码、程序。

3.1.1 算法的概念

在线视频

1. 算法的定义

在生产生活中,我们做任何事情都有一定的步骤。例如,参加计算机等级考试的步骤为:报名、缴费、打印准考证、参加考试、成绩发布、领取合格证书等。再如某高校大一新生报到流程:报到登记、领取校园一卡通、安排住宿、采购生活用品、入学前教育、军训等。当使用计算机解决某个问题时,需要设计解决问题的方法和步骤,并据此以计算机能识别的符号体系编写为所谓的程序。这里所采用的方法步骤即为算法。

由此可以说,**算法是为解决具体问题而采取的确定且有限的操作方法和步骤**。

瑞典的计算机科学家沃思(Nikiklaus Wirth)认为"计算机科学就是研究算法的学问",并对程序提出如下公式化表达:

程序＝数据结构＋算法

从这个公式可以看出,一个程序(这里所述为面向过程的程序)一般包括以下两部分。

(1) **数据结构**:描述数据的构成及其组织形式。数据是程序必要的组成部分,数据是以某种结构存储的。

(2) **算法**:描述操作,是计算机在数据结构基础上进行的操作步骤。

2. 算法的属性

对于某个问题,可能有多种解决方法,即会有多种算法,但作为一个正确的、好的算法应该包括以下特性。

(1) **有穷性**。算法包括的步骤是有限的,且每个步骤在有限的时间内完成。

(2) **确定性**。算法中的每个步骤必须有确切的含义,不能有二义性。

(3) **可行性**。算法中的每个步骤应当能有效执行,且得到确定的结果,也称有效性。

(4) **有零个或多个输入**。算法的操作对象是数据,在执行算法时,大多数情况需要从外界获取数据,少数算法不需要输入数据,可能是程序通过类似累加运算产生操作数据。

(5) **有一个或多个输出**。只有输出结果才能够反映算法对输入数据加工的成效,没有输出的算法是无意义的。

3.1.2 算法的表示

1. 用自然语言表示的算法

自然语言(natural language)就是人们日常使用的语言,可以是汉语、英语或其他语言,符合人们日常的思维习惯且通俗易懂;但对于问题的描述不够精练,尤其在描述不同情况的选择时容易引起疏漏,描述需要重复进行的操作时比较烦琐,容易引起理解的歧义。因此,该方法仅适用于比较简单的问题,在项目实施过程中专业人员与非专业人员之间的沟通或算法设计初期使用。

例:求三个数 x、y、z 中的最大值并输出。

用自然语言描述该算法如下:

Step1:输入任意三个数 x、y、z;

Step2:从 x、y、z 中找出最大值保存于 max;

Step3:输出 max 的值。

2. 用伪代码表示的算法

伪代码是一种近似高级语言程序又不受语法约束的算法描述形式,这种算法表示形式虽然不能被计算机直接执行,但因其采用非常接近程序代码的形式表示算法,更容易修改为程序,常被程序设计人员在算法设计初期阶段使用,此时程序设计人员注意力更多地聚焦在算法设计上而无须关注程序设计语言语法的细节。

将上面例子用伪代码表示如下:

```
输入三个数 x、y、z;
max = max2(x, y);
if(z > max)
    max = z;
输出最大数 max
```

伪代码可读性好,表示形式介于自然语言与程序设计语言之间,这种表示方法既方便算法的修改,又方便改为程序代码,显然它是最接近于程序的一种算法表示方法。

3. 用流程图表示的算法

流程图(flow chart)是使用具有特定含义的图形符号表示算法及操作步骤的一种特殊的图形。因图形符号能够比较直观地表示工作过程,在专业或非专业人员之间都可以用它进行沟通交流,所以在算法描述和设计过程中得到广泛的应用。

美国国家标准化协会规定了常用的程序流程图符号,如图 3-1 所示。

图 3-1 流程图符号及含义

流程图直观形象,能清晰表示算法各步骤间的逻辑关系;但当算法比较复杂时,占用的

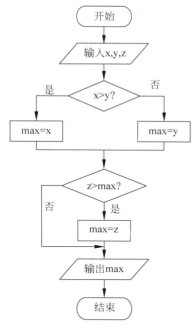

图 3-2 求最大值流程图

篇幅较长,降低了算法设计的可读性。同时,流程图毕竟不是计算机能识别的符号体系,不能成为计算机程序设计的最终结果,只适合在算法分析设计的中间过程中使用。

将上例用流程图表示如图 3-2 所示。

4. 用程序设计语言表示的算法

程序的一般含义:为进行某项活动或过程所规定好的途径或进程。在计算机领域,**程序是用计算机能够识别和执行的指令表示的解决问题的方法和步骤**。

用计算机程序完成一项工作需要设计算法和实现算法。如前所述,自然语言或流程图描述的算法只能在算法设计的初期阶段使用,因计算机无法识别自然语言或流程图,故需要将算法转换为计算机能够识别的符号体系,这个符号体系就是计算机语言。用计算机语言表示的算法才是算法设计的最终目标,才能被计算机识别并执行。在用程序设计语言表示算法时,必须严格遵守相应的语法规则。目前所使用的程序设计语言有两大类:一类是面向过程的程序设计语言(如 C),另一类是面向对象的程序设计语言(如 C++、Java)。以下是用 C 语言表示的算法示例。

【例 3-1】 用 C 语言程序来描述求三个数中的最大值并输出的算法。

```
#include <stdio.h>
int max3(int x,int y,int z)            //定义 max3 函数
{   int m;
    if(x > y)
        m = x;
    else
        m = y;
    if(z > m)
        m = z;
    return m;
}
int main ()
{   int x,y,z,max;
    scanf("%d%d%d",&x,&y,&z);          //调用 scanf()函数,输入三个数 x、y、z
    max = max3(x,y,z);
    printf("最大值 max = %d",max);      //调用 printf()函数,输出最大值
    return 0;
}
```

运行结果:

```
7 8 9
最大值 max = 9
```

当利用计算机求解一个实际问题时,首先通过分解、归纳、抽象等分析手段找到相应的

求解方法,有的需要建立数学公式(模型),以逐步求精的方式找到效率更高的算法,最后以程序设计语言规定的语法编写出所谓的程序代码,并不断调试,修正各种错误,直到程序运行结果正确为止。

在上述算法描述中,流程图描述的算法具有图形的直观性特征,是初学者最容易掌握的算法描述手段,并有助于最终程序的编写与纠错查找,因此需要熟练掌握流程图的绘制。

3.2 结构化程序概述

内容概述

在程序发展过程中,科学家们在程序设计实践中认识到程序结构的重要性,并逐步建立了结构化程序设计的思想。好的程序结构便于设计人员对程序进行查错修改,能够简化程序书写,利于人员之间的沟通。本节学习重点为:
- 结构化程序设计的概念。
- 结构化程序的结构类型。

3.2.1 结构化程序设计方法

在线视频

在 1.1.4 节程序设计语言的结构分类中曾提及过,从结构特点上看,计算机语言分为非结构化、结构化和面向对象等几类。结构化程序设计的思想是由 C. Bohm 和 G. Jacopini 于 1966 年提出的,是软件发展史上一个重要的里程碑。1971 年,IBM 公司的 Mills 提出"程序应该只有一个入口、一个出口"的论断,进一步补充了结构化程序设计的原则。

结构化程序设计(structured programming)至今没有严格的定义,但要求程序必须具有良好特性的基本结构,只允许包含顺序结构、分支结构和循环结构这三种基本的程序结构形式或算法基本单元,由这种设计方法编制的程序称为结构化程序,结构化程序设计方法是以提高程序的可读性、易维护性、可调性和可扩充性为目标的一种程序设计方法。主要观点可概述为:

采用自顶向下的方法对算法进行逐级细化。
任何程序只包含顺序、选择、循环三种基本控制结构,顺序结构是最基本的结构。
这三种基本结构的共同特点是只允许有一个入口和一个出口。

以模块化设计为目标,将待开发的软件系统划分为若干相互独立的模块,这样使得完成每个模块的工作变得单纯而明确。结构化程序设计方法的基本思想是:将复杂问题划分为易于理解和处理的功能既简单又独立的模块,每个模块再分解为三种基本结构。这样较大的软件系统采取分工合作开发的方式变得可行,从而提高开发效率,充分满足用户需求。

结构化程序设计方法要遵循以下规律:

(1) 采用"**自顶向下、逐步求精**"的模块化设计方法。例如设计高楼大厦就是采用自顶向下、逐步细化的方法。接到任务后,先进行整体规划,然后确定建筑物方案,再进行各部分的设计,最后是细节的设计(如门窗、楼道等)。在完成设计,有了图纸之后,进入施工阶段,用一砖一瓦先实现各个局部,然后由各部分组成一个整体。

在设计程序时,常采用模块设计的方法,尤其当要解决的问题比较复杂时更是如此。在接到一个程序模块设计任务后,根据模块的功能将其划分为若干子模块,如果有些模块的规模还很大,可以继续分解为更小的模块。这就是自顶向下解决问题的方法。

在 C 语言中,程序中的子模块常用函数来实现。子模块的语句一般不超过 50 行,这样的规模便于组织,也便于阅读。划分子模块时应该注意模块的独立性,一个模块对应一个功能,即所谓的模块间低耦合。模块化设计的思想实际就是算法中"分而治之"的思想,即把一个大任务分为若干小任务,解决小任务相对容易些。

(2) **限制使用 goto 语句**。因为它破坏了结构化设计风格,容易带来隐患。

goto 语句是不受限制的任意跳转语句,如果使用不当,可能造成不可达语句,甚至造成程序流程混乱,影响程序的正确运行。因此,结构化程序设计规定:尽量不使用多于一个的 goto 语句标号,同时只允许在一个"单入口单出口"的模块内使用 goto 进行向前跳转(不许回跳),不要让 goto 制造出永远不会被执行的语句。

(3) **结构化编码**。结构化的算法设计好后,接下来是结构化编码。所谓编码就是将设计好的算法用计算机语言来表示,即根据细化的算法编写正确的计算机程序。结构化的语言(如 Pascal、C、Visual Basic 等)均有与三种基本结构对应的语句。

3.2.2 结构化程序的三种结构

1. 顺序结构

顺序结构是按照代码出现的先后次序依次执行语句的一种程序结构。顺序结构是最简单也是最常用的程序结构,其他结构可以看作是顺序结构中的一个环节,程序的最终结构是以顺序结构形式呈现的,顺序结构执行流程如图 3-3 所示,虚线框内表示的是一个顺序结构模型,其中 A 和 B 两个框可以表示一个简单的语句,也可以表示一个由其他结构组成的语句块,但最终的结构依然是顺序执行。在 C 语言中,赋值操作和输入输出操作是典型的顺序结构语句。

2. 选择结构

选择结构是根据不同情况做出不同处理的一种程序结构,也称为分支结构。计算机之所以具有智能化工作特征,重要原因就在于程序中具有选择结构。选择结构执行流程如图 3-4 所示,虚线框内是一种典型的选择结构——双分支结构。选择结构中必须包含一个判断框,根据给定的判断条件 p 的取值的真假,来选择执行 A 或 B。我们在今后的学习中会看到,分支结构可分为单分支、双分支和多分支三种类型。

分支结构的特征是:**无不可达语句**,即每一部分都有机会被执行。

所谓不同情况是指条件表达式的不同取值,根据不同的取值选择执行不同的语句块。如:

(1) 条件表达式(a<60),用于筛选需要参加补考的学生名单。

(2) 根据输入的学生成绩,给出相应的等级(不及格、及格、中等、良好、优秀)。

当用程序解决类似上述问题时,均需要使用选择结构。

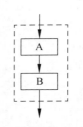
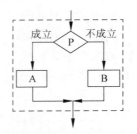

　　图 3-3　顺序结构执行流程　　　　图 3-4　选择结构执行流程

3. 循环结构

循环结构也称重复结构，即反复执行某一部分语句的程序结构。程序设计语言中，根据循环执行过程中断定条件出现的位置，把循环结构分为以下两种类型。

（1）**当型循环**。当型循环结构如图 3-5 所示，当给定的条件 P 为真时，执行 A 操作，然后再计算 P 值，P 的值为真时，继续执行 A 操作，如此重复，当 P 为假时，退出循环结构，执行后续语句。

（2）**直到型循环**。该结构如图 3-6 所示，先执行 A 操作，然后判断给定的条件 P 是否为真，如果为真，则执行 A，然后再计算 P 值，若仍然为真，继续执行 A，如此反复，直到 P 值为假时，退出循环结构，执行后续语句。

循环结构的特征：**不可出现死循环**，即不可存在永远执行不完的循环。

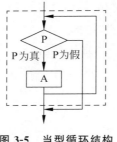
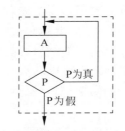

　　图 3-5　当型循环结构　　　　图 3-6　直到型循环结构

3.3　顺序程序设计

内容概述

　　顺序结构是结构化程序设计三种结构中最基本的一种，之所以称之为顺序结构，是因为按算法实现的内在逻辑关系，组成程序的各语句**按书写顺序依次执行**，即顺序结构程序的流程是单方向自上而下直线进行的。在 C 语言中，组成顺序结构最常用的语句有：赋值语句、输入输出函数。本节将介绍最基本的顺序程序设计语句的相关语法，本节学习重点为：

- 赋值语句。
- 输入输出函数 scanf() 和 printf()。
- 字符输入输出操作函数 getchar() 和 putchar()。

【例 3-2】 给出圆的半径 r,求圆的周长 c 和面积 s。

分析:解题的关键是要找到求圆的周长和面积的公式。从数学知识已知求圆的周长和面积公式分别如下:

$$c = 2 \times \pi \times r$$
$$s = \pi \times r \times r$$

其中 π＝3.14159。

根据上面的公式编写程序如下:

```c
#include<stdio.h>
int main()
{   double r,PI,c,s;
    scanf("%f",&r);                    //调用输入函数语句
    PI = 3.14159;                       //给变量 PI 赋值的语句
    c = 2 * PI * r;                     //PI 代表 π 的值
    s = r * r * PI;
    printf("圆的周长为: %f\n",c);       //调用输出函数,输出周长 c 的语句
    printf("圆的面积为: %f\n",s);       //调用输出函数,输出面积 s 的语句
    return 0;
}
```

运行结果:

```
5.3
圆的周长为: 33.300854
圆的面积为: 88.247263
```

结果分析:

根据编程要求,首先定义了所需要的变量,均为 double 类型。源程序主体由赋值语句和输入、输出语句构成,输入语句实现从键盘输入半径 r 的值,赋值语句实现给 π 赋值,同时赋值语句实现计算周长 c 和面积 s。

从 printf() 函数的输出格式可以看出,先原样输出"圆的周长为:"字符串,然后按照%f 格式输出 c 的值,从运行结果可以看出,最终输出为:"圆的周长为: 33.300854",遇到'\n'输出换行符,然后执行第二个 printf() 函数,输出圆的面积,程序结束于 return 语句处,并使 main() 函数获得 0 的取值,可理解为程序正常结束。

3.3.1 赋值语句

赋值语句与第 2 章中学习过的赋值表达式有着密切的关系。

赋值表达式的末尾加分号构成赋值语句,其一般语法格式为:

变量 = 表达式;

如 x = a + 2; s = s + i; a = sqrt(5) + 0.5;等都是赋值语句的例子。

特别注意,初学者容易把"赋值"运算与"相等"混淆。在计算机语言中,赋值"="是动词"给"之意,而以往所学的等于表达的是一种相等的关系,在 C 语言中以"=="表示。语句"x = a + 2;"须读作"a + 2 赋值给 x"或者"x 赋值为 a + 2",不可读作"x 等于 a + 2"。

赋值语句主要用于实现以下功能。

在线视频

1. 变量初始化

赋值语句是变量获取初值的基本语句。变量赋初值可以在定义的同时完成,也可以在任何需要的时候通过赋值语句完成。

(1) 定义变量的同时赋初值。

```
int x = 6, y = 4;              //x 的值初始化为 6,y 的值初始化为 4
double a, b = 4.5;             //b 的值初始化为 4.5,a 未给出初值
```

(2) 先定义变量,之后赋初值。

```
int x, y;                      //定义变量 x,y
x = 6;                         //x 的值为 6
y = 4;                         //y 的值为 4
```

(3) 同时给几个变量赋相同的初值。

```
int x = 6, y = 6, z = 6;       //x,y,z 的值都为 6
```

或者写成:

```
int x, y, z;                   //先定义
x = y = z = 6;                 //后赋值
```

但不能写成这样:

```
int x = y = z = 6;
```

说明:本例编译系统解析为只定义变量 x,对 x 变量要赋 y、z 的值,又因 y、z 还没有定义就先使用了,编译出错。而前面的写法是先对三个变量进行了定义,然后才进行使用,即进行连续赋值,因此是正确的。

表达式中如有变量必须预先赋值。

在 C 语言赋值语句格式中,如有赋值语句:s=s+1;
则 s 必须在此语句前已经赋过值,比如:s=0;。

2. 实现计算功能

赋值语句右侧的"表达式"可以是简单的常量、简单的变量,也可以是包含有运算符的表达式。如果是常量和变量,则直接把相应的常量值或变量值赋给左侧的变量,如果右侧是表达式,则先求表达式的值然后赋给变量,求值过程就是计算功能的体现。C 语言程序中,计算功能大多是由赋值语句实现的。

如例 3-2 中求圆的周长和面积的赋值语句:

```
c = 2 * PI * r;                //通过赋值实现计算功能
s = r * r * PI;
```

3. 典型应用

1) 交换器

交换器是根据运行结果命名的一个程序功能。

【例 3-3】 有两个数据分别存储在两个变量中,现需要对两个变量中的数据进行互换。假设两个变量为 a、b,各自的值可以是临时确定的,也可以是预先赋过值的。要实现两

个变量值的交换,初学者很容易写出如下的错误语句:
```
a = b;
b = a;
```
事实上这样的操作是不可行的,原因是当执行完第一个语句后,a 的值就被 b 的值覆盖了,这样就使 a 的值丢失了。

以下为错误程序示例:
```
#include <stdio.h>
int main()
{
    int a,b;
    a = 5;
    b = 7;
    printf("交换前: a = %d,b = %d\n",a,b);
    a = b;                              //能实现数据的互相赋值,但不能实现交换功能
    b = a;
    printf("交换后: a = %d,b = %d\n",a,b);
    return 0;
}
```

运行结果:

```
交换前:a = 5,b = 7
交换后:a = 7,b = 7
```

正确的思路是:定义第三个变量,用来临时暂存数据,通过临时变量对数据的暂存,实现两个变量中数据的变换。数据交换过程如图 3-7 所示,图 3-7(a)所示实现的交换过程解析如下。

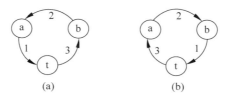

图 3-7 数据交换过程

(1) 把 a 变量的值暂存于临时变量 t 中,此时 a 变量中可以存放 b 变量的值而不会因此丢失自己的值。

(2) 把 b 变量的值存入 a 变量中,此时 b 变量中可以存放其他变量的值而不会因此丢失自己的值。

(3) 把 t 变量的值复原到 b 变量中。

至此,实现了两个变量中数据的交换,相应的程序如下:
```
#include <stdio.h>
int main()
{   int a,b,t;
    printf("请输入第一个数字: ");
    scanf("%d",&a);
    printf("请输入第二个数字: ");
    scanf("%d",&b);
```

```
        printf("交换前:a=%d,b=%d\n",a,b);
        t=a;    //将第一个值赋给 t 暂存
        a=b;    //将第二个值赋给 a
        b=t;    //将 t 中暂存的第一个值赋给 b
        printf("交换后:a=%d,b=%d\n",a,b);
        return 0;
    }
```

运行结果:

```
请输入第一个数字:8
请输入第二个数字:5
交换前:a=8,b=5
交换后:a=5,b=8
```

结果分析:

从本例可以概括出交换器的算法形式如下,可以看出与图示相同,从第一个赋值语句到最后一个赋值语句,构成了一个闭合的圈:

临时变量 = 变量 1;
变量 1 = 变量 2;
变量 2 = 临时变量;

思考:图 3-7(b)所示的交换过程如何实现?请读者自行完成。

2) 累加器

与交换器相似,累加器也是根据运行结果命名的一种程序功能。

累加器的典型语法形式:

变量 = 变量 + 增量;

增量值可以为正数,也可以为负数。当增量值为正数时,变量值是递增的,当增量值为负数时,变量值是递减的。

如:s=s+1;   s=s+i;   s=s-i;

赋值号左右必须有同名的变量才可构成累加器。

之所以称其为累加器,是因为当此赋值语句不断重复执行后,变量的值在按增量值有规则地不断增加(或减少)。而赋值语句"s=a+1;"不是累加器,因为执行此语句后,s 的值改变了,但不会不断自增,无论执行多少次该语句,s 的值始终保持一个值,此例中为 a 变量的值加 1。

累加器通过循环结构控制,能够产生很多规律变化的数列,如自然数序列 1,2,3,4,…;奇数序列 1,3,5,7,…;偶数序列 2,4,6,8,…。

以上所述赋值语句的两种典型算法,在今后程序设计中应用非常广泛,读者必须熟练掌握。

在线视频

3.3.2 数据的输入输出

一个程序要完成人机会话,进行信息交流,最基本的功能应该包含:数据的输入、数据的处理和结果的输出。数据处理是在计算机内部进行的,用户只是算法的设计者,运算过程对于人类来说是无感知的;而对于数据的输入输出是用户需要参与的。

就 C 语言而言,数据输入的方式主要有两种:一是通过赋值方式由程序指定数据或运算获得数据。如执行语句"a = 100;"后,a 变量就获得了 100 的值。二是用户通过输入设备如键盘在程序运行过程中现场输入数据。无论是赋值还是输入,最终数据的承载者是存储在内存中的变量。运算结果输出主要通过显示器实现,但显示的内容也来源于内存中的变量。

在 C 语言中,数据的输入输出都是通过调用标准库函数完成的。第 2 章中已经学习了关于调用库函数的方法,必须在程序头部加入相应的头文件引用预处理指令 #include。

如:#include < stdio. h > 或 #include "stdio. h"

1. 数据输出函数 printf()

printf 函数的格式主要有如下两种:
格式 1:printf("字符串常量");
格式 2:printf("格式控制字符串",输出项列表);
例如:

```
printf("Hello C!");              //格式 1 示例
printf("s = %f c = %d\n",s,c);   //格式 2 示例
```

格式 1 的功能是向终端(显示器)输出字符串常量的值,一般用于输出提示信息。
格式 2 的功能是按照格式控制字符串的要求,向终端(显示器)输出"输出项列表"的值。
对于格式 2,函数中的参数包括两部分,说明如下:
(1) 格式控制字符串
用双引号(" ")引起来的字符串,包括两部分信息:普通字符和功能控制符。
普通字符:原样输出的字符常量。
功能控制符:主要包含两种控制符,一是由"%"字符引导,后跟输出格式控制字符,用于指定各输出项参数中数据的输出格式,由此可称"%"为格式控制的引导符。二是由"\"引导,后跟转义功能符的组合项,用于控制输出格式或完成某种特殊功能,同理可称"\"为转义控制的引导符。转义符及意义如表 2-6 所示。

格式引导符与格式控制字符之间还可以加上修饰符,用于对输出格式进行微调。修饰符格式主要有:m.n、#、- 和 l。完整的格式控制字符串格式为:

%修饰符 格式字符

例如:printf("%8.2f %lf %-5d\n",a,b,c);
(2) 输出列表
可以有多个输出项参数,参数之间用逗号","分隔,格式控制符中的每个格式字符和输出项列表中的参数依次一一对应,并且要求格式字符所规定的类型与输出项数据类型相匹配。
printf 函数具有计算功能。如果输出列表中的参数为表达式,则先计算表达式的值然后输出。

printf 函数的格式字符和修饰符的功能及示例如表 3-1 和表 3-2 所示。

表 3-1 printf 函数的格式字符

格式字符	含义	举例	输出结果
%d、%i	输出有符号的十进制整数	int n = - 45;printf("%i",n);	= - 45
		int n = 45;printf("%d",n);	45

续表

格式字符	含义	举例	输出结果
%u	输出无符号的十进制整数	int n = -45;printf("%u",n);	4294967251
		int n = 45;printf("%u",n);	45
%o	输出无符号的八进制整数,不输出前导符0	int n = 45;printf("%o",n);	55
%x、%X	输出无符号的十六进制整数,其中小写x表示以小写的形式输出a~f,大写X表示以大写的形式输出A~F,不输出前导符0x	int n = 45;printf("%x",n);	2d
		int n = 45;printf("%X",n);	2D
%c	输出一个字符	char c1 = 'a';printf("%c",c1);	a
%s	输出一个字符串	printf("%s","string");	string
%f	以小数的形式输出单、双精度实数,隐含输出6位小数	float n = 345.67;printf("%f",n);	345.670000
%e、%E	以指数的形式输出单、双精度实数,用"e"时指数用e表示,用"E"时指数用E表示	float n = 345.67;printf("%e",n);	3.456700e+002
		float n = 345.67;printf("%E",n);	3.456700E+002
%g、%G	自动选取%f或%e格式中宽度较短的一种输出,且不输出无意义的0。用G或g时,若以指数形式输出,则指数用E或e表示	float n = 34567.8912; printf("%g",n);	34567.9
		float n = 3456789.12; printf("%g",n);	3.45679e+006
%%	输出%本身	printf("%%");	%

表 3-2 printf 函数修饰符的功能说明

修饰符	功能	举例	输出结果
m(整数)	数据的最小宽度。当实际数据宽度大于m时,按实际数据宽度全部输出。当实际数据宽度小于m时,需要用空格补齐位数,若m为正整数,左补空格;否则,右补空格。如果m前面有0,则用0补齐左侧空位	int n = 4567;printf("%3d",n);	4567
		int n = 45;printf("%3d",n);	␣45
		int n = 45;printf("%03d",n);	045
n(整数)	指定输出带有n位小数的实型数据(四舍五入),或从字符串左侧开始截取n个字符	float = 345.67; printf("%7.3f",n);	345.670
		printf("%.3s","string");	str
-	输出结果左对齐	int n = 45;printf("%-3d",n);	45␣
#	对十进制输出无影响,在八进制和十六进制的输出数据前分别显示前导符0或0x	int n = 45;printf("%#o",n);	055
		int n = 45;printf("%#x",n);	0x2d
l	放在d、i、u、o、x前,用以输出long类型的数据	long n = 45;printf("%ld",n);	45
l	放在e、f、g前,用以输出double类型的数据	double n = 345.67; printf("%lf",n);	345.670000

【例3-4】 输出一个4×4的整数矩阵,为了符合数据输出符号要求,每个数字的宽度为5,采用左对齐格式。

```c
#include <stdio.h>
int main ()
{
    int a1 = 1,a2 = 2,a3 = 3,a4 = 4;
    int b1 = 5,b2 = 6,b3 = 7,b4 = 8;
    int c1 = 9,c2 = 10,c3 = 11,c4 = 12;
    int d1 = 13,d2 = 14,d3 = 15,d4 = 16;
    printf("%-5d%-5d%-5d%-5d\n",a1,a2,a3,a4);  //左对齐,宽度为5
    printf("%-5d%-5d%-5d%-5d\n",b1,b2,b3,b4);
    printf("%-5d%-5d%-5d%-5d\n",c1,c2,c3,c4);
    printf("%-5d%-5d%-5d%-5d\n",d1,d2,d3,d4);
    return 0;
}
```

运行结果:

```
1    2    3    4
5    6    7    8
9    10   11   12
13   14   15   16
```

对于数值输出说明如下:

(1) 十进制整型常量由一串连续的0~9数字组成,如0、120、365、-1250等。

(2) 八进制整型常量以数字0开头,其中的数字为0~7,如0112(十进制74)、0123(十进制83)、077(十进制63)等。

(3) 十六进制整型常量以0x(数字0和字母x)或0X开头,其中的数字可以是0~9、a~f或A~F中的数字或英文字母,如0x11(十进制17)、0xa5(十进制165)、0x5a(十进制90)等。

【例3-5】 验证输出函数的计算功能。

```c
#include <stdio.h>
int main ()
{   int a,b,c;
    printf("请输入三个数据,数据之间以逗号分隔:\n");
    scanf("%d,%d,%d",&a,&b,&c);
    printf("输出:a+b+c = %d\n",a+b+c);
    printf("输出:a-b = %d\n",a-b);
    return 0;
}
```

运行结果:

```
请输入三个数据,数据之间以逗号分隔:
3,2,1
输出:a+b+c=6
输出:a-b=1
```

结果分析:

程序中,先用printf()函数输出一个字符串作为提示信息,方便用户输入数据时参考。然后执行scanf()输入函数,从键盘按格式要求输入数据并存储于对应变量中,然后使用

printf()输出函数,将相应的数据在终端显示。

前面我们已经学习了输出数据函数的功能,接下来我们学习输入函数 scanf()的使用。

2. 数据输入函数 scanf()

scanf()函数按照指定的格式从键盘读取数据,存入输入项列表的变量中,一般语法格式为:

scanf("格式控制字符串",&输入项列表);

说明:

(1) scanf()函数的格式控制字符串中使用以%引导的格式字符,格式控制字符串的功能及使用方法与 printf()函数类似。

(2) 输入项列表中的每个输入项都需要以"&"开头,& 称作**取地址运算符**。

(3) 如果在格式控制字符串中使用了除格式说明以外的其他字符,在输入数据时需要在相应位置原样输入对应字符。如:

scanf("%d",&x);

输入一个整数回车即可正确获取数据。

若输入函数为 scanf("%d,%d",&x,&y);

则输入数据的格式应为:3,4

若输入函数为 scanf("x=%d,y=%d,z=%d",&x,&y,&z);

则输入数据的格式应为:x=7,y=8,z=9

若只是输入:7,8,9

则变量 x、y、z 得不到相应的值。因为系统会将输入的数据和 scanf 函数中格式控制字符串进行对应匹配检查,此时只有 x 会得到正确的值 7,其他变量都不能获取正确的数据。

(4) 当格式声明中使用"%c"字符时,转义字符和空格字符会作为有效字符输入。如:

scanf("%c%c%c",&x,&y,&z);

格式控制字符串中连续 3 个字符控制,执行此语句后,应该按照以下格式输入字符:abc

如果按照以下格式输入字符(字符间加空格):a b c

则 x 的值为 a,y 的值为空格,z 的值为 b。

(5) 在输入数值数据时,若遇到不属于数值的字符(如 Tab 键、空格、回车或非法字符),默认输入结束。

(6) 输入过程中,系统能区分两个连续字符,所以在输入字符时,不需要任何分隔符,但输入数值时,需要在两个数值之间插入空格或其他分隔符,如果 scanf()函数中格式控制字符串中有非数值字符出现,输入数据时需要在对应位置插入这些字符。

【例 3-6】 scanf()函数的应用。

```
#include<stdio.h>
int main()
{   int m,n;
    printf("请输入 m 和 n 的值:\n");
    scanf("%d%d",&m,&n);
    printf("输出 m=%d,n=%d\n",m,n);
    return 0;
}
```

程序运行过程中数据输入情况列举如下。

（1）若格式控制字符串中格式功能符之间无任何分隔符，可以用**空格**、**回车**、**Tab 键**作为数据分隔符，系统能够正确接收数据的输入。

输入数据之间用空格分隔：

> 请输入 m 和 n 的值：
> 67 ␣ 89
> 输出 m = 67,n = 89

（2）若格式控制字符串中格式功能符之间用分隔符","分隔，即输入语句如下所示。

scanf("％d,％d",&m,&n);

程序运行结果为：

> 请输入 m 和 n 的值：
> 67,89
> 输出 m = 67,n = 89

（3）我们可通过限定数据长度的方式，截取数据分配给变量列表中相应的变量。

如执行语句 scanf("%2d%2d",&m,&n);后，输入一个长数值，系统将按两位数长度分别分配数据给变量表中的变量。在如下示例中，多余的数据不被使用。

> 请输入 m 和 n 的值：
> 1234567
> 输出 m = 12,n = 34

（4）当输入数据中含有非法字符时，将获取不到输入的数据，程序运行结果错误。

按如下所示输入数据，程序读取到空格分隔符时将 67 赋给 m，读到第二个数据时，遇到了不符合输入格式要求的字符 c，因此 n 变量只读取到数据 8。

> 请输入 m 和 n 的值：
> 67 8c
> 输出 m = 67,n = 8

按如下所示输入数据后，数据获取不正确。读取第一个数时就遇到非法数据 C，将 6789 读入 m 变量中，第二个数据非法，因此 n 变量未获得数据。输出的是 n 变量对应内存中的一个自由数据，无实际意义，属于错误输出。

> 请输入 m 和 n 的值：
> 6789C
> 输出 m = 6789,n = － 858993460

3.3.3 字符的输入输出

在线视频

对于字符的输入输出，可通过调用 scanf()和 printf()库函数使用％c 或％s 格式控制符来实现。同时 C 语言提供了专门的字符输入输出函数，使用起来更加简便。

由于一个字符型变量只能存储一个字符，多于一个字符的字符串数据需要采用存储能力更强大的数组才可行,就现在所能够使用的变量,可称作简单变量,只能处理单个字符。因此下面只学习单个字符输入输出函数,字符串的输入输出参见教材数组相关章节。

1. 单个字符输出函数 putchar()

putchar()函数的一般语法格式为:

`putchar(输出参数);`

"输出参数"可以是字符型或取值为 ASCII 码值域范围内(0~127)的整型数据。

函数的功能:在显示器输出"输出参数"的值,输出参数可以是字符型常量、字符型变量或整型常量和整型变量,若参数为整型值,表示字符的 ASCII 码值。

【例 3-7】 使用 putchar()函数输出 china。

```
#include <stdio.h>
int main()
{   char a='c',b='h',c='i',d='n';
    int e=97;
    putchar(a);              //输出字符 c
    putchar(b);              //输出字符 h
    putchar(c);              //输出字符 i
    putchar(d);              //输出字符 n
    putchar(e);              //输出字符 a,ASCII 码 97 对应的字符为 a
    putchar('\n');           //输出换行符
    putchar(7);              //计算机响铃
    return 0;
}
```

运行结果:

```
china
```

从程序的运行结果可以看出 putchar()函数的功能特点如下。

(1) 该函数既可以输出屏幕上可见的字符如 china,也可输出屏幕上无法显示的字符,如回车功能符。

(2) 对于整型参数值,putchar()函数将以整型参数值为 ASCII 码输出相应的字符或功能。如 putchar(e)输出的是 a,e 的值为 97,正好是 a 的 ASCII 码值。而 ASCII 码值 7 对应功能输出为计算机扬声器发出一声响铃。

2. 单个字符输入函数 getchar()

假设已定义了字符型变量,getchar()函数一般的调用格式为:

`变量 = getchar();`

从计算机键盘缓冲区读取一个字符,并赋值给指定的变量。通俗地讲就是计算机从键盘获取一个字符。每执行一次 getchar()函数只能接收一个字符,若需输入多个字符,需要多次执行 getchar()函数,一般以循环调用的方法实现。

【例 3-8】 从键盘输入一个字符串 china,然后将其输出到屏幕。

```
#include <stdio.h>
int main()
```

```
{   char a,b,c,d,e;
    a = getchar();              //输入一个字符
    b = getchar();
    c = getchar();
    d = getchar();
    e = getchar();
    putchar(a);                 //输出字符
    putchar(b);
    putchar(c);
    putchar(d);
    putchar(e);
    putchar('\n');              //输出回车
    return 0;
}
```

假设程序运行时输入字符串"China"后回车,则运行结果为:

```
China
China
```

假设输入字符时,每输入一个字符即回车,则运行结果为:

```
C
h
i
h
i
```

结果分析:

从键盘输入字符时,计算机先把输入的字符暂存于键盘缓冲区中,只有遇到回车时才把缓冲区中的所有字符一并送到计算机内存中并依次赋给对应的变量。

先输入的 c 和换行符分别赋给变量 a 和 b,接着输入的 h 和换行符分别赋给变量 c 和 d,最后输入的 i 赋给变量 e,后面的其他字符没能接收。当使用 putchar()函数输出变量 a、b、c、d、e 时,会输出相应的值,最后输出换行符。

getchar()函数,除可赋值给变量外,还可用于构成表达式或出现在表达式可出现的任何语法位置。如把 getchar()函数用于 putchar()函数输出参数表达式中或用于函数 printf()的输入列表项。

如以下语句是正确的:

```
putchar(getchar());
printf("%c",getchar());
```

3.4 顺序程序实训案例

在线视频

内容概述

通过前面内容的学习,我们掌握了顺序程序的基本语法,为了加深对所学知识的理解,

并提升解决实际问题的能力,达到学以致用的目的,本节学习重点为:
- 顺序程序的编写方法。

【案例 3-1】 为超市收银台编写程序,实现销售收银结算。

【案例描述与分析】

假设销售过程中,某顾客每次只购买一种商品,数量可以任意,模拟顾客购买商品后的交费过程为:输入单价和数量,输出应缴费用(因所学知识有限,目前还不能处理一个顾客购买多件商品的情形,也不能处理多个顾客的情况,后期学习中可以逐步完善该程序)。主要的算法为:s(应缴费)＝dj(单价)＊sl(数量);

需要应用本模块所学的数据输入函数 scanf() 和数据输出函数 printf() 的功能。

【案例实现】

```c
#include <stdio.h>
int main()
{   int sl;                              //商品数量
    float jf,dj;                         // 缴费、单价
    printf("请输入所购商品单价和数量：\n");
    scanf("%f,%d",&dj,&sl);
    jf = dj * (float)sl;
    printf("您本次购物应缴费：%.2f 元\n",jf);
    return 0;
}
```

运行结果:

```
请输入所购商品单价和数量：
4.5,5
您本次购物应缴费:22.50 元
```

【案例 3-2】 输入圆半径,圆柱高,计算圆球表面积、圆球体积、圆柱体积。要求有良好的操作提示。

【案例描述与分析】

已经获取圆的半径和圆柱的高以后,从数学知识可知,采用以下公式能够求解问题:

圆球表面积 $s = 4\pi r^2$

圆球体积 $v1 = (4/3)\pi r^3$

圆柱体积 $v2 = \pi r^2 h$

求解本实训案例所需知识:能够写出计算对象的数学表达式,同时能够正确选择计算对象的数据类型,为了简化程序书写和养成良好的程序书写习惯,我们要掌握使用 #define 对符号常量进行定义的方法。

【案例实现】

```c
#include <stdio.h>
#define PI 3.1415926                    //定义符号常量 PI
int main()
{   float r,h;
    float s,v1,v2;
    printf("请输入圆半径和柱体的高：\n");
    scanf("%f,%f",&r,&h);
    s = r * r * PI;
```

```
        v1 = (4.0/3.0) * PI * r * r * r;
        v2 = PI * r * r * h;
        printf("圆的面积为: %.2f\n",s);
        printf("球的体积为: %.2f\n",v1);
        printf("圆柱体积为: %.2f\n",v2);
        return 0;
}
```

运行结果:

```
请输入圆半径和柱体的高:
2,4
圆的面积为: 12.57
球的体积为: 33.51
圆柱体积为: 50.27
```

3.5 顺序程序实践项目

内容概述

开发项目是学习程序设计的最终目标,C 语言作为程序设计的启蒙课程,我们不仅要从中学习理解程序设计语言的语法功能、程序的结构等,更应该学习这些语法功能和编程技巧在解决实际工程问题中的应用。为此教材以读者熟悉的"一卡通系统"的应用为项目开发背景,以各模块的语言知识学习为重点,把相关知识和技能学习引入解决实际工程项目当中,在巩固提高所学知识技能的同时,逐步渗透工程项目开发思想,从本节开始要逐步学习系统开发的实践项目。本节学习重点为:

- 系统一级菜单项的显示。

【项目分析】

一个模型化的一卡通系统功能如图 3-8 所示。从中可以看出其功能为一个层次化的结构,第一层的功能可以用菜单的形式展现给用户,可称为一级菜单。第二层的功能可类似地展现为二级菜单,这样层层递进,一个复杂系统通过功能分割就被划分为若干子系统,对各子系统分别进行程序设计,并通过子系统的统一调度、协调配合,最终实现对数据的统一处理,完成系统所应有的功能。

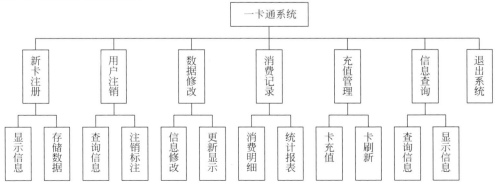

图 3-8 一卡通系统功能

为了使应用系统与用户之间能够形成功能请求与应答关系,也就是用户把需求输入计算机程序,计算机程序会按照用户需求去调用相应的功能,这种请求与应答的关系需要通过友好的程序界面来实现。本节将以输出语句实现在屏幕显示系统菜单。

所需知识为:printf()、scanf()函数的格式化应用。需要通过字符的"对位"输出美观的界面。在菜单功能项显示之后使用 scanf()函数输入功能选择序号,初步形成人机应答体验。

【项目实现】

```c
#include<stdio.h>
int main()
{   int i;
    system("cls");
    printf("\n\t||================================||");
    printf("\n\t||            欢迎使用            ||");
    printf("\n\t||            一卡通系统          ||");
    printf("\n\t||================================||");
    printf("\n\t||            功能菜单选项        ||");
    printf("\n\t||--------------------------------||");
    printf("\n\t||          1.新卡注册            ||");
    printf("\n\t||          2.用户注销            ||");
    printf("\n\t||          3.数据修改            ||");
    printf("\n\t||          4.消费记录            ||");
    printf("\n\t||          5.充值管理            ||");
    printf("\n\t||          6.信息查询            ||");
    printf("\n\t||          7.退出系统            ||");
    printf("\n\t||--------------------------------||");
    printf("\n");
    scanf("%d",&i);
    printf("您选择功能序号为:%d\n",i);
    return 0;
}
```

运行结果:

```
        ||================================||
        ||            欢迎使用            ||
        ||            一卡通系统          ||
        ||================================||
        ||            功能菜单选项        ||
        ||--------------------------------||
        ||          1.新卡注册            ||
        ||          2.用户注销            ||
        ||          3.数据修改            ||
        ||          4.消费记录            ||
        ||          5.充值管理            ||
        ||          6.信息查询            ||
        ||          7.退出系统            ||
        ||--------------------------------||
3
您选择功能序号为:3
```

习题与实训 3

一、概念题

1. 什么是算法?
2. 算法有哪些表示方法?
3. 什么叫结构化程序设计?
4. 结构化程序设计方法的基本原则是什么?
5. 结构化程序的 3 种基本结构是什么?
6. 调用 C 语言库函数需要准备条件,在程序中应如何操作?
7. printf()函数的格式控制符有哪些类型? 各自的功能是什么?
8. 试比较 printf()和 putchar()两个函数的异同点。
9. C 语言的复合赋值运算符有哪几种? 举例说明其用法。
10. 试说明算法和程序的关系。

二、选择题

1. 下列关于算法的说明正确的是(   )。
   A. 某算法可以无止境地运算下去
   B. 一个问题的算法步骤可以是可逆的
   C. 完成一件事情的算法有且只有一种
   D. 设计算法要本着简单、方便、可操作的原则
2. 关于算法,以下叙述中错误的是(   )。
   A. 任何算法都能转换成计算机高级语言的程序,并在有限时间内运行完毕
   B. 同一个算法对于相同的输入必能得出相同的结果
   C. 一个算法可以没有输出
   D. 某个算法可能会没有输入
3. 下列四种叙述不能称为算法的是(   )。
   A. 广播操图解   B. 歌曲的歌谱
   C. 做饭用米   D. 做米饭需要刷锅、淘米、添水、加热
4. putchar()函数可以向终端输出一个(   )。
   A. 实型变量值   B. 字符串
   C. 整型变量表达式值   D. 字符或字符型变量值
5. 以下叙述中正确的是(   )。
   A. 我们所写的每条 C 语句,经过编译最终都将转换成二进制的机器指令
   B. 程序必须包含所有三种基本结构才能成为一种算法
   C. 只有简单算法才能在有限的操作步骤之后结束
   D. 如果算法非常复杂,则需要使用三种基本结构之外的语句结构,才能准确表达

6. 以下不能用于描述算法的是( )。
   A. 计算机语言　　　　B. E-R 图　　　　C. 自然语言　　　　D. 流程图
7. 设 x、y 和 t 均为 int 型变量,则语句:t = y,y = x,x = t 的功能是( )。
   A. 无确定的结果　　　　　　　　　　B. 交换 x 和 y 的值
   C. 把 x 和 y 按从大到小排列　　　　D. 把 x 和 y 按从小到大排列
8. 以下程序的执行结果是( )。

   ```
   #include <stdio.h>
   main()
   {  int a=2,b=5;
      printf("a=%d,b=%d\n", a, b);
      return 0;
   }
   ```

   A. a=%2,b=%5　　　　　　　　　　B. a=2,b=5
   C. a=%%d,b=%%d　　　　　　　　　D. a=2,b=%d
9. 已知"int x;char y;",则下面错误的 scanf()函数调用语句为( )。
   A. scanf("%d,%d",&x,&y);　　　　　B. scanf("%d%d",&x,&y);
   C. scanf("%d,%c",x,y);　　　　　　D. scanf("%d,%c",&x,&y);
10. 有输入语句:"scanf("a=%d,b=%d,c=%d",&a,&b,&c);"为使变量 a 的值为 1,b 的值为 3,c 的值为 2,从键盘输入数据的正确形式是( )。
    A. 132　　　　　　　　　　　　　　B. 1,3,2
    C. a=1,b=3,c=2　　　　　　　　　D. a=1 b=3 c=2
11. putchar()函数可以向终端输出一个( )。
    A. 布尔值　　　　B. 实型值　　　　C. 字符串　　　　D. 字符
12. 已知"double x=68.7563,y=-789.127;" 执行"printf("%f,%10.2f\n",x,y);"会输出( )。
    A. 68.756300,□□□-789.12　　　　B. 68.756300,□□□-789.13
    C. 68.75,□□□-789.13　　　　　　D. 68.75,-789.12
13. 已有定义"char s1,s2;",下面正确的语句是( )。
    A. scanf("%s%c",s1,s2);　　　　　B. scanf("%s%c",s1,&s2);
    C. scanf("%c%c",&s1,&s2);　　　 D. scanf("%c%c",s1,s2);
14. 结构化程序设计主要强调的是( )。
    A. 程序的规模　　　　　　　　　　B. 程序的效率
    C. 程序设计语言的先进性　　　　　D. 程序易读性
15. 已知"int a=12;"表达式"a+=a-=a*a;"的值是( )。
    A. -264　　　　B. -288　　　　C. 12　　　　D. 144

三、填空题

1. 程序设计的三种基本结构是_____、_____、_____。
2. 不同类型的输出内容有不同的格式字符,其中_____是用来按十进制整数形式输出一个整型数据,_____是用来按小数形式输出一个浮点数据,_____是用来输出一个字符。

3. putchar()函数的作用是_____,getchar()函数的作用是_____。
4. 赋值号左边必须是_____。
5. 若 x 为 int 型变量,则执行语句"x = 7;x += x -= x + x;"后的 x 值为_____。
6. 已有定义"int x;float y;"且执行"scanf("%3d%f",&x,&y);"语句时,从第一列开始输入数据 12345678＜CR＞,则 x 的值为_____。
7. "int a = 24;printf("%o",a);"输出结果是_____。

四、判断题

1. C 语言标准输出操作中,putchar()函数可以输出一个字符串。   (   )
2. 在 C 语言中,交换两个数必须使用中间变量。   (   )
3. 在程序设计中提到的算法就是"解决问题的方法和步骤"。   (   )
4. 一个算法应该具备有穷性、确定性、输入、输出和有效性。   (   )
5. 在 C 语言中,"="是用来判断两个数是否相等。   (   )
6. 如果赋值运算符两边的数据类型不一致,在赋值时要进行类型转换。   (   )
7. 结构化程序设计的基本理念是将一个较大的问题细分为若干较小问题的组合。
                                                                          (   )
8. 在 C 语言中,函数 printf()格式说明部分的字符都是以转义字符处理。   (   )
9. 在 C 语言中输入数据时可以指定数据的精度。   (   )
10. 在 C 语言中,在使用函数 scanf()输入数据时必须同函数中输入格式一致。(   )

五、程序补充题

1. 给定程序的功能是:求二分之一的圆面积。

```
#include <stdio.h>
int main()
{
    double r,s;
    printf("Enter r: ");
    scanf("%lf",_____);
    s = 3.14159 * _____ /2.0;
    printf("s = %lf\n",____);
    return 0;
}
```

2. 要使程序正常运行,键盘输入和屏幕显示都为 1,2,34。

```
#include <stdio.h>
int main()
{   char a,b;
    int c;
    _____;
    printf("%c,%c,%d\n",a,b,c);
    return 0;
}
```

六、应用题

1. 有一个 4×4 的矩阵,矩阵中的每个数据都是实数,每个数的宽度为 15,右对齐,并保留两位小数。编程实现：输入数据，按规定格式输出矩阵。

2. 获取键盘输入的三位正整数，计算并输出这个三位数的个位、十位、百位上的数字，同时，将这三个数字的和计算并输出。

输入：153

输出：百位：1，十位：5，个位：3，和：9

3. 从键盘输入圆的半径 r，计算并输出圆的周长和面积。注：PI 取 3.14159；输入的半径 r 的数据类型是双精度浮点数。

4. 打印空心菱形。使用输入语句获取一个字符，然后将该字符打印输出为一个空心菱形。

输入：a

输出：

```
    a
   a a
  a   a
   a a
    a
```

5. 从键盘输入三角形的三边长度，输出三角形面积。要求输出结果保留两位小数，根据三角形三边长求面积的公式为

$$S = \sqrt{l \times (l-a) \times (l-b) \times (l-c)}$$

其中，$l = (a+b+c)/2$。

第 4 章

控制结构程序设计

CHAPTER 4

内容导引

第 3 章已经概述了结构化程序设计的三种结构,并学习了顺序结构程序的运行规则。一般情况下,计算机程序中的语句是按照其出现的先后顺序依次执行的,这种程序结构称为顺序结构,也是程序默认的结构,赋值语句、输入输出语句等都是构成顺序结构的语句。依靠单一的顺序结构能够解决的问题是极其有限的,实际问题的处理逻辑往往比较复杂,为此,大多计算机语言中都提供了能够处理复杂逻辑的语句,这类语句不是用于执行功能性操作,而是对功能性操作语句提供控制作用。

C 语言提供的程序控制功能有:选择和循环,对应的程序结构也称为**选择结构和循环结构**。根据不同情况选择性地执行不同语句的程序结构称为选择结构,也称为分支结构;经过多次重复某些操作完成相关任务的程序结构称为循环结构。

本章主要学习 C 语言中选择结构和循环结构的语法规则、控制功能和编程技巧。

学习目标

- 理解控制结构程序设计的意义。
- 掌握条件表达式的应用。
- 掌握 if 选择结构的语法及运行机制。
- 掌握 switch 选择结构的语法及运行机制。
- 掌握 while、do-while 和 for 三种语句实现的循环结构的语法、运行机制。
- 学习控制结构在实际应用及项目开发中的应用技巧。

4.1 选择结构

内容概述

顺序结构中,语句是按照书写顺序依次执行的,执行完上一句就自动转到下一句。顺序结构程序虽然能解决计算、输入和输出等基本问题,但是在解决实际问题时情况是复杂多变的,需要程序能够根据不同情况做出不同的处理安排。这是计算机"智能化"的集中体现,有了判断能力的计算机才更像人脑。

根据不同情况做出不同处理的程序结构称作选择结构,又称分支结构。C语言提供了能够对程序中的语句进行选择性执行的语法,它是通过条件判断对语句进行选择性执行(而不是依次全部执行)的一种程序结构。根据分支数量的多少,选择结构可细分为**单分支结构、双分支结构和多分支结构**。本节学习重点为:

- 单分支、双分支及多分支选择结构的语法规则及控制逻辑。
- 掌握使用选择结构编写程序解决实际问题的技巧。

4.1.1 单分支结构

顾名思义,单分支结构就是只关注问题的一个方面(不关注其他方面)的选择结构。从语法角度看,单分支结构就是只判断一个条件的程序结构。成语"悬崖勒马",其含义用单分支结构表述是确切的:如果是"悬崖"就必须"勒马"。这里只关注是否为"悬崖",并给出解决方案"勒马"。而没提及不是悬崖怎么办,其实不是悬崖的解决方案不言而喻,自然是继续前行。现实问题中这样的事例有很多,编程过程中都适合采用单分支结构进行程序设计。

C语言中实现单分支结构的语法格式如下:

```
if(表达式)
    {语句体}
```

单分支结构的控制功能为:当表达式的取值为真时,先执行if语句之后的"语句体",然后继续执行其后续语句;否则(表达式取值为假)不执行"语句体",跳转至语句体的后面继续执行其他语句。单分支结构的流程图如图4-1所示。

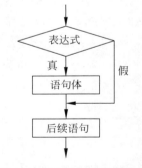

图4-1 单分支结构的流程图

【例4-1】 从键盘随机输入两个整数,编程实现求两个数中的大者并输出。

```c
#include <stdio.h>
int main()
{   int x,y,max;
    printf("Input x,y:");
    scanf("%d,%d",&x,&y);
    max = y;            //假设y的值是较大者,并预赋给max变量
    if(x>y)             //如果x>y
        max = x;        //对max重新赋值,此时max中的值为x的值
    printf("max is %d",max);
    return 0;
}
```

运行结果：

```
Input x,y:6,8
max is 8
```

结果分析：

当输入 x 与 y 的值后，先预设 y 值为大者，并通过 max=y 把 y 值赋给 max。当执行 if 语句后，判断 x 是否大于 y，若表达式值为真，则将 x 赋给 max，否则跳过赋值语句，到后面执行输出语句。经过这样的判断处理，确保 max 始终是较大值。

【例 4-2】 编写程序测试条件为真或假时，分支语句结束后的入口位置。

```c
#include<stdio.h>
main()
{
int x=1;
   if(x>0)
   { printf("yes\n");
     printf("此时条件表达式的取值为:%d\n",x>0);    //x>0 的值为逻辑真值 1
   }
   printf("我是分支之后的入口位置语句!\n");
   printf("我是再后面的语句!\n");
   return;
}
```

运行结果：

```
yes
此时条件表达式的取值为:1
我是分支之后的入口位置语句!
我是再后面的语句!
```

当把条件语句改为：if(x<0)时，运行结果为：

```
我是分支之后的入口位置语句!
我是再后面的语句!
```

分支语句控制规则说明如下。

(1) 无论条件表达式的取值为真或假，分支语句体的后续语句都是要执行的，分支语句执行后的程序入口位置即为分支复合语句体的下一个语句。从程序第一个示例的输出结果可以看出，条件值为真，先执行 if 语句下面的语句体（本例中包含两个语句），然后再执行其后续语句。从程序第二个示例的输出结果可以看出，当条件值为假时，跳过分支语句所控制的语句体，转去执行其后的其他语句。

(2) 条件语句中的"表达式"主要使用取值为逻辑值的表达式，如关系表达式、逻辑表达式，其值为真或假。C 语言中**逻辑真用 1 表示，逻辑假用 0 表示**。从本例中可以看出，执行 x=1 后，x>0 的运算结果为真值 1，从输出结果得以印证。

(3) C 语言规定，作为判断条件，**表达式的取值非 0 即为真，只有 0 值为假**。由此可见，任意的非 0 数值都可以作为条件为"真"的表达式使用。如条件语句 if(100)、if(1)、if(-100)，相应的条件表达式的取值结果相同，均为非 0 值，即均为"真"，因此具有相同的控制功能。但是，假设 a=1，则条件语句：

if(a>100)、if(a==1)和if(a>-100)的条件表达式取值分别为假(0)、真(1)、真(1),对相应的"语句体"产生的控制作用就不尽相同。

4.1.2 双分支结构

在线视频

"下雨要打雨伞,天冷要穿棉袄",这是智慧的象征,说简单也简单,说不简单也不简单。"鱼,我所欲也;熊掌,亦我所欲也。二者不可得兼,舍鱼而取熊掌者也。生,亦我所欲也;义,亦我所欲也。二者不可得兼,舍生而取义者也"。在中华民族的历史长河中,有多少仁人志士,有多少革命先驱,为了理想和信念舍生取义,这是智者之选,也是义者之举。

现实生活中处理问题时,经常会遇到结果可能这样也可能那样的情况。这种**关注问题两方面并分别做出不同处理的程序控制结构**,称作**双分支结构**。上面所举的"悬崖勒马"例子中,假如既关注"悬崖"也关注"非悬崖",就适合采用双分支结构处理问题了,可以表述为:如果悬崖即勒马,否则继续前行。

C语言中最常用的实现双分支结构的语法格式如下:

```
if(表达式)
    {语句体 1}
else
    {语句体 2}
```

双分支结构的控制功能为:当表达式的取值为真时,先执行 if 语句之后的"语句体 1",然后直接跳转至语句体 2 的后面执行后续语句;否则(表达式取值为假)不执行"语句体 1",而是执行 else 之后的"语句体 2",然后执行其后续其他语句。

双分支的这种控制功能,可通俗地表述为:条件为真,执行语句体 1;否则执行语句体 2。无论选择执行哪个语句体,最终都会转去执行后续语句。

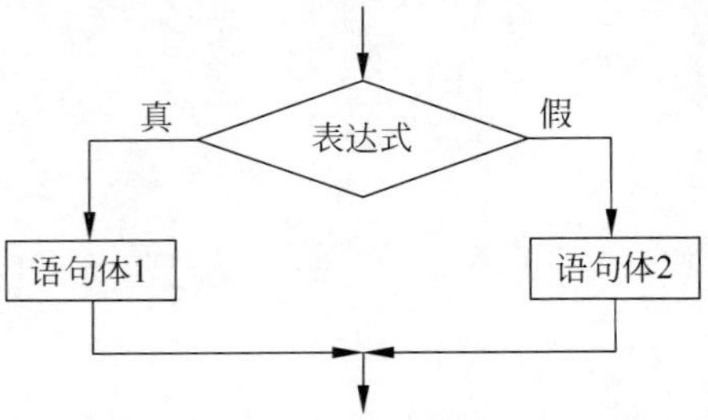

更简练的表达是:**二选一,且必选一**。

事实上也可以把单分支结构理解为退化的只有一个条件的双分支结构,此时无须使用 else。双分支结构的流程图如图 4-2 所示。

【例 4-3】 使用双分支条件语句实现求两个整数中的较大者。

图 4-2 双分支结构的流程图

```
#include <stdio.h>
int main()
{   int x,y,max;
    printf("Input x,y:");
    scanf("%d,%d",&x,&y);
    if(x>y)                    //使用 if-else 结构判断 x 是否大于 y
        max = x;
    else
        max = y;
    printf("max is %d",max);
    return 0;
}
```

运行结果：

```
Input x,y:6,8
max is 8
```

结果分析：

if 语句对 x 与 y 进行比较计算，若表达式 x>y 为真，则将 x 赋给 max，否则将 y 赋给 max，经过这样的程序判断处理，max 存放的是 x、y 中的较大者。无论执行的是哪个赋值语句，最后 max 获得较大值，程序转去执行 if-else 二分支结构的后续语句。

【例 4-4】 鱼与熊掌选择问题。从键盘输入一个整数（0 或 1）分别代表鱼与熊掌，根据输入的数字来显示选择的是鱼还是熊掌。

```
#include <stdio.h>
int main()
{   int n;
    printf("请输入一个整数：0代表鱼,1代表熊掌\n");
    scanf("%d",&n);
    if(n == 0)                        //使用 if-else 结构判断选择的是鱼还是熊掌
        printf("你选择了鱼!\n");
    else
        printf("你选择了熊掌!\n");
    printf("无论你选哪项,都会转这里继续哦!\n");
    return 0;
}
```

运行结果：

```
请输入一个整数：0代表鱼,1代表熊掌
0
你选择了鱼!
无论你选哪项,都会转这里继续哦!
```

4.1.3 条件运算符和条件表达式

在线视频

在 C 语言中提供了一种功能与双分支语句等效的表达式，称为条件表达式。其语法格式为：

表达式 1？表达式 2：表达式 3

条件表达式的功能：若表达式 1 的取值为真（非 0），则整个表达式的取值为表达式 2 的值，否则整个表达式的取值为表达式 3 的值。

【例 4-5】 使用条件运算符求两个整数中的较大者。

```
#include <stdio.h>
int main()
{   int x,y,max;
    printf("Input x,y:");
    scanf("%d,%d",&x,&y);
    max = x > y?x:y;                  //用条件运算符计算两个数中较大值
    printf("max is %d",max);
    return 0;
}
```

运行结果：

```
Input x,y:6,8
max is 8
```

结果分析：

（1）条件运算符由？和：两个符号组合而成。条件运算符优先于赋值运算符，因此程序示例中的赋值表达式 max＝x＞y？x：y 的计算过程为先求条件表达式的值，再将其赋给变量。

（2）条件表达式中的表达式 2 和表达式 3 的数据类型可以是数值型，还可以是赋值表达式或函数。如以下语句是正确的：

```
a>b?printf("%d",a):printf("%d",b);        //当a>b时输出a的值,否则输出b的值
a<b?(min=a):(min=b);                       //当a<b时,min=a,否则min=b
```

从以上的应用示例可以看出，条件表达式的功能等同于一个无 if-else 且语句体中只有一个语句的双分支结构，书写更为简洁。初学者使用过程中要认真分析各表达式所包含的意义，避免出现语法错误。

在线视频

4.1.4 多分支结构

if-else 构成的双分支结构适合处理问题分类只有两种的情形，而实际遇到的问题分类情况经常会多于两种，**把多于两个判定条件的分支结构统称为多分支结构**。比如：考试成绩分类、人群年龄的划分、不同职称人数的统计和学生奖助学金的等级划分等。

用 if-else if-else 形式实现的多分支结构语法格式为：

```
if(表达式 1)
    {语句体 1}
else if(表达式 2)
    {语句体 2}
    ...
else if(表达式 n)
    {语句体 n}
[else
    {语句体 n+1}
    ...
```

多分支语句的控制功能：若表达式 1 的值为真，则执行语句体 1；若表达式 2 的值为真，则执行语句体 2。如此依次进行判定，如果前 n 个表达式均为假，则程序必定选择执行最后一个 else 后的语句体 n+1。无论选择执行的是哪个语句体，之后均转去执行分支语句的后续语句继续执行程序。从语法的角度讲，最后的 else 语句及其语句体可以省略，但实际应用中一般不会省略，因为省略可能会导致分支不完整，从而引发程序运行异常。

由 if 语句实现的多分支结构的控制逻辑可知：只要前面某个分支语句的表达式取值为真，则执行完相应的语句体后，不再检查其他分支语句的条件，直接转到分支外的后续语句继续执行程序。只有当前面的条件表达式取值为假时，才会继续检查接下来的分支条件，直到最后一个 if 语句的条件表达式取值也为假，则只有最后一个 else 条件为真了。

因此，多分支结构更简练的表达是：**多选一，且必选一**。

流程图如图 4-3 所示。

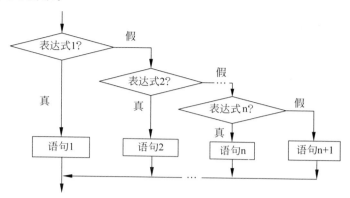

图 4-3　多分支结构的流程图

【例 4-6】　从键盘输入学生百分制成绩（整数），根据等级划分标准，输出对应的等级制成绩。成绩等级划分标准为：90 分以上（含 90 分）为优秀，80～89 分为良好，70～79 分为中等，60～69 分为及格，60 分以下为不及格。

```
# include < stdio. h >
int main()
{   int score;
    printf("请输入学生的成绩: ");
    scanf(" % d",&score);
    if(score > 100||score < 0)
        printf("非法数据\n");
    else if(score > = 90)
            printf("优秀\n");
    else if(score > = 80)
            printf("良好\n");
    else if(score > = 70)
            printf("中等\n");
    else if(score > = 60)
            printf("及格\n");
    else
        printf("不及格\n");
    return 0;
}
```

程序运行结果为：

```
请输入学生的成绩: 87
良好
请输入学生的成绩: 999
非法数据
```

4.1.5　选择结构的嵌套

嵌套是某一种语法结构中完整地包含有同种或者另一种语法结构的语法现象。在计算机程序设计语言中应用非常广泛。"嵌"可以理解为小的语法结构，一般在内部，"套"可以理解为大的语法结构，一般在外部。换句话说嵌套就是"你中有我，我被你包围"，但不允许出

在线视频

现"你中有我,我中有你"的**交叉**结构。程序设计语言中典型的嵌套结构有:分支的嵌套、循环的嵌套、函数的嵌套、分支中嵌套循环、循环中嵌套分支等,随着学习内容的深入我们将会逐步用到这些典型的语法,本节将讲解选择结构的嵌套。

在 if 语句中又包含一个或多个 if 语句的语法结构称为 if 语句的**嵌套**。其一般语法格式为:

```
if(表达式)
    if(表达式 1){语句体 1}  ⎫
    else         {语句体 2}  ⎬ 内嵌分支结构
else
    if(表达式 2){语句体 3}  ⎫
    else         {语句体 4}  ⎬ 内嵌分支结构
```

在嵌套结构中,我们要准确理解并应用好 if 与 else 的配对关系。else 总是与其前面最近的未配对的 if 进行配对。

【例 4-7】 编写程序,从键盘输入 x 的值,根据分段函数输出相应 y 的值。分段函数如图 4-4 所示。

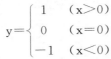

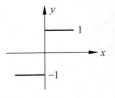

图 4-4 分段函数

通过嵌套的 if 语句在表达式中使用关系运算符比较 x 的值,从而确定 y 的取值。

```
#include <stdio.h>
int main()
{   int x,y;
    printf("input x:");
    scanf("%d",&x);
    if(x>0)
        y=1;
    else
        if(x==0)
            y=0;
        else
            y=-1;
    printf("x=%d y=%d\n",x,y);
    return 0;
}
```

以上程序也可以改写为:

```
#include <stdio.h>
int main()
{   int x,y;
    printf("input x:");
    scanf("%d",&x);
    if(x<=0)
        if(x==0)
            y=0;
        else
            y=-1;
```

```
        else
            y = 1;
        printf("x = %d y = %d\n",x,y);
        return 0;
}
```

运行结果：

```
input x: 3
x = 3 y = 1
```

结果分析：

以上两个算法都使用了 if 语句的嵌套结构，从中可以看出前一个算法是从三种可能的情况中先分出一种，接着嵌套一个双分支，处理另两种情况；后一个算法是先从三种情况中分出两种情况分别处理，最后处理另一种情况。由此可概括出 if-else 分支结构的语法特征如下：

（1）用 if-else 语句实现的分支嵌套结构，是严格按照语句出现的次序，遵照 else 与最近的未配对的 if 适配原则进行语法配对的。

（2）应按照内在的逻辑关系以**锯齿形缩进形式**书写代码。这种格式一般遵循同级别代码对齐的原则，如例 4-7 第二个算法格式中的最外面一层的 if-else 语句。嵌套在其中的低一层级代码要缩进书写，如第二层次的 if-else 语句。这种格式上的变化，对于编写和阅读程序都有益处，可以避免多层次嵌套程序结构中发生语法不匹配的现象。

（3）在多分支结构中，任意一个 if 与 else 之间，如果包含有多个语句，这些语句必须以复合语句的方式出现，否则语法错误，编译不能通过。

（4）可通过增加复合语句标志"{ }"的方法来突显语句模块化的特征，并调整分支结构的嵌套关系。

（5）从程序的构成来看，一个完整的分支结构可看作是"一个"语句，它最终将作为整个源程序中顺序结构的一个构成成分出现。

试阅读例 4-8 中的两个程序，认真观察结构的不同以及运行结果的差异，并分析产生不同结果的原因。

【**例 4-8**】 从键盘输入学生成绩（整数），对输入的值进行有效性校验处理：对超过 100 或小于 0 的输入给出相应的错误报告，对于符合成绩值要求的输入给出正常值提示。

（1）使用复合语句标志。

```
#include <stdio.h>
int main()
{   int score;
    printf("请输入学生的成绩：");
    scanf("%d",&score);
    if(score>100||score<0)  //分支入口语句
    {
        if(score>100)
            printf("超过上限!\n");
    }
    else
        if(score<0)
            printf("超出下限!\n");
```

可看作"一个"语句。从进入分支的第一个 if 语句开始，在不同的条件下，执行不同的语句。作为一个完整的结构，无论进入哪个分支中选择执行相关语句，最终都会从结构中转出，归于同一个出口语句。

```
        else
            printf("正常值内!\n");
    printf("分支的后续语句!\n");//分支出口语句
    return;
}
```

运行结果:

```
请输入学生的成绩:-10
分支的后续语句!
请输入学生的成绩:80
正常值内!
分支的后续语句!
```

```
请输入学生的成绩:300
超过上限!
分支的后续语句!
```

(2) 未使用复合语句标志。

```
#include <stdio.h>
int main()
{   int score;
    printf("请输入学生的成绩:");
    scanf("%d",&score);

    if(score>100||score<0)
    if(score>100)
        printf("超过上限!\n");
    else
        if(score<0)
            printf("超出下限!\n");
        else

            printf("正常值内!\n");
    printf("分支的后续语句!\n");
    return;
}
```

分支结构可划分为三重嵌套关系,从外到内分别为:
第一重 if 单分支,
第二重双分支,在 else 中嵌套了另一个双分支。
第三重为双分支

运行结果:

```
请输入学生的成绩:200
超过上限!
分支的后续语句!
请输入学生的成绩:80
分支的后续语句!
请输入学生的成绩:-200
超出下限!
分支的后续语句!
```

结果分析:

以上两个程序结构的不同点在于第一个使用了复合语句,第二个没有使用复合语句。无论哪一个都犯了分支结构中很容易出现的错误:分支不完全,程序的健壮性没有得到充分的体现。

第一个程序使用了"{}",使第一个 else 配对第一个 if,这样程序的分支结构就变为一个双分支结构,分支过程中短路了小于 0 值的处理,如输入－10 时,直接跳转到出口处输出"分支的后续语句!"。第二个程序中没有使用"{}",使第一个 else 配对第二个 if,这样程序的分支结构总体上变为一个单分支结构,当第一个 if 的分支条件为假时,直接跳转到分支外的出口语句,因此当输入为 80 时,输出为"分支的后续语句!",表明分支没有执行内部的语句体。

【例 4-9】 采用 if 语句的嵌套结构改写例 4-6 的算法。

```
# include < stdio.h >
int main()
{   int score;
    printf("请输入学生的成绩: ");
    scanf(" % d",&score);
    if(score > 100||score < 0)
        printf("非法数据\n");
    else
        {   if(score > = 90)
                printf("优秀\n");
            else
            {   if(score > = 80)
                    printf("良好\n");
                else
                {   if(score > = 70)
                        printf("中等\n");
                    else
                    {   if(score > = 60)
                            printf("及格\n");
                        else
                            printf("不及格\n");
                    }
                }
            }
        }
    return 0;
}
```

运行结果:

请输入学生的成绩: 77
中等

从此例可以看出,用 if-else 语句实现的多分支结构控制的流程,本质上就是这种分支结构的嵌套形式。

4.1.6 用 switch 实现的选择结构

在线视频

如前所述,if 语句用于实现单分支结构或双分支结构比较方便,但如果用于多分支结构尤其是超过三层的分支结构,嵌套的层数越多程序越冗长,可读性就会降低。if 语句实现的多分支条件语句通常可用开关语句代替,这样可使分支程序的结构更加清晰。开关语句就像多路开关一样,使程序控制流程形成多个分支,根据一个表达式的不同取值,选择一个或几个分支去执行。

switch 语句是 C 语言中的另一种多分支选择语句,也称为开关语句,用于实现以匹配常量值为入口进行多分支选择的程序设计。其一般语法格式为:

```
switch(表达式)
{
    case    常量1: 语句1;
    case    常量2: 语句2;
    …
    case    常量n: 语句n;
    [default: 语句n+1;]
}
```

switch 语句的执行过程:首先计算 switch 后括号内表达式的值,将得到的值依次与 case 后面的常量值进行匹配比较,当与某个常量值相等时,则程序进入相应的 case 标签,并执行后面的语句;如果没有与 case 常量相匹配的值,则执行 default(默认)标签后面的语句。

case 后面的常量相当于一个标签,是多分支结构进入某个分支的入口。在 switch 分支结构中,当某个标签值与表达式值一旦相同,程序默认的执行流程为**依次执行从它开始之后所有的语句**,除非使用 break 语句强行中止,程序才转出分支结构,执行其后续语句。

【**例 4-10**】 编写程序,按考试成绩五级制输出百分制分数值,即 A 级为 90 分(含 90 分)以上,B 级为 80~89 分,C 级为 70~79 分,D 级为 60~69 分,E 级为 60 分以下。

```c
#include <stdio.h>
int main()
{   char grade;
    printf("请输入成绩等级:");
    scanf(" %c",&grade);
    printf("你的成绩为:");
    switch(grade)
    {   case 'A':printf("90-100\n");break;
        case 'B':printf("80-89\n");break;
        case 'C':printf("70-79\n");break;
        case 'D':printf("60-69\n");break;
        case 'E':printf("<60\n");break;
        default:printf("非法数据\n");
    }
    return 0;
}
```

运行结果:

```
请输入成绩等级:A
你的成绩为:90-100
```

```
请输入成绩等级:K
你的成绩为:非法数据
```

【**例 4-11**】 采用 switch 语句改写例 4-6 的算法。

```c
#include <stdio.h>
```

```
int main()
{   int score;
    printf("请输入成绩: ");
    scanf(" % d",&score);
    printf(" % d 对应的等级为: ",score);
    switch(score/10)                    //通过除以 10 获得成绩值的高位数值
    {   case 0:                         //列出成绩<60 分的各种情况
        case 1:
        case 2:
        case 3:
        case 4:
        case 5: {   printf("不及格\n");
                    printf("距及格还差: % d 分",60 - score);
                    break;}
        case 6: printf("及格\n");break;     //成绩为 60~69 分
        case 7: printf("中等\n");break;     //成绩为 70~79 分
        case 8: printf("良好\n");break;     //成绩为 80~89 分
        case 9:                             //成绩为 90~99 分
        case 10:                            //成绩为 100 分
            printf("优秀\n");break;
        default:                            //成绩在 0~100 分以外
            printf("非法数据\n");
    }
    return 0;
}
```

运行结果：

```
请输入成绩: 90
90 对应的等级为: 优秀
请输入成绩: 300
300 对应的等级为: 非法数据
```

```
请输入成绩: 34
34 对应的等级为: 不及格
距及格还差: 26 分
```

从以上示例及测试结果可以概括出由 switch 语句实现的多分支结构有如下特点。

（1）switch 语句中"表达式"的值类型一般为 int 或 char 类型。

（2）switch 语句后面的多分支语句体必须是以花括号包围的复合语句,复合语句中包含多个以关键字 case 开头的语句体,并包含一个且最多只能有一个 default 开头的语句体。

（3）case 后面是常量或常量表达式,值类型应该与 switch 中表达式的值类型保持一致。常量与 case 之间要以空格分隔。同时常量要符合相关类型常量的写法,如字符型常量要以单引号包围,像例 4-10 中的'A'。常量后面须加冒号":",冒号后面的语句体可以是复合语句。某些标签后可以无语句,也可以多个标签对应一个语句。

（4）各个 case 无先后次序,且每个 case 常量必须互不相同。

（5）default 语句是备选语句,从语法角度看是可有可无的；但从应用角度看没有 default 就像 if 实现的分支中不写最后一个 else 一样,会出现分支不全面的情况,程序的健壮性会受到挑战。有了 default 语句,分支中所有未列举过的全都被包含,可以称为"一网打尽"。

4.2 循环结构

内容概述

在解决实际问题的过程中,我们经常会遇到这样一种情况,一个复杂问题的解决是通过多次重复一个较为简单的过程而实现的。为此,计算机语言提供了一种称作循环的控制结构,用于处理这种需要重复计算的问题。把这种能够控制指定语句重复执行的程序结构称作**循环结构**。简言之循环就是重复。本节学习重点为:

- do-while 循环。
- while 循环。
- for 循环。
- break 和 continue 语句。

在线视频

4.2.1 do-while 循环

先分析示例:计算 100 名学生某门课的平均成绩。问题的一种解决方案如下。

步骤 1:输入 1 名学生成绩。
步骤 2:对成绩进行累加求和。
步骤 3:重复以上过程 100 次。
步骤 4:对求出的总分计算平均分。
步骤 5:输出平均分。

从以上分析可知,这个过程需要输入成绩和累加过程重复 100 次,即执行 scanf( )函数和累加器(s = s + x;)100 次,按以往的编程方法就需要重复抄写相关语句 100 次。假如问题规模进一步扩大到千次、亿次呢?显然这种方法就不可行了。为此计算机语言一般都提供了一种称作循环的控制结构,专门解决这种需要重复计算的问题。

编程计算 100 名学生的平均成绩的求解流程如图 4-5 所示。

图中虚线框内的步骤是需要重复执行的,要实现流程图所示的重复控制功能,首先要学习 do-while 循环结构。

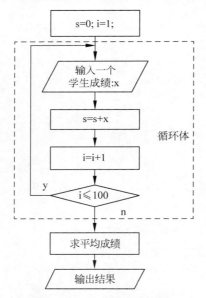

图 4-5 计算平均成绩流程图

语法格式:

do
    {循环体}
while(表达式);

do 到 while 之间的语句是需要重复执行的语句组合体,称为**循环体**。循环体可以由任意合法的语句构成。

do-while 循环的流程如图 4-6 所示,控制功能描述如下。

（1）**执行循环体**。首先程序从 do(做)语句开始,依次执行之后的语句。do 语句其实可看作循环的起点标志,它本身无其他功效。

（2）**判断是否继续循环**。遇见 while 语句先计算表达式的值,若为"真",则返回 do 语句标志处重新开始执行循环体,如此反复。

（3）**退出循环**。如果 while 语句中表达式的取值为"假",则退出循环,并执行 while 后面的语句。

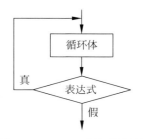

图 4-6　**do-while** 循环流程图

【**例 4-12**】　按图 4-5 流程,编写程序求 100 名学生的平均成绩。

```
#include<stdio.h>
int main()
{   int x,s=0,i=1;
    float ave;
    printf("请输入 3 名学生成绩:\n");
    do
    {   scanf("%d",&x);
        s=s+x;
        i=i+1;
    }while(i<=3);
    ave=s/3.0;
    printf("sum=%d average=%.2f\n",s,ave);
    return 0;
}
```

运行结果：

```
请输入 3 名学生成绩:
50
60
70
sum=180    average=60.00
```

结果分析：

为了操作方便,本程序执行过程按循环 3 次设计,显然可以通过改写 while 后面的表达式来调整循环的执行次数。

在本例的循环执行过程中,i 变量及其取值是很关键的,它的作用是控制循环执行次数,i 变量的初值为 1,通过 i=i+1 修改变量的值,为 i 变量能够达到设定的目标值提供了可能性,最终通过 while 后面的表达式(i<=3)的值来判定变量 i 是否达到了设定的最终目标值,以此决定循环是否需要继续执行。

通过上例及其说明,可以概述出循环结构的相关概念及语法特点。

（1）在循环结构中对循环执行的次数起控制作用的变量称**循环变量**,它的起始值称**初值**,循环变量修改过程中的累加值称为**步长值**,通过条件表达式决定循环是否继续执行的最终目标设定值称为**终值**。例 4-12 中的循环变量是 i,初值为 1,终值为 3,步长值为 1。

(2) do 循环的控制过程可描述为:**执行循环体直到条件为假时退出循环**。因此称这种结构为**直到型循环**。

(3) 进入循环体后,如果没有能够改变循环变量值的语句,while 条件表达式的值永远为真,致使**循环无限执行的状态称为死循环**。显然死循环是一种错误的程序结构,或者说**不可出现死循环**。

(4) do 与 while 之间的循环体可以是一个语句,也可以是多个语句,如果是多个语句,必须加复合语句标志"{ }",否则为语法错误。

(5) while 中的表达式可以是常规表达式如(i <= 100),也可以是常量或变量如 while(1)、while(a)等,只要取值为逻辑型即可。前文提及过,C 语言中判断条件遵循非零即为真的标准。显然 while(1)永远为真,同理当 a 为任意非零值时,while(a)为真。

(6) 从语法结构来看,可以认为从 do 开始到 while 结束的整个循环结构是一个语句,因此 while()后面必须加分号。

(7) 从程序执行过程来看,do 循环先无条件地执行循环体,然后才判断循环条件的值,显然此类循环的循环体至少执行 1 次。

从以上说明可以概括出构造循环结构的必要条件:一是需要有一个循环变量并取得初值;二是需要有一个能够修改循环变量使其达到终值的累加器或赋值表达式;三是需要有能够判定循环是否继续执行的条件表达式语句。

【例 4-13】 采用 do 循环计算 $sum = \sum_{i=1}^{10} i$ 的值。

```
# include <stdio.h>
int main()
{   int i = 1, sum = 0;              //定义循环变量并赋初值
    do
    {   sum = sum + i;               //求累加值
        i = i + 1;                   //修改循环变量
    }while(i <= 10);                 //循环条件复核
    printf("1 + 2 + 3 + … + 10 = %d\n", sum);
    return 0;
}
```

运行结果:

1 + 2 + 3 + … + 10 = 55	

结果分析:

分析例 4-12 和例 4-13 不难发现,循环变量的功能有两方面:**一是对循环起控制作用;二是直接参与运算**。

例 4-12 中循环变量 i 扮演了一个角色,通过赋值语句 i = i + 1 使 i 不断接近终值,控制循环正常退出。而例 4-13 中循环变量 i 除了用于控制循环以外,还直接参与了运算,成为累加的一个加数。循环变量的这两种功能是非常普遍的,要深刻理解并灵活应用。

因为循环变量对循环的控制作用,常把循环变量作为循环相应的"标签"表述,比如可以说 i 循环、j 循环等。

程序的拓展:显然通过修改循环变量的初值和终值,可计算任意指定值如 1~100、

100～1000 的累加值。如果把累加器表达式中的加号(＋)修改为乘号(＊),也可实现求阶乘运算。

思考：如果交换循环体中两个累加器出现的次序,结果有无变化？说明产生偏差的原因。应该如何修改程序才能使两个程序的运算结果一致？

4.2.2 while 循环

在线视频

从 do 循环执行过程可看出,循环体总是要先执行一遍。实际应用中很多情况下条件不成熟时,不可以随意执行操作,也就是说能否先判断可行性然后再执行操作呢？答案是肯定的。下面将要学习另一种循环结构：while 循环。

语法格式：

while(表达式)
　　｛ 循环体 ｝

while 循环的流程如图 4-7 所示,执行过程如下。
(1) 计算"表达式"的值,若取值为"真"。
(2) 执行循环体。
(3) 返回到第(1)步重新计算表达式值再进行判断,若仍然为"真"则继续执行第(2)步,若取值为"假",则不执行循环体,也称退出循环,即转到循环体的后面继续执行程序。应该理解退出循环的意思就是执行循环后面的程序。

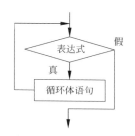

图 4-7　while 循环的流程图

综上所述,while 循环的控制功能可描述为：**当条件表达式的取值为真时执行循环体,否则退出循环**。因此 while 循环称为**当型循环**。

do 循环与 while 循环循环体构造方法相同,概念都一致。差别有以下两点。
(1) 控制逻辑方面的区别：while 在前面的(while 循环)先判断,最少时循环体执行 0 次；while 在后面的(do 循环)后判断,循环体至少执行 1 次。
(2) 书写格式方面的区别：do 循环入口与出口都有明确的关键字标志,而 while 循环只有明显的入口标志(while),没有明显的出口标志,出口是以复合语句的下括号标志的。阅读和编写程序时要能够区别对待。

【例 4-14】 采用 while 循环改写计算 $sum = \sum_{i=1}^{10} i$ 的程序。

```
# include < stdio.h >
int main()
{   int i = 1, sum = 0;              //定义循环变量并赋初值
    while(i <= 10)                    //循环的入口位置
    {
        sum = sum + i;               //求累加值
        i = i + 1;                   //修改循环变量
    }                                //循环的出口位置
    printf("1 + 2 + 3 + … + 10 = % d\n", sum);
    return 0;
}
```

运行结果:

```
1 + 2 + 3 + … + 10 = 55
```

本例中,只要修改循环条件,就可以求得从 1 到任意数 i 的累加和。

循环结构特例分析:

以下程序段中,因循环体中未修改 i 变量的值,循环条件永远为真,陷入死循环状态,程序异常。

```c
int sum = 0, i = 1;
while(i <= 100)
    sum += i;
```

以下程序段中,首次审核循环条件时表达式的值即为假,故循环体一次都不执行。

```c
int sum = 0, i = 101;
while(i <= 100)
{   sum += i;
    i++;
}
```

【例 4-15】 编写一个模拟超市销售过程结账和记账的程序,假设每人每次只购买 1 类商品,单价和数量现场输入,并立刻输出本次购物者应该缴纳的费用。用输入商品的单价或数量为 0 表示下班时间到,此时输出销售总额和交易次数。

```c
#include <stdio.h>
int main ()
{   int sl, n = 0;
    float dj = 1.0, m, sum = 0.0;
    printf("请输入商品单价和购买数量,用空格分隔,输入 0 表示下班\n");
    do
    {   scanf("%f %d", &dj, &sl);           //输入单价和数量
        if(sl!= 0 && dj!= 0)                //数据符合销售中,计算并输出当下数据
        {   m = dj * sl;
            sum = sum + m;
            n = n + 1;
            printf("请缴费: %.2f 元!\n", m);
        }
    }while(sl!= 0 && dj!= 0);               //数据符合销售中继续执行循环,否则退出循环
    printf("当天销售总金额: %.2f 销售次数:%d\n", sum, n);
                                            //输出汇总数据
    return 0;
}
```

运行结果:

```
请输入商品单价和购买数量,用空格分隔,输入 0 表示下班
1 2
请缴费: 2.00 元!
2.3 4
请缴费: 9.20 元!
0 3
当天销售总金额: 11.20 销售次数: 2
```

从程序运行过程可以看出，当输入单价或数量值后，通过单分支语句来决定当前是否进行销售过程的计算。如果输入值中无 0 值，则进行销售过程数据的处理；如果输入值中有 0 值，则直接跳转到分支外执行程序。此时遇到的是循环的条件审核语句 while，因条件表达式值为 0，退出循环，输出汇总数据。

这是在循环中嵌套了单分支结构的示例，如前所述，循环体可以是任意合法的语句。

思考：假设没有分支控制，程序的运行结果会有何不妥当？如何修正输出结果？

4.2.3 for 循环

例 4-15 中模拟销售过程的程序，在一定的销售期限内（比如一天）有多少顾客进入商场购物是不可预知的，因此循环的次数是不可预先确定的。前面介绍的两种循环，对于这类重复次数不确定的情况比较适合——循环执行与否由条件语句动态确定。

除上述介绍的两种循环控制结构外，C 语言还提供了 for 语句实现的循环。for 循环使用更灵活，功能更强大，主要用于循环次数确定的情况，也可用于循环次数不确定的情况，下面将学习 for 循环。

for 循环的一般语法格式：

```
for(表达式1;表达式2;表达式3)
    {循环体语句}
```

例如：

```
for(sum=0,i=1;i<=100;i++)
    {sum=sum+i;}
```

示例中，"sum=0,i=1"对应表达式 1，用来给变量 sum、i 赋初值。"i<=100"对应表达式 2，循环条件判断表达式，当 i 的值小于或等于 100 时，执行循环体。"i++"对应表达式 3，修正循环变量 i 的值，每执行一次循环，i 的值增 1，这样可使循环变量从初值逐步逼近终值，最后正常结束循环。

由语法模式和实例可以看出，for 语句括号中的内容被两个分号分隔为 3 部分。

（1）表达式 1：**循环初值设置**。记录变量的初始值，可以为一个或多个变量设置初始值，甚至可以省略不写，它在循环过程中只执行一次。

（2）表达式 2：**循环条件表达式**。与 while 循环中的表达式功能完全相同，每次执行循环体语句前，先计算此表达式的值并据此来决定是否执行循环体。因此可以认为 **for 循环属于当型循环**，即循环体可以一次也不执行。

（3）表达式 3：**循环变量修正表达式**。执行完循环体后自动执行表达式 3，它是使循环能够正确退出的必要条件，如省略它极易形成死循环。

循环语句的执行流程如图 4-8 所示，过程解析如下。

（1）求解表达式 1，记录初值。虽然它写在 for 循环中，但从流程图可以看出，它仅在进入循环时执行一次。

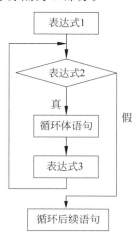

图 4-8 循环语句的执行流程

(2) 计算表达式 2,如果值为真,则执行循环体,然后执行第(3)步;如果值为假,则结束循环,转到第(5)步。

(3) 求解表达式 3。

(4) 转回到第(2)步,重新审核循环条件。

(5) 结束循环,执行 for 语句的后续语句。

for 语句的语法形式多变,下面逐一进行讨论。

【例 4-16】 采用 for 循环编写计算 $sum = \sum_{i=1}^{10} i$ 的程序。

```
#include <stdio.h>
int main()
{   int i,sum = 0;         //定义循环变量
    for(i = 1;i <= 10;i++)
        sum = sum + i;                          //求累加值
    printf("1 + 2 + 3 + … + 10 = %d\n",sum);
    return 1;
}
```

运行结果:

```
1 + 2 + 3 + … + 10 = 55
```

结果分析:

与前面两种循环对比,可以看出采用 for 语句编写的程序代码更加简洁。

按本例可以这样理解 for 语句:对于 i 变量,让它从 1 变到 10,每次增加 1,以此计算循环次数并控制循环体完成循环操作。这样循环变量 i 会自动产生 1 到 10 之间的 10 个整数序列。

for 循环与 while 循环执行过程相当。当循环条件表达式的初始值为假时,循环体一次都不执行。

for 循环书写格式多变,下面分别进行说明。

(1) 表达式 1 和表达式 3 可以是一个表达式,也可以是逗号表达式。

如:for(i = 1,sum = 0;i <= 100;sum = sum + i,i ++)

等价于以下程序段:

```
sum = 0;
for(i = 1;i <= 100;i++)
    sum = sum + i;
```

语法说明:

此格式中的分隔符有两个:一个为逗号(,),另一个为分号(;)。分号有且仅有两个,依它们出现的位置把表达式分隔为 3 段。每段中逗号的多少与段内表达式的组成有关,n 个表达式有 n−1 个逗号,用于分隔 3 段表达式内部的并行语句,如果表达式中只有一个语句,则逗号就无须出现。

无论逗号表达式内容有几个,表达式 1 所在位置只在初始化时执行一次,而表达式 3 所在位置的表达式在循环体每次执行完毕返回后都要被重复执行。表达式 2 则是在每次循环时先要执行的。

（2）表达式 2 一般是逻辑或关系表达式，也可以是数值表达式或字符表达式。

从语法形式看以下 for 循环语句都是正确的。

```
for(i = 0;(ch = getchar())!= '\n';i++);
```

此例中表达式 2 的值由字符表达式构成，从键盘获取一个字符，只要它不是回车符就执行循环。需要注意的是，此表达式如果写成 ch = getchar()!= '\n'，由于!= 的优先级高于 =，因此输入函数获取的值先进行关系运算（!=）后得到逻辑值再存储到 ch 中，结果截然不同。

```
for(k = 0;10;i++);
for(k = 0;0;i++);
```

此例中表达式 2 的值由整数组成，没有实际使用价值，只是表达一个概念，表达式的值可以是数值类型，且只要是非 0 值就执行循环，并且是死循环；若为 0 值则不执行循环。

（3）表达式 2 可以省略，即不设置循环结束条件，形式上构造了死循环。

如：

```
sum = 0;
for(i = 1;;i++)
    sum = sum + i;
```

我们可通过在循环体中增加分支语句使循环能够正常退出。

（4）表达式 1 和表达式 3 都可以任意省略，但两个分号不可以省略。

这两种格式事实上使 for 循环转变成为 while 循环的执行机制，可以用 while 循环的构造方法来理解它。

当表达式 1 省略时，for 语句未给循环变量设置初值；当表达式 3 省略时，for 语句不能对循环变量进行修改。当然可以通过在循环之前给循环变量赋初值的方式设置循环变量初值，也可通过循环体中改变循环变量值的方法来改变出现死循环的状态。如：

```
for(;i <= 100;i++)
    sum = sum + i;
```

此例中省略了表达式 1。要确保程序能够正常运行，需在 for 语句之前给循环变量 i 赋初值。如：

```
i = 1;sum = 0;
for(;i <= 100;i++)
    sum = sum + i;
```

以下示例中省略了表达式 3，要确保程序能够正常运行，需在 for 语句之后的循环体中，增加能够修改循环变量 i 值的语句。如：

```
for(i = 1;i <= 100;)
{   sum = sum + i;
    i++;
}
```

（5）当三个表达式都省略时语法正确，无任何操作功能，只起到"占位"的作用。

如：

```
for(;;)
{…}
```

它的唯一作用是在编写程序过程中,表明此处留有一个循环结构的程序段,当前尚未完成编写任务。

(6) **for 循环与 while 循环可等价互换**。

```
for(表达式 1;表达式 2;表达式 3)
    {循环体语句;}
```

可以转换为:

```
表达式 1;
while(表达式 2)
{   循环体语句;
    表达式 3;
}
```

【例 4-17】 输入一个正整数 n,编程计算 $s=1-\dfrac{1}{3}+\dfrac{1}{5}-\dfrac{1}{7}+\dfrac{1}{9}-\dfrac{1}{11}+\cdots$(前 n 项)的值。

```c
#include<stdio.h>
int main()
{   int i,n,denominator,flag;
    float sum,item;
    flag=1;                              //符号标志初值为 1
    denominator=1;                       //分母初值为 1
    sum=0;
    printf("请输入多项式分母最大值 n\n");
    scanf("%d",&n);
    for(i=1;i<=n;i++)
    {   item=flag*1.0/denominator;       //计算加数项
        sum=sum+item;
        flag=-flag;                      //计算符号
        denominator=denominator+2;       //产生下一项分母值
    }
    printf("sum=%f\n",sum);
    return 0;
}
```

运行结果:

```
请输入多项式分母最大值 n
100
sum=0.782898
```

结果分析:

循环体中,由 item 记录累加项的值,flag 标志符号,前后项之间正负相间,因此通过 flag=-flag 产生符号的正负换算。denominator 存储分母值,前后项分母通过累加 2 得到。当循环 n 次后,结束程序。

在线视频

4.2.4 循环的嵌套

当一个循环的循环体中包含有另一个完整的循环结构时称为循环的嵌套。通俗地讲就是:**循环中有循环称为循环的嵌套**。根据循环嵌套层次的多少,可以分为一重循环、二重循环甚至多重循环。嵌套的循环结构中,在内部的循环体称为**内循环**,包含有内部循环体的循环结构称为**外循环**。有很多问题求解编程时需要循环嵌套方可实现。

循环嵌套程序中,以循环变量为标签,内外循环必须边界清晰,内循环必须完整地包含在外循环中,不允许出现内外层循环体交叉(你中有我,我中有你)的情况。任意结构的循环可以相互嵌套,语法形式如下。

(1) while(表达式 1)
  { while(表达式 2)
   { … }
  }

(2) while(表达式 1)
  { do
   { … }
   while(表达式 2);
  }

(3) while(表达式 1)
  { for(表达式 2;表达式 3;表达式 4)
    { … }
  }

(4) do
  { while(表达式 1)
    { … }
  }while(表达式 2);

(5) do
  { do
   { … }
   while(表达式 1);
  }while(表达式 2);

(6) do
  {for(表达式 1;表达式 2;表达式 3)
   { … }
  }while(表达式 4);

(7) for(表达式 1;表达式 2;表达式 3)
  { for(表达式 4;表达式 5;表达式 6)
   { … }
  }

(8) for(表达式 1;表达式 2;表达式 3)
  { do
   { … }
   while(表达式 4);
  }

(9) for(表达式 1;表达式 2;表达式 3)
  { while(表达式 4)
   { … }
  }

循环交叉的示例:

```
for(i=0;i<=n;j++)                    //i 循环中包含 j 循环的要求
{   s=1;
    for(j=0,j<m,i++)                 //j 循环中包含 i 循环的要求
        {循环体}
}
```

【**例 4-18**】 输出九九乘法口诀表。

```
#include <stdio.h>
int main()
{   int i,j;
    for(i=1;i<=9;i++)                //控制行,一共 9 行
    {   for(j=1;j<=i;j++)            //控制各行的列数
            printf("%d*%d=%d\t",j,i,i*j);   //输出项之间用制表位分隔
        printf("\n");                //当 j=i 时,一行输出完毕
    }
}
```

运行结果：

```
1*1=1
1*2=2   2*2=4
1*3=3   2*3=6   3*3=9
1*4=4   2*4=8   3*4=12  4*4=16
1*5=5   2*5=10  3*5=15  4*5=20  5*5=25
1*6=6   2*6=12  3*6=18  4*6=24  5*6=30  6*6=36
1*7=7   2*7=14  3*7=21  4*7=28  5*7=35  6*7=42  7*7=49
1*8=8   2*8=16  3*8=24  4*8=32  5*8=40  6*8=48  7*8=56  8*8=64
1*9=9   2*9=18  3*9=27  4*9=36  5*9=45  6*9=54  7*9=63  8*9=72  9*9=81
```

结果分析：

外循环控制行数，口诀表中从 1 到 9，共 9 行。内循环控制每行的列数，第 i 行从 1 到 i 共 i 列。每行输出相应的乘法表达式和乘积值，行内输出项以制表位作为间隔，以\t转义符控制，每行输出项输出完毕需要换行，以\n转义符控制。

4.2.5 改变循环结构固有执行状态的语句

在以上所介绍的三种循环结构中，循环执行过程都是根据预先设定好的条件进行的，每次循环都要完整地执行循环体的全部语句，这种按部就班式的操作不能满足实际问题的特殊需要，有时程序要求根据特殊情况做出非常操作，比如中途退出循环或中途返回重新开始执行循环等，为此 C 语言提供了以下相关语句。

1. break 语句

break 语句的一般语法格式为：

```
break;
```

功能说明：当用于循环时，break 语句**使程序退出循环转去执行循环体的后续语句**。通常 break 语句总是与 if 语句联合使用，以满足特殊情况下中断循环执行的需要。

【例 4-19】 从键盘输入一批学生成绩，以负数作为结束标志，输出平均分和不及格学生的人数。

```c
#include <stdio.h>
int main()
{   int num=0,n=0;
    float score,s=0.0;
    printf("请输入学生成绩,当输入负数时,结束程序\n");
    while(1)                            //构造的是无限循环
    {   scanf("%f",&score);
        if(score<0)
           break;                       //能够退出循环的条件
        if(score<60)
           num++;
        s=s+score;
        n++;
    }
    printf("平均分为:%.2f\n",s/n);
    printf("不及格人数为:%2d\n",num);
}
```

运行结果：

请输入学生成绩,当输入负数时,结束程序
56
89
90
-21
平均分为：78.33
不及格人数为： 1

结果分析：

通过阅读程序可知变量的规划为：score 用于存放学生成绩、num 统计不及格成绩数量、s 用于累加成绩、n 用于统计学生人数。由于输入成绩的学生人数是随机的,先通过 while(1)构造了一个无限循环的循环结构。前面讲过死循环是错误的语法现象,但这里的死循环是个表象,当输入负数时,if(score<0)取值为真,执行 break 语句可以使循环中止。

2. continue 语句

continue 语句的一般语法格式为：

continue;

功能说明：continue 语句的作用是**不执行 continue 之后的语句,使程序提前结束本轮循环,重新开始执行一次新的循环**。

假设程序设置了一个语句执行过程记录指针,continue 可使指针向前拨,而 break 则是使指针向后拨,如图 4-9 所示。

【例 4-20】 把 100～200 之间能被 5 整除的数输出,要求每行输出 5 个数据。

程序执行流程如图 4-10 所示。

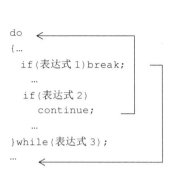

图 4-9 break 与 continue 的功能

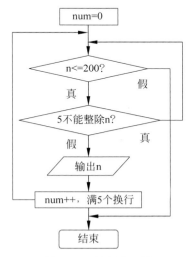

图 4-10 程序流程图

```
#include<stdio.h>
int main()
{   int n,num = 0;
```

```
        printf("100～200 之间能被 5 整除的数为：\n");
        for(n = 100;n <= 200;n++)
    {    if(n % 5!= 0)
            continue;           //若不能被 5 整除,重新开始循环
        printf(" % d\t",n);
        num++;
         if(num % 5 == 0)
            printf("\n");
    }
        printf("\n");
        return 0;
}
```

运行结果：

100～200 之间能被 5 整除的数为：				
100	105	110	115	120
125	130	135	140	145
150	155	160	165	170
175	180	185	190	195
…				

结果分析：

程序进入循环执行过程后，当 n 能被 5 整除时，输出 n 的值，并使数据计数器 num 自加，满足条件的数据个数达到 5 个时，执行 printf("\n")语句实现换行功能；当 n 不能被 5 整除时程序执行 continue 语句，返回去重新开始新一轮的循环，继续查找满足条件的数据，直到 n＞200 后程序结束。

3．goto 语句

goto 语句称为无条件转向语句。在计算机语言发展的早期，该语句使用较多，但随着程序设计理念的更新，人们越来越多地认识到该语句的缺点，它作为关键字在结构化程序语法中仍然保留着，但业界对使用该语句持有反对态度，基本上处于"名存实亡"的状况。该语句可以无限制地改变程序的流程，比如不经过条件判定就进入分支结构的语句体中，打破程序基本的运行规则，很容易引起程序流程的混乱。

基于上述原因，我们对该语句只做认识性学习。

无条件转向语句的语法涉及两个基本要素，一个是 goto 关键字，另一个为语句标号，其格式如下：

```
goto 语句标号;                          语句标号: 语句;
…                        或             …
语句标号: 语句;                         goto 语句标号;
```

goto 语句的控制功能：**无条件使程序跳转到语句标号所标志的语句执行程序**。语句标号代表 goto 语句转向的目标位置，可出现在 goto 语句的前面或后面，控制程序返回到前面或跳转到后面执行程序。

需要注意的是，goto 语句与语句标号必须处于同一个函数体中，否则会出现错误。另

外,它可独立使用,也可与 if 语句联合使用,其一般形式为:
```
if(表达式) goto 语句标号;
          …
语句标号:…
```
从以下程序片段可以看出 goto 语句的使用方法:
```
if(score>100||score<0)
    goto end;
…
end:printf("分支后续语句入口!\n");
```

4.2.6　三种循环结构的比较

在线视频

(1) 一般情况下,对于同一个问题,三种循环结构均可等效使用。

(2) 按循环执行机制区分,do…while 循环属于直到型循环,至少要执行一次循环体;而 while 循环和 for 循环属于当型循环,如果条件不成立则直接退出循环,不执行循环体。

(3) for 循环更适合处理循环次数已知的问题,而另外两种循环则适合处理循环次数不能预先确定的问题。

(4) 三种循环结构都可以使用 break 和 continue 语句改变循环执行的固有规律。在循环嵌套的情况下,break 语句和 continue 语句只在包含它们的本层循环起作用,不会跨越到外层循环。

(5) 三种循环都有对循环变量赋初值、修改循环变量的值和判断循环条件三个要素,不同的是,使用 while 和 do…while 循环结构时,循环变量赋初值语句须出现在 while 和 do…while 之前,修正循环变量的语句出现在循环体中,循环条件出现在 while 语句中,而 for 循环一般是使这三者均出现在 for 语句中。

4.3　控制结构程序实训案例

在线视频

内容概述

本节主要任务是通过综合性实训案例,掌握具有控制功能的程序设计的基本方法,并强化对控制语句基本语法的理解和应用,培养用程序设计的方法解决实际问题的能力。本节学习重点为:
- 分支结构程序设计方法。
- 循环结构程序设计方法。

【案例 4-1】　计算个人所得税。

【案例描述与分析】

如表 4-1 所示,中国个人所得税按照一定的税率和速算扣除数计算,2023 年个人所得税额=(月度收入－5000)×税率－速算扣除数。请编写一个程序,输入个人税前收入,计算出个人所得税。

表 4-1 中国个人所得税税率和速算扣除数

月度收入范围	税率	速算扣除数
0～5000(含)	0%	0
5000～8000(含)	3%	0
8000～17000(含)	10%	210
17000～30000(含)	20%	1410
30000～40000(含)	25%	2660
40000～60000(含)	30%	4410
60000～85000(含)	35%	7160
＞85000	45%	15160

个人所得税的计算涉及多个税率和速算扣除数,需要根据税前收入来确定具体的税率和速算扣除数。根据税率表计算个人所得税需要分多个档位来计算,分别计算每个档位的应纳税额,然后将各个档位的应纳税额相加即可得到个人所得税。

【案例实现】

```c
#include <stdio.h>
int main()
{
    double income, taxable_income, tax;
    printf("请输入您的收入: ");
    scanf("%lf", &income);
    taxable_income = income - 5000;              //免税额
    if (taxable_income <= 0)
        tax = 0;
    else if (taxable_income <= 3000)
        tax = taxable_income * 0.03 - 0;
    else if (taxable_income <= 12000)
        tax = taxable_income * 0.1 - 210;
    else if (taxable_income <= 25000)
        tax = taxable_income * 0.2 - 1410;
    else if (taxable_income <= 35000)
        tax = taxable_income * 0.25 - 2660;
    else if (taxable_income <= 55000)
        tax = taxable_income * 0.3 - 4410;
    else if (taxable_income <= 80000)
        tax = taxable_income * 0.35 - 7160;
    else
        tax = taxable_income * 0.45 - 15160;
    printf("您应该缴纳的个人所得税为: %.2f 元\n", tax);
    return 0;
}
```

运行结果:

```
请输入您的收入: 6000
您应该缴纳的个人所得税为: 30.00 元
请输入您的收入: 80000
您应该缴纳的个人所得税为: 19090.00 元
```

【案例 4-2】 计算年利率。

【案例描述与分析】

某人在银行存款10000元,年利率为5%,请计算存款五年后的本息和。

本案例需要用到一个循环,每年计算一次本息和,并将其加到原来的本金上。可以用for循环来实现,循环五次,每次计算该年后本息和。

【案例实现】

```
#include <stdio.h>
int main()
{
    double money = 10000;                  // 存款本金
    double rate = 0.05;                    // 年利率
    int i;
    double interest;
    for (i = 1; i <= 5; i++)
    {
        interest = money * rate;           // 当年利息
        money += interest;                 // 当年本息和
    }
    printf("10000 存款五年后的本息和为%.2f 元\n", money);
    return 0;
}
```

运行结果:

10000 存款五年后的本息和为12762.82 元

【案例4-3】 编程输出以下图形。

```
        *
       * *
      * * *
     * * * *
    * * * * *
```

【案例描述与分析】

编程实现以"*"字符组成的正三角形图案。案例分析:该图形是由字符"*"组成的等腰三角形,自上而下每行的 * 比上一行多两个,每行 * 的起始位置比上一行靠左一个位置。可用双重循环实现图案的输出:外循环控制行数,内循环控制每一行的输出,其中又可用两个并列的循环分别实现空格的输出与 * 的输出,第一行输出1个 *、第二行输出3个 *、第i行输出 2*i-1个 *。

【案例实现】

```
#include <stdio.h>
#define N 5
#define S 20          //S为图案右移位置控制值
int main()
{   int i,j,k;
    for(i=1;i<=N;i++)
    {   for(k=1;k<S-i;k++)
            printf(" ");
        for(j=1;j<=2*i-1;j++)
            printf(" * ");
```

```
            printf("\n");
        }
        return 0;
}
```

运行结果：

```
               *
              * *
             * * *
            * * * *
           * * * * *
          * * * * * *
         * * * * * * *
        * * * * * * * *
```

4.4 控制结构程序实践项目

内容概述

在第 3 章中，我们对"一卡通系统"的主菜单进行了设计。本节将把控制结构程序设计功能应用于主菜单的控制中，完善主菜单的功能：通过循环结构实现菜单的重复选择执行，通过分支结构实现用户对系统功能的随意选择。本节学习重点为：

- 根据系统一级菜单项功能提示，选择执行相应的菜单项，精确选定相应功能模块。
- 实现菜单的循环选择。

【项目描述与分析】

本次项目在第 3 章实现菜单界面的基础上，实现菜单的选择使用，用户从键盘输入菜单序号，输出菜单号相应的菜单确认提示信息，用以表示选中了该菜单项，此项功能由多分支结构实现。为了增强程序的健壮性，一般系统开发过程中，对输入信息需要进行有效性校验。如本项目的菜单项序号为 1~7，假如用户输入 1~7 之外的数据时，要求程序能够给出输入选项号错误的提示信息，并能够提供重新输入选项的机会。

要理解循环控制语句 while(1)，看似永远为真的循环——称为死循环，理论上是不可以出现的，但通过 if(choose == '7') 分支语句判断条件，如果输入选项为 7 时，执行 break 语句强行退出循环，这样既保证了菜单显示不断重复，又能在选择退出选项 7 时正常退出。采用 switch 语句实现多分支选择，default 用于处理除 1~7 选项之外的其他错误选项所完成的功能。system("cls") 是调用了清屏功能，使每次输出的菜单总是在清屏后进行的，其头文件为 stdlib.h。

【项目实现】

```
#include <stdio.h>
#include <stdlib.h>
int main()
{   char choose;
    while(1)
    {   system("cls");
        printf("\n\t|| ============================ ||");
        printf("\n\t||              欢迎使用           ||");
        printf("\n\t||              一卡通系统          ||");
        printf("\n\t|| ============================ ||");
```

```
            printf("\n\t||              功能菜单选项            ||");
            printf("\n\t|| ---------------------------- ||");
            printf("\n\t||             1. 新卡注册              ||");
            printf("\n\t||             2. 用户注销              ||");
            printf("\n\t||             3. 数据修改              ||");
            printf("\n\t||             4. 消费记录              ||");
            printf("\n\t||             5. 充值管理              ||");
            printf("\n\t||             6. 信息查询              ||");
            printf("\n\t||             7. 退出系统              ||");
            printf("\n\t|| ---------------------------- ||");
            printf("\n\t 请输入选项: ");
            scanf(" %c",&choose);
            switch (choose)
            {   case '1':printf("\t 您选择了功能 1\n");
                        getchar();       //"吃掉"了输入选择之后打下的回车键值
                        break;
                case '2':printf("\t 您选择了功能 2\n");
                        getchar();
                        break;
                case '3':printf("\t 您选择了功能 3\n");
                        getchar();
                        break;
                case '4':printf("\t 您选择了功能 4\n");
                        getchar();
                        break;
                case '5':printf("\t 您选择了功能 5\n");
                        getchar();
                        break;
                case '6':printf("\t 您选择了功能 6\n");
                        getchar();
                        break;
                case '7':printf("\n\t 您选择了功能 7(退出系统)\n");
                        getchar();
                        break;
                default: printf("\t 输入错误,请重新输入。\n");
            }
            if (choose == '7')
                break;                                          //退出循环
        }
    }
```

运行结果:

```
||============================||
||            欢迎使用            ||
||           一卡通系统           ||
||============================||
||            功能菜单选项            ||
|| ---------------------------- ||
||             1. 新卡注册              ||
||             2. 用户注销              ||
||             3. 数据修改              ||
||             4. 消费记录              ||
||             5. 充值管理              ||
||             6. 信息查询              ||
||             7. 退出系统              ||
|| ---------------------------- ||
 请输入选项: 7
 您选择了功能 7(退出系统)
```

习题与实训 4

一、概念题

1. if 语句中的条件表达式可以是任意的合法表达式吗?
2. switch 语句中 break 的作用是什么?
3. 三种循环结构中的条件是循环进行的条件还是循环结束的条件?
4. 循环结构中 break 语句和 continue 语句的作用是什么? 二者有何区别?
5. while 和 do-while 两种循环结构的相同点和不同点是什么?

二、选择题

1. 有语句:k = x < y?(y < z?1:0),以下选项中,与此语句功能相同的是(   )。
   A. if(x < y && y < z) k = 1; else k = 0;
   B. if(x < y) k = 0; else if(y < z) k = 1;
   C. if(x < y) if(y < z) k = 1; else k = 0;
   D. if(x < y || y < z) k = 1; else k = 0;
2. 以下叙述中正确的是(   )。
   A. 在 C 语言中,逻辑真值和假值分别对应 1 和 0
   B. 对于浮点型变量 x 和 y,表达式 x == y 是非法的,会出编译错误
   C. 关系运算符两边的运算对象可以是 C 语言中任意合法的表达式
   D. 分支结构是根据算术表达式的结果来判断流程走向的
3. 当循环 for(i = 1;i < 10;i ++) 执行完毕,i 变量的值为(   )。
   A. 10　　　　　　B. 11　　　　　　C. 9　　　　　　D. 小于 10 的数
4. 下面程序段中,循环体的执行次数是(   )。

   ```
   int a = 10, b = 0;
   do {b += 2; a -= 2 + b;} while(a >= 0);
   ```
   A. 4　　　　　　B. 5　　　　　　C. 3　　　　　　D. 2
5. 若输入字符串:abcde<回车>,则以下 while 循环体将执行多少次?(   )

   ```
   while((ch = getchar()) == 'e') printf(" * ");
   ```
   A. 5　　　　　　B. 4　　　　　　C. 6　　　　　　D. 0
6. 有以下程序段:

   ```
   int k = 0;
   while (k = 1) k++;
   ```
   while 循环执行的次数是(   )。
   A. 无限次　　　　　　　　　　　　B. 有语法错误,不执行
   C. 一次也不执行　　　　　　　　　D. 执行一次
7. 若 i,j 已定义成 int 型,则以下程序段中内循环体的总执行次数是(   )。

   ```
   for(i = 3; i; i--)
     for(j = 0; j < 2; j++)
       for(k = 0; k <= 2; k++)
   ```

{...}
  A. 18　　　　　　B. 27　　　　　　C. 36　　　　　　D. 30

8. 以下描述中正确的是(　　)。
   A. 由于 do-while 循环中循环体语句只能是一条可执行语句,所以循环体内不能使用复合语句
   B. do-while 循环由 do 开始,由 while 结束,在 while(表达式)后面不能写分号
   C. 在 do-while 循环体中,是先执行一次循环,再进行判断
   D. do-while 循环中,根据情况可以省略 while

9. 当变量 c 的值不为 2、4、6 时,值一定为真的表达式是(　　)。
   A. (c!=2)||(c!=4)||(c!=6)
   B. (c>=2&&c<=6)||(c!=3)||(c!=5)
   C. (c>=2&&c<=6)&&!(c％2)
   D. (c>=2&& c<=6)&&(c％2!=1)

三、填空题

1. 条件运算符是_____结合性。
2. int a=1,b=2,c=3,d=4,m=1,n=1;执行(m=a>b)&&(n=c>d);语句后,m 的值是_____,n 的值是_____。
3. do-while 构成的循环,当 while 中的表达式值为_____结束循环。
4. 当 a=3,b=2,c=1 时,表达式 f=a>b>c 的值为_____。
5. 当 a=6,b=4,c=2 时,表达式!(a−b)+c−1&&b+c/2 的值为_____。
6. 设 x,y,z 均为 int 型变量,请写出描述"x 或 y 中有一个小于 z"的表达式_____。
7. 复合语句由一对_____括起来的若干条语句组成。
8. 设 y 是 int 型变量,请写出判断 y 为奇数的关系表达式_____。

四、判断题

1. switch-case 结构中 case 后的表达式必须为常量表达式。　　　　　　　　(　　)
2. do-while 语句循环体至少执行一次,while 和 for 循环体可能一次也不执行。
　　　　　　　　　　　　　　　　　　　　　　　　　　　　　　　　　(　　)
3. C 语言中,do-while 语句构成的循环只能用 break 语句退出。　　　　　　(　　)
4. C 语言的三种循环结构不可以互相嵌套。　　　　　　　　　　　　　　(　　)
5. 在 if 分支语句中,else 前一个语句可不加";"。　　　　　　　　　　　　(　　)
6. 在 if-else 语句中,配对规则是 else 总是与最近的未配对的 if 配对。　　　(　　)
7. 在标准 C 中,所有的 if-else 语句都可以用条件表达式替换。　　　　　　(　　)
8. 在标准 C 中,for 语句后的三个表达式必须都出现。　　　　　　　　　　(　　)
9. 在标准 C 中,for 语句后的三个表达式是按其先后次序执行的。　　　　　(　　)
10. 在标准 C 中,for 语句后的三个表达式可以是任意类型的表达式。　　　　(　　)

五、程序补充题

1. 韩信点兵。韩信有一队兵,让士兵排队报数:
(1) 按从 1 至 5 报数,最末一个士兵报的数为 1;
(2) 按从 1 至 6 报数,最末一个士兵报的数为 5;
(3) 按从 1 至 7 报数,最末一个士兵报的数为 4;
(4) 最后再按从 1 至 11 报数,最末一个士兵报的数为 10。
下面程序段实现功能是:计算韩信至少有多少兵,请补全代码。

```
#include<stdio.h>
int main()
{
    int i;
    for(i=1;;_____)
    {
        if(i%5==1&&i%6==5&&_____)
        {
            printf("%d",i);
            break;
        }
    }
    return 0;
}
```

2. 求公元多少年总人口翻了一番。1982 年我国第三次人口普查,结果显示全国人口为 10.3 亿人,假如人口增长率为 5%。下面程序求在公元多少年总人口翻了一番,请填空。

```
#include<stdio.h>
int main(){
{   double p1 = 10.3, p2, r = 0.05;
    int n = 1;
    p2 = p1 * (1 + r);
    while (p2 <= _____)
    {
        n++;
        p2 = p2 * _____;
    }
    n = 1982 + n;
    printf("%d年人口总数翻了一番,即为%g亿人\n", n, p2);
    return 0;
}
```

六、应用题

1. 判断大小月。输入一个表示月份的整数,判断它是大月还是小月。如果是大月,输出 solar month;如果是小月,输出 lunar month;如果输入数据不合法,则输出 error。
假设:2 月、4 月、6 月、9 月、11 月为小月,其他月份为大月。

2. 判断正负数。请输入一个整数,判断它是正数、负数或零。如果是正数,输出 positive;如果是负数,输出 negative;如果是零,输出 zero。

3. 判断回文数。输入一个五位整数,判断它是否是回文数。如果是,输出 yes;如果不是,输出 no。

注:回文数的个位与万位相同,十位与千位相同。

4. 铁路托运费。小郭国庆想回老家看望爷爷奶奶,她得知铁路可以托运行李,并且从这里到老家每张客票托运费计算方法如下。输入一个表示行李重量的数(单精度浮点型),然后计算小郭需要花多少钱来托运行李。

(1) 行李重量不超过 10 千克时,每千克 1.3 元。

(2) 超过 10 千克不超过 50 千克时,其超过 10 千克部分每千克 1.8 元。

(3) 超过 50 千克不超过 200 千克时,超过 50 千克部分每千克 2.4 元。

(4) 超过 200 千克时,超过部分每千克 4.5 元。

注:如果输入的数是负数,则输出 error,输出时,结果保留两位小数。

5. 鸡兔同笼问题求解。鸡兔同笼,共有 98 个头,386 只脚,计算鸡、兔各多少只。

6. 一个星期有 7 天,可以使用数字 1 对应星期一,数字 2 对应星期二,…星期一到星期日的英文表示分别为:Monday、Tuesday、Wednesday、Thursday、Friday、Saturday、Sunday。

要求:请输入一个数字,用 switch 语句判断它对应的是星期几,如果输入的数字不在 1~7 范围内,则输出 Error。

7. 从键盘输入一个数字使用条件运算符判断它是奇数还是偶数。

8. 输入一个整数 number(1≤number≤32),计算:1!+2!+3!+…+number!,并输出结果。(注:n!=1×2×3×…×(n−1)×n,n! 表示 n 的阶乘。)

第 5 章

数 组

CHAPTER 5

内容导引

前面介绍了C语言中常用的基本数据类型——整型、实型和字符型,对于简单问题,使用这些基本数据类型所定义的变量是可以实现程序功能的,但是当处理的数据量很大或者构成较复杂时,使用基本数据类型变量就行不通了,它难以反映出所表示事物的复杂结构特点,也难以进行有效的数据处理。例如要计算某学校全年级学生某门课程的成绩,学生人数会很多,如果采用基本数据类型变量来处理,那就意味着需要定义很多个变量,既烦琐又不能反映出数据之间的内在联系。

为了处理和存储大量的复杂数据,需要学习派生数据类型。派生数据类型又称导出类型或构造类型,是由基本数据类型按照一定的规则组合或转变而来的数据类型。C语言中的派生数据类型有数组类型、结构体类型、共用体类型等。

数组是最基本的构造类型,在处理同类型的大批量数据时具有强大的功能。数组的实质是具有相同名称(称为数组名)不同序号(称为下标)的一批变量的集合,集合中的每个成员都相当于一个变量。因其下标可以是变量,因此具有书写简便,操作灵活等特点,应用非常广泛。本章将学习数组数据类型的使用,其他的派生数据类型将在后续课程中学习。

学习目标

- 理解数组的概念。
- 掌握数组的定义及引用。
- 理解一维数组与二维数组的关系。
- 能够使用数组进行程序设计。
- 掌握字符串处理函数的功能及应用。

5.1 一维数组及使用

内容概述

通过前面编写程序的过程我们可以感受到,计算机程序对数据的处理包括存储、操作都是通过变量来实现的。因为变量是用来操作数据的,因此有什么类型的数据,就有什么类型的变量。我们之前所学到的变量可称之为简单变量,一个变量只能够操作一个数据。对于需要处理大量数据的问题,比如一个班级全部考试成绩数据的处理,甚至全校学生成绩数据的处理,毫无关联的简单变量如 a、b、c、d 等是无法满足要求的。为此 C 语言提供了一种新的数据类型——数组。**数组是用来处理相同类型的批量数据的一种数据类型**,在 C 语言中将这种数据类型归纳为派生数据类型,它是基本数据类型的一种扩充和延伸。本节学习重点为:

- 数组的概念及分类。
- 一维数组的定义、初始化及引用。
- 利用一维数组编写程序的方法。

5.1.1 一维数组的概念及定义

在线视频

数组的使用源自大量数据处理中变量的命名及引用策略。对于一批同类型的数据处理,比如一个班级所有学生一门课程或者一名学生所有课程的成绩数据,用以前讲过的变量存储和操作就很不方便了,此时变量命名面临着以下挑战。

如果用 a,b,c,…,z 等变量表示这些学生的成绩数据,那么第 27 个以后的学生成绩用哪个变量表示?如果需要输出第 17 个学生的成绩,它存放在哪个变量里呢?在数据量多的应用场景下使用这样的变量,在其命名和数据的提取这两个方面都会遇到困难。

换个思路,如果采用字符开头后缀数字序号的方式给变量命名,这样数字序号对应学生的序号,如采用 a1,a2,a3,…依次表示学号为 1,2,3…的学生的成绩,这样的变量命名规则可以使变量与实体对象之间建立对应的次序关系,可解决多于 26 个数据后变量的命名问题,显然可用 a27 表示第 27 个学生的成绩数据。当需要操作第 30 个学生的成绩时,显而易见 a30 中存放的就是该学生的成绩。但如果需要对学生成绩求和或求平均分,则成绩相加的表达式 s=a1+a2+a3+…+an 就比较烦琐了,假如只有 10 个、20 个尚能勉强对付,如果有千人、万人呢?显然这样的表达式书写就不可行了。

借用字符开头后缀数字序号这个能够反映变量之间内在次序关系的变量命名规则的思想,为了与之前使用的变量在形式上有所区分,把序号用方括号[ ]括起来,这样就构成了一种新的变量的表示方法——数组,其形式为:数组名[序号]。当序号是变量形式时,通过改变这个变量的值可以操作数组中不同的元素,如 s[1],s[2],s[3],…,s[i]等,通常使用循环来操作数组中的成员变量,如下例中的 a[i]。

```
for(i=1;i<=n;i++)
    s=s+a[i];
```

从这个程序段中可以看出,当使用数组时,n 个数据的求和由 s=s+a[i]取代了多个变量相加的表达式 s=a1+a2+a3+…+an,无论 n 的值如何增大,由数组构成的累加器都是一样的简洁可行。

我们把这种用于**存储相同类型批量数据的变量的集合称为数组**。其含义可进一步表述为数组是变量的集合，这些变量拥有一个共同的名字为**数组名**，这些变量是按下标有序排列的，是用来存储同类型大批量数据的。数组中的每个成员称为**数组元素**，习惯上也称为**下标变量**；相应地把之前一个个单独使用的变量称为**简单变量**。数组元素以不同的下标来标志。在C语言中，数组中的元素在内存中是以连续的存储单元按顺序依次存放的，第一个数组元素对应低位地址，最后一个数组元素对应高位地址。

只有一个下标的数组称为一维数组，用于表示一行或一列数据；显然，**具有两个下标的数组称为二维数组**，其中一个表示行，另一个表示列，可用于表示一张二维表格中的数据。理论上还可以有多维数组，本节学习一维数组的使用。

如前所述，数组是变量的集合，也就是说数组具有变量的所有属性。变量必须先定义后使用，同样数组也必须定义后方可使用。

一维数组定义的语法格式如下：

数据类型 数组名[常量表达式];

示例：int m[10];

数组定义语法说明如下。

(1) 数据类型：C语言中可用的任意数据类型，既可以是基本数据类型，也可以是构造数据类型。示例中的数组类型为int。

(2) 数组名：合法的标识符，其命名规则与变量完全相同，示例中的数组名为m。

(3) 常量表达式：**其值必须是整型常量**，不可以使用变量，表示数组中包含元素的个数，也称数组长度。示例中为10。

示例中，定义了一个名称为m的数组，其中的每个元素可用于存放整型数据，共有10个数组元素，可使用的数组元素(也称下标变量)为：m[0]、m[1]、m[2]、m[3]、m[4]、m[5]、m[6]、m[7]、m[8]、m[9]。

(4) 一个定义语句中可以同时定义多个数组，也可以与简单变量混合定义。如：

float m,n,x[20],x[30],y[50];

数组定义有以下几点需要注意。

(1) 定义数组语句中的下标值表示数组中的元素个数，可用下标总是从0开始。

设数组定义语句中的下标值为n，则共定义了n个数组元素，可用下标为0～n-1。

假设每个int类型数据占用4B，10个元素共需要占用4B*10=40B存储空间，并且这些存储空间必须连续，其存储方式如表5-1所示。

表5-1 一维数组存储空间表示

a[0]	a[1]	a[2]	a[3]	a[4]	a[5]	a[6]	a[7]	a[8]	a[9]

本质上，数组定义与变量定义意义相同，都是按照数据类型对内存的使用要求为数组元素申请相应的存储空间，不同的是数组定义中一个定义语句可以申请数量较多的元素个数，因此消耗的存储空间较大，使用时本着够用为准的原则，避免因此造成的内存浪费。

(2) 在一个函数中不允许出现数组名与变量名相同的情况。

例如：

```
int a,a[10];
```

是错误的。

(3) 常量表达式可以是一般常量或符号常量，但不可以为变量。

例如：

```
#define  N  20
int a[N];
```

是正确的。

而试图用以下方法定义数组

```
int x;
int a[x];
```

是错误的。

5.1.2　一维数组的引用

所谓数组的引用就是在程序中使用数组元素。与简单变量相比，本质上一个数组就是同名的一批变量，一个数组元素就是一个变量，**凡是能使用变量的地方都可以使用数组元素**。在书写形式上，数组元素与简单变量有所不同，需要在名称标识符后增加一个方括号。要注意区别 a1 与 a[1]的不同含义：a1 是简单变量，而 a[1]是数组元素。引用一维数组元素的一般形式如下：

数组名[下标]

例如：

```
t = a[2];
if(a[i++]> 0)
    printf("%d",a[i]);
```

都是合法的数组元素引用。

以下三种情况为常见的数组引用形式。

(1) 赋值引用——数组元素出现在赋值语句的左右。

以下都是使用赋值运算符对数组元素形成的引用示例：

```
a[0] = t;                //为数组元素赋值
t = a[0];                //引用数组元素的值
a[2] = a[2] + b[2];      //数组元素运算赋值
```

(2) 关系表达式引用——数组元素出现在关系表达式中。

以下是数组元素用于表达式中的引用示例。

```
if(a[i]> 0)              //数组元素用于构成分支条件表达式
while(a[i]> = a[j])      //数组元素用于构造循环条件表达式
```

(3) 输入输出引用——数组元素是输入输出的对象。

以下是数组元素作为输入输出项的引用示例。

```
printf("%d",a[i]);
```

```
scanf("%d %d",&a[i],&b[i]);
```

【例 5-1】 依次存储 10 个整数 1~10,然后按逆序输出这些值。

程序如下:

```
#include<stdio.h>
int main()
{   int i,a[10];                //定义数组
    for(i=0;i<10;i++)
        a[i]=i+1;               //赋值引用
    for(i=9;i>=0;i--)
        printf("%4d",a[i]);     //输出引用
    printf("\n");
    return 0;
}
```

运行结果:

```
10 9 8 7 6 5 4 3 2 1
```

结果分析:

按题目要求,需要存储 10 个整数,采用数组最为方便。

先定义一个整型数组 a,包含 10 个元素。

需要存放的数据初始值为 1,并按递增 1 的规律递变,因此这些数据可通过调整循环变量的值产生并存储在数组中,采用的表达式为:a[i]=i+1。

数据存储在数组中后要实现逆序输出,只需要改变数据的读出次序,即先读取最后一个元素中的数据,最后读取首元素中的数据。

【例 5-2】 编写一个歌手选拔赛评分程序。要求 5 位评委现场输入评分值,其中去掉最高分和最低分后的平均分作为最终成绩。需要程序输出最高分、最低分和最终得分。

```
#include<stdio.h>
int main()
{
    int i,max,min,a[6];
    float sum=0.0,ave;
    printf("请输入选手得分,数据之间以空格分隔:\n");
    for(i=1;i<=5;i++)
        scanf("%d",&a[i]);              //输入得分数据
    max=min=a[1];                       //假设第一个分值是最高分和最低分的起始值
    for(i=2;i<=5;i++)                   //从第二个数据开始依次挑选最高分和最低分
    {   if(a[i]>max)                    //后续评分大于 max 的值,更新 max
            max=a[i];
        if(a[i]<min)                    //后续评分小于 min 的值,更新 min
            min=a[i];
    }
    for(i=1;i<=5;i++)                   //对所有评分求和
        sum=sum+a[i];
    ave=(sum-max-min)/3.0;              //最后得分 ave=(总分-最高分-最低分)/3.0
    printf("本参赛选手的得分为:\n");
    for(i=1;i<=5;i++)                   //输出所有得分,读取数组元素中的数据
        printf("%d ",a[i]);
    printf("\n去掉最高分:%3d 去掉最低分:%3d\n",max,min);
```

```
        printf("选手最后得分为：%.2f\n",ave);
        return 0;
}
```

运行结果：

请输入选手得分,数据之间以空格分隔：
89 78 90 99 100
本参赛选手的得分为：
89 78 90 99 100
去掉最高分：100 去掉最低分：78
选手最后得分为：92.67

结果分析：

本程序用到了数组的定义、数组元素的输入、计算、输出等常规引用方法。程序核心工作大概分为以下四个阶段。

第一阶段为数据的输入,由第一个 for 循环控制 scanf 函数完成。

第二阶段为查找最值,由第二个循环控制两个分支语句分别实现找最大值和最小值,这个循环的循环体是两个分支语句,因此必须用复合语句标志{}把两个分支捆起来。循环结束后,从数组元素中把最大值存于 max 中,把最小值存于 min 中。

第三阶段为计算得分,由第三个循环控制实现,先读取数组中各元素的值进行求和存储于 sum 中,然后减去第二阶段获得的最高分 max 和最低分 min 并求平均值。

第四阶段为输出结果,由第四个循环控制输出 a 数组的全部元素的值,并分别输出计算得到的 max、min 和 ave 的值,也就是最高分、最低分和最后得分。

在使用数组进行数据操作时,大多涉及多个数据,因此有数组的编程大多会采用循环结构控制数组元素的输入、处理和输出操作。

5.1.3 一维数组的初始化

在线视频

与变量相同,**未经初始化或赋值的数组元素的值是不确定的**。如果希望数组在运算时有确定的值,比如用于累加时设置初值为 0,或用于乘积运算时初值为 1 等,需要给数组元素赋初值,称为**数组的初始化**。数组赋初值的基本方法是把元素的初值依次写在一对花括号内,数据之间用逗号分隔。数组初始化的一般语法格式如下：

　　数据类型　数组名[常量表达式] = {初值列表};

例如：int a[6]={1,2,3,4,5,6};

【例 5-3】 定义两个数组,一个不进行初始化,一个进行初始化,分别输出两个数组中各元素的值,查看结果有何不同。

```
#include<stdio.h>
int main()
{
    int i,a[10];              //定义了整型数组 a 未赋值
    int b[10]={0};            //定义了整型数组 b 并赋初值 0
    printf("a 数组元素的值为：\n");
    for(i=0;i<5;i++)          //输出 a 数组元素的值
        printf("%d ",a[i]);
```

```
        printf("\n");
        printf("b 数组元素的值为: \n");
        for(i = 0;i < 5;i++)          //输出 b 数组元素的值
            printf(" % d ",b[i]);
        printf("\n");
        return 0;
}
```

运行结果:

```
a 数组元素的值为:
 - 858993460    - 858993460    - 858993460    - 858993460    - 858993460
b 数组元素的值为:
 0 0 0 0 0
```

结果分析:

a 数组定义时未经赋值,从数组中读取的值是相应内存单元中原先存放的数据,是无实际意义的随机数据;b 数组定义时赋了初值,因此输出的数据是有意义的预赋值 0。

数组初始化说明如下。

(1) 当初值的个数与数组长度相同时,可以省略数组长度;若定义数组时没有指定初值,则数组长度不能省略。

示例

int a[] = {1,2,3,4,5,6};

是正确的,系统自动根据初值个数定义了等长的数组元素个数。

int a[];

是错误的,系统不能确定数组元素的个数。

(2) 初值数量可以少于数组长度。

当指定的初值个数少于元素个数时,从首元素开始,把初值依次赋给数组元素,不足部分补 0。例如:

int a[5] = {1,2};

数组元素 a[0]、a[1]依次赋值 1、2,而其余的三个元素 a[2]、a[3]、a[4]自动赋值为 0。为此可采用以下方式将一个数组中全部元素赋初值为 0。以下两个语句等价:

int a[5] = {0};   //其实是默认不足的元素补 0
int a[5] = {0,0,0,0,0};

(3) 初值数量不可多于数组长度。

当初值数量多于数组元素时,将会产生编译错误。如:

int a[5] = {1,2,3,4,5,6};

程序编译时产生错误报告:"error C2078:初始值设定项太多"。

(4) 除 0 以外,不可对数组整体赋值。

例如要给 5 个数组元素全部赋初值 1,须按以下格式书写:

int a[5] = {1,1,1,1,1};

而不能写成:

```
int a[5] = {1};
```
此语句实质是 int a[5]＝{1,0,0,0,0}；

（5）初值只能为常量，不能是变量，即使是已赋值的变量也不行。例如
```
int n = 10, a[2] = {n};
```
是错误的。

（6）数组的初始化必须在定义数组的同时进行。以下两种方法有所不同。

方法一
```
int a[5];
a[5] = {1,2,3,4,5};
```
是错误的。

方法二
```
int a[5] = {1,2,3,4,5};
```
是正确的。

5.1.4 一维数组程序设计示例

【例 5-4】 初始化一个包含有 10 个整数的数组，把这个数组中的数据逆序存储，分别输出逆序前后的数据。

```
#include <stdio.h>
int main()
{
    int t,i,a[10] = {1,2,3,4,5,6,7,8,9,10};
    printf("原数据为: \n");
    for(i = 0;i < 10;i++)
        printf(" %d ",a[i]);
    printf("\n");
    for(i = 0;i < 10/2;i++)  //数据交换次数为数据总数的一半
    {   t = a[i];
        a[i] = a[9 - i];
        a[9 - i] = t;
    }
    printf("逆序后的数据为: \n");
    for(i = 0;i < 10;i++)
        printf(" %d ",a[i]);
    printf("\n");
    return 0;
}
```

运行结果：

```
原数据为:
1 2 3 4 5 6 7 8 9 10
逆序后的数据为:
10 9 8 7 6 5 4 3 2 1
```

结果分析：

程序中先定义了整型数组 a，包含 10 个元素并赋初值。第一个循环的功能是输出数组

的原始值。第二个循环是本程序的难点,是程序的核心算法所在。for循环从i=0开始到i=4结束,共执行5次循环,每次都将原始数据中前半部分依次与后半部分进行交换,即a[0]与a[9]交换、a[1]与a[8]交换,以此类推。第三个循环完成逆序后的数组数据输出。

此例中,如果把10改为N,即可变成对任意多个数据进行逆序存储的程序。

另外,无论N为奇数或偶数算法无差别,只是在奇数的情况下最后一个要交换的数为正中间的数据,自己完成一次交换操作,结果正确。

【例5-5】 设以数组下标表示学生的学号,从键盘输入10名学生某门课的成绩,查找最高分和最低分及对应的学生学号并输出。

实现代码如下:

```c
#include <stdio.h>
int main()
{   int m1,m2,i;
    float max,min,score[11];
    printf("请输入10名学生成绩:\n");
    for(i=1;i<=10;i++)
        scanf("%f",&score[i]);
    max = min = score[1];
    m1 = m2 = 1;
    for(i=2;i<=10;i++)
    {   if(max < score[i])
        {   max = score[i];
            m1 = i;
        }
        if(min > score[i])
        {   min = score[i];
            m2 = i;
        }
    }
    printf("最高分为:%.2f \t学号为:%d\n",max,m1);
    printf("最低分为:%.2f \t学号为:%d\n",min,m2);
    return 0;
}
```

运行结果:

```
请输入10名学生成绩:
68 78 88 98 86 65 79 89 99 100
最高分是:100.00    学号为:10
最低分是:65.00     学号为:6
```

结果分析:

本程序先定义了数组score,包含11个元素,0号元素不使用。

第一个循环的功能是输入学生成绩。在数组有数据的情况下,先把max和min初始化为score[1]的值,用于记录最好成绩和最差成绩的变量m1、m2赋初始值为1。

第二个循环是本程序的重点,循环变量从i=2开始到i=10共执行9次,每次分别把max和min的值与成绩数据进行比较,以两条线索获得最大值及最小值,同时记录成绩数据所对应的序号存储于m1、m2中,最后完成数据输出。

5.2 二维数组及使用

内容概述

一维数组能够处理批量的同类数据,但只限于数据为一行或一列的情况。现实中有很多问题所涉及的数据需要采用二维表格进行处理,其中的每个数据元素都由行号和列号两个维度的序号确定,C 语言中采用二维数组可以实现对这种数据的操作。本节学习重点为:
- 二维数组的定义、初始化及引用。

5.2.1 二维数组的定义

在线视频

假设有一个班 40 名学生一门课程的成绩需要处理,使用一维数组即可;可是如果需要处理一个班 40 名学生 5 门课程的成绩,就需要使用二维数组。

二维数组的定义与一维数组类似,其语法格式如下:

数据类型 数组名[常量表达式 1][常量表达式 2];

其中常量表达式 1 表示第一维下标的长度,常量表达式 2 表示第二维下标的长度,长度必须是整型常量或表达式。

例如:

float x[40][5];

为加深理解和方便表述,我们定义如下数组:

int a[3][4];

该示例语句定义了一个 3 行 4 列的二维数组,共有 12 个元素,分别为 a[0][0]、a[0][1]、a[0][2]、a[0][3]、a[1][0]、a[1][1]、a[1][2]、a[1][3]、a[2][0]、a[2][1]、a[2][2]、a[2][3],二维数组中每个元素都有两个下标,都必须放在单独的方括号内。二维数组定义中常量表达式 1 表示该数组具有的行数,常量表达式 2 表示该数组具有的列数;两个数字的乘积是该数组的元素个数。

数组元素的存储理论上可分为**按行优先**和**按列优先**两种。C 语言采用**按行优先**存储的操作规则,即在内存中先顺序存放第 1 行的元素(按下标值也可以说是第 0 行元素),接下来存放第 2 行的元素,以此类推。

二维数组 a[3][4]的存储空间如表 5-2 所示。

表 5-2 二维数组存储空间

	0	1	2	3
0	a[0][0]	a[0][1]	a[0][2]	a[0][3]
1	a[1][0]	a[1][1]	a[1][2]	a[1][3]
2	a[2][0]	a[2][1]	a[2][2]	a[2][3]

二维数组也可以看作是其元素是数组的一维数组。

如 a[3][4]可认为是由 a[0]、a[1]、a[2]这 3 个一维数组构成的数组,每个元素又都是一个一维数组,各自包含有 4 个元素,其中 a[0]的成员有 a[0][0]、a[0][1]、a[0][2]、a[0][3],a[1]和 a[2]的成员如表 5-3 所示。

表 5-3 二维数组的另一种理解

	0	1	2	3
a[0]	a[0][0]	a[0][1]	a[0][2]	a[0][3]
a[1]	a[1][0]	a[1][1]	a[1][2]	a[1][3]
a[2]	a[2][0]	a[2][1]	a[2][2]	a[2][3]

从表 5-3 中可以看出,可以把 a[0]、a[1]、a[2]看作 3 个一维数组的名字,每个一维数组中又包含 4 个元素。

这样解析二维数组的意义在于可以通过降低维数的方法来理解多维数组的概念。

依此进一步拓展,三维数组也可以看作是其元素是二维数组的一维数组,n 维数组可看作是其元素是 n－1 维数组的一维数组。在 C 语言编译系统中,以下数组定义是正确的。

```
int a[2][3][4];
int a[2][3][4][5];
```

在线视频

5.2.2 二维数组的初始化

二维数组的初始化与一维数组的初始化相比,语法规则大体上相同,其语法格式如下:

类型名 数组名[行数][列数] = {初值表};

与一维数组相同,**二维数组的初始化必须在定义时进行。行数与列数必须是常量形式的数据**,不可以为变量。

二维数组的初始化实质上是使各个初始常量数据按顺序排列,与数组各元素建立对应关系并在内存中顺序存储的过程。分为以下几种具体的形式。

(1) 分组初始化。

书写形式上,将同一行的数据按序写在一对花括号内,可看作是建立了一个分组,不同行的数据分别建立分组。初始化过程为按照书写顺序,将第 1 组数据赋给第 1 行元素,第 2 组数据赋给第 2 行元素…以此类推,示例如下:

```
int i[2][3] = {{1,2,3},{4,5,6}};
```

如果某一行元素为 0,可以按省略形式写成:

```
int i[2][3] = {{1,2,3},{0}};
```

注意:分组初始化时,分组数及数据个数一定要与数组的结构一致,否则会出现错误。

```
int a[2][3] = {{1},{2},{3}};        //分组数与数组定义的行数不一致
int a[2][3] = {{1},{0,2,0,4}};      //第二行数组元素个数与初始值个数不一致
```

(2) 按行初始化。

书写形式上,将所有数据按序写在同一个花括号内,编译系统依照数据书写次序,先对首行各元素赋初值,然后再对下一行元素赋初值…以此类推。示例如下:

```
int i[2][3] = {1,2,3,4,5,6};
```

如果所有元素均为 0,则可以写成:

```
int i[2][3] = {0};
```

但以下初始化格式是错误的:

```
int a[2][3] = 0;            //初始化值无花括号
```

二维数组初始化特别说明如下。

(1) 如果对全部元素赋初值,则定义数组时第一维长度可以省略(编译程序可以计算出长度),但是第二维长度在任何情况下都不可省略。

例如:

```
int b[ ][3] = {1,2,3,4,5,6};
int b[ ][3] = {{1,2,3},{4,5,6}};
```

下例是错误的:

```
int i[2][ ] = {1,2,3,4,5,6};    //第二维缺失
```

(2) 可以只对部分元素赋初值,未赋值的元素自动取 0 值。

```
int i[2][3] = {{1},{4}};        //第一行元素为 1,0,0,第二行元素为 4,0,0
int i[2][3] = {1,2};            //第一行元素为 1,2,0,第二行元素为 0,0,0
```

可对数组中的特定位置赋初值,其他元素默认为 0,假如按以下格式定义及初始化数组:

```
int i[4][4] = {{1},{0,2,0},{0,0,3},{0,0,0,4}};
```

初始化之后数组元素的数据如下所示:

```
1 0 0 0
0 2 0 0
0 0 3 0
0 0 0 4
```

(3) 如果只对部分元素赋初值并且省略了第一维的长度,必须采用分组赋初值方式。否则会使初值因错位而不正确。例如:

```
int a[ ][5] = {{1,1,1},{0},{0,0,3,3,3}};
```

编译系统根据初始化数据来确定数组的结构及初值。由于有三组数据,可确认该数组共有 3 行,每行有 5 个数据元素。初始化之后数组元素的数据如下所示:

```
1 1 1 0 0
0 0 0 0 0
0 0 3 3 3
```

(4) 二维数据的初始化也必须在定义数组的同时进行。这个规则与一维数组完全相同。如以下初始化是错误的:

```
int a[2][4];
a[2][4] = {{1},{0,2,0,0}};
```

5.2.3 二维数组的引用

与一维数组相同,二维数组引用也是以数组元素为对象,一般引用格式如下:

数组名[下标1][下标2]

例如:

t = a[2][0];

引用结果是把 a 数组中行序号为 2、列序号为 0 的元素值赋给 t 变量。

二维数组的引用场景与一维数组也类似,从语法角度看,凡是可以使用变量的地方都可以使用二维数组。以下三种情况为常见的二维数组的引用形式。

(1) 赋值引用——二维数组元素出现在赋值语句的左右。

以下是使用赋值运算符对数组元素形成的引用示例。

```
a[0][0] = t;                          //为数组元素赋值
t = a[0][0];                          //引用数组元素的值
a[2][5] = a[2][0] + b;                //数组元素运算赋值
```

(2) 关系表达式引用——二维数组元素出现在关系表达式中。

以下是数组元素用于表达式中的引用示例。

```
if(a[i][j]> 0)                        //数组元素用于构成分支条件表达式
while(a[i][j]> = a[j][i])             //数组元素用于构造循环条件表达式
```

(3) 输入输出引用——二维数组元素作为输入输出对象。

以下是二维数组元素作为输入输出项的引用示例。

```
scanf("%d",&a[i][j]);
printf("%d",a[i][j]);
```

【例 5-6】 已知一个 4×4 的矩阵,第一行和第三行的值通过赋初值给定,第二行数据从键盘输入,第四行的值为前三行相应元素之和,用二维数组存储数据并输出。

程序如下:

```c
#include<stdio.h>
int main()
{   int a[4][4] = {{2,4,6,8},{0},{3,5,7,9}};    //数组的初始化
    int i,j;
    printf("请输入矩阵第二行数据,以空格分隔!\n");
    for(i = 0;i < 4;i++)
        scanf("%d",&a[1][i]);                   //数组的输入引用
    for(i = 0;i < 4;i++)
        a[3][i] = a[0][i] + a[1][i] + a[2][i];  //数组的赋值引用
    printf("矩阵中存储的数据为: \n");
    for(i = 0;i <= 3;i++)
    {   for(j = 0;j < 4;j++)
            printf("%4d",a[i][j]);              //数组的输出引用
        printf("\n");
    }
    return 0;
}
```

运行结果：

```
请输入矩阵第二行数据,以空格分隔!
1 2 3 4
矩阵中存储的数据为:
   2  4  6  8
   1  2  3  4
   3  5  7  9
   6 11 16 21
```

结果分析：

本例主要验证了二维数组的初始化、输入、计算及输出引用的基本功能,初步形成利用二维数组进行程序设计的基本要领。从示例中可以看出,由于数组元素的顺序性和数量多等特点,无论是输入、计算还是输出,凡涉及数组引用,基本都需要通过循环结构控制基本语句完成相关操作。一维数组使用单重循环控制实现元素引用,由于二维数组有两个下标,因此一般需要使用双重循环对数组元素引用,如 printf() 语句中的 a[i][j],本例中计算第四行元素值的语句 a[3][i] = a[0][i] + a[1][i] + a[2][i] 中,由于问题中明确了第三行的元素数据是由前三行的对应元素之和构成,依据算法实现要求,行元素下标为已知数,只有列下标是变动的,因此只需要单重循环即可实现操作功能。

【例 5-7】 输出如图 5-1 所示的杨辉三角形。

程序如下：

```c
# include < stdio.h >
# define N 9
# define L 18
int main()
{
    int a[N][N];
    int i,j,k;
    for(i = 0;i < N;i++)                    //控制行数
    {   for(j = 0;j < N;j++)                //控制列数
        {   if(j == 0||j == i)              //行列相同,或第 1 列,数组元素赋值为 1
                a[i][j] = 1;
            else
                a[i][j] = a[i-1][j-1] + a[i-1][j];  //其他元素赋值
        }
    }
    for(i = 0;i < N;i++)
    {   for(k = 1;k < L - i * 2;k++)        //按逐行递减两个空格的方式输出空格
            printf(" ");
        for(j = 0;j < i + 1;j++)            //输出数据
            printf("%4d",a[i][j]);
        printf("\n");
    }
    return 0;
}
```

```
                    1
                  1   1
                1   2   1
              1   3   3   1
            1   4   6   4   1
          1   5  10  10   5   1
        1   6  15  20  15   6   1
      1   7  21  35  35  21   7   1
    1   8  28  56  70  56  28   8   1
```

图 5-1 杨辉三角形的输出结构

运行结果：

```
               1
              1  1
             1  2  1
            1  3  3  1
           1  4  6  4  1
          1  5 10 10  5  1
         1  6 15 20 15  6  1
        1  7 21 35 35 21  7  1
       1  8 28 56 70 56 28  8  1
```

结果分析：

按题目要求输出的杨辉三角形形式如图 5-1 所示，实际上图 5-1 的数据关系以图 5-2 的形式计算更加直观。

第一步，定义二维数组 a[9][9]，用来存储杨辉三角形各元素的值。

第二步，按杨辉三角形的数据关系，填写二维数组中各元素的值。本例中需要填写 9 行 9 列的一个下三角矩阵，用双重循环控制赋值语句填写数组元素，分别以 i、j 变量控制行号和列号。核心算法描述为：各行的第一列元素以及行号和列号相同的元素值为 1，即 a[i][0] = 1 或 a[i][j] = 1（当 i = j 时），其他元素的值为上一行前一列和上一行本列元素的和，即 a[i][j] = a[i-1][j-1] + a[i-1][j]。

```
1
1  1
1  2  1
1  3  3  1
1  4  6  4  1
1  5 10 10  5  1
1  6 15 20 15  6  1
1  7 21 35 35 21  7  1
1  8 28 56 70 56 28  8  1
```

图 5-2　杨辉三角形的数据存储结构

第三步，按规定格式输出各数组元素的数据。观察可以发现，所要求的输出形式是把图 5-2 所示的下三角矩阵数据输出为图 5-1 所示的等腰三角形。可通过在输出行左侧按逐行递减两个空格字符的方式输出一个字符串，然后再依次输出数组数据即可形成所要求的形式。

5.3　字符数组及使用

内容概述

字符型数据是 C 语言中的一种基本数据类型，在内存中字符型数据是以 ASCII 码形式存储的，每个字符占一字节。由于一个简单变量只能存放一个字符，因此之前学习过程中只涉及单个字符的使用方法。实际工作中，应用更为广泛的是字符串，如小到一个词，大到一句话或一篇文章，因此字符串的应用更加普遍和重要。字符数组的每一个元素都存放一个字符，连接的多个元素可以存储和处理字符串。本节学习重点为：

- 字符数组的定义及初始化。
- 字符串的操作及应用。

5.3.1　字符数组的定义

字符串是由双引号括起来的字符组成的序列，以 '\0' 作为结束标志。在 C 语言中，只有字符型数据和变量，没有字符串型数据和变量，字符型数据使用类型符 char 进行定义。一个字符占用一字节的存储空间,一个字符串需要连续的多个字节来存储,只有一个字符的字符串,也需要两字节存储,其中一个存放字符串结束标志('\0')。数组的多个元素为存储字符串提供了便利,因此字符串一般采用字符型数组操作。

字符数组就是用于存储字符型数据的数组,数组中的每个元素相当于一个字符型变量。字符数组既可以使用一维数组,也可以使用二维数组。与其他数组使用方法相同,字符数组也需要先定义后使用。

字符数组的定义与前面介绍的其他类型数组的定义格式相同,使用的类型标识符为char。

(1)一维字符数组的定义形式:

char 字符数组名[常量表达式];

例如:

char ch[5];

定义了一个长度为5的字符数组,其中ch是数组的名字,中括号内的5表示该数组包含5个元素,分别是ch[0]、ch[1]、ch[2]、ch[3]、ch[4],每个元素都是char变量,需要1字节来存储,所以数组ch需要占用5字节的存储单元,并且这5字节的存储空间必须是连续的。

(2)二维字符数组的定义形式:

char 字符数组名[常量表达式1][常量表达式2];

例如:

char stu[5][8];

定义了一个字符型的二维数组stu,由5行8列元素组成。

该数组用于存储字符数据时,能够存储5个字符串数据,每个字符串最多可以包含8个字符,如果以字符串形式赋值,因最后一个数组元素须存放字符串结束标志,因此实际存储的字符数比最大下标号少1个。

特别说明:由于C语言中字符型数据是以ASCII码形式存储的,因此也可以用整型数组来存放字符数据。

int a[5]与char a[5]可以等价使用。

5.3.2 字符数组的初始化

在线视频

字符数组的初始化与前面介绍的其他数组的初始化相似,对字符数组的初始化就是给字符数组中各数组元素存储确定的字符值。字符数组初始化形式如下。

1. 对一维数组元素逐个初始化

字符数组的初始化也是在定义数组的同时进行的,一般语法格式如下:

char 字符数组名[常量表达式] = {初值表};

在定义字符数组时,把初值用花括号括起来,数据之间用逗号分隔,最后一个字符数据后面不需要逗号,花括号中的字符数据必须以单引号引起来才能表示单个字符。

例如：

char ch[5] = { 'a', 'b', 'c', 'd', 'e' };

定义了一个长度为 5 的一维字符数组，并把 5 个字符依次赋给 ch[0]、ch[1]、ch[2]、ch[3]、ch[4]，如图 5-3 所示。

ch[0]	ch[1]	ch[2]	ch[3]	ch[4]
a	b	c	d	e

图 5-3　一维字符数组存储空间示意图

2．对二维数组元素逐个初始化

二维字符数组的初始化与其他数据类型的二维数组初始化方法相同，一般格式如下：

char 字符数组名[常量表达式 1][常量表达式 2] = {{初值表 1},{初值表 2},…};

例如：

char stu[5][8] = {{'H','o','w'},{'S','t','u','d','e','n','t'}, {'C'}, {'Y','o','u'},{'m','e'}};

定义了一个字符型二维数组，其构成为 5 行 8 列，赋值后初值表与数组元素的对应关系如图 5-4 所示。

	[0]	[1]	[2]	[3]	[4]	[5]	[6]	[7]
stu[0]	H	o	w	\0				
stu[1]	S	t	u	d	e	n	t	\0
stu[2]	C	\0						
stu[3]	Y	o	u	\0				
stu[4]	m	e	\0					

图 5-4　二维字符数组存储空间示意图

特别注意：

（1）如果定义字符数组时没有进行初始化，则数组中各元素的值是不确定的。

（2）如果初值表提供的初值个数（即字符个数）多于数组长度，则出现语法错误。

（3）如果在花括号里将字符数组元素的所有初值都列举出来，则数组的长度可以省略；若只对部分元素初始化，则数组的长度不能省略，系统将字符常量值从序号小的元素开始赋值，其余的元素自动定义为空字符（'\0'）。

（4）也可以用字符的 ASCII 码值给元素赋值。

如执行语句 char a[N] = { '1', 65, 's' };后，a[0] = '1', a[1] = 'A', a[2] = 's',数组中的其余元素均获得空字符。

3．字符数组元素的引用

字符数组元素的引用方法与其他类型数组元素相同，引用字符数组中的一个元素，可获得一个字符。字符数组引用的一般语法形式如下：

字符数组名[下标]　　　　　字符数组名[下标 1][下标 2]

例如：

t = ch[2];　　　　　　　　//这里的 ch[2]表示引用 ch 数组中下标为 2 的字符

```
t1 = ch1[1][1];                    //引用 ch1 数组中下标为[1][1]的元素
```

【例 5-8】 给定一个字符串，从键盘输入一个字符，查找该字符是否存在于给定串中，如果存在则返回其所在位置序号，如果不存在则返回找不到的提示信息。

```
#include<stdio.h>
int main()
{
    char x,a[20] = {'S','t','u','d','e','n','t','s'};
    int k = -1,i = 0;
    printf("请输入查找字符:\n");
    scanf("%c",&x);
    do
    {   if(x == a[i])              //表达式引用
        {   k = i;
            break;
        }
        i++;
    }
    while(a[i]!= '\0');
    if (k!= -1)
        printf("所查找的字符 %c 是第 %d 个字符!",a[k],k+1);   //输出引用
    else
        printf("查无此字符 %c!",x);
    printf("\n");
    return 0;
}
```

运行结果：

请输入查找字符:
t
所查找的数据是第 2 个字符!

请输入查找字符:
w
查无此字符 w!

结果分析：

本例中在条件语句 if(x == a[i])的关系表达式中，循环语句 while(a[i]!= '\0')的关系表达式中以及输出语句 printf("%c",a[k])中，都引用了字符数组。从中可以看出字符数组的引用方法与其他数值型数组的引用方法相同。从语法的角度看，凡是能使用字符型变量的地方都可以引用字符数组元素。

【例 5-9】 有一个菱形图案如图 5-5 所示，编写程序，用字符型数组存储并输出该图案。

```
#include<stdio.h>
int main()
{   char a[5][7] = {{' ',' ',' ','*'},
    {' ',' ','*','*','*'},
    {'*','*','*','*','*','*','*'},
    {' ',' ','*','*','*'},
    {' ',' ',' ','*'}};
```

　　　　　　　　＊
　　　　　　＊＊＊
　　　　＊＊＊＊＊＊＊
　　　　　　＊＊＊
　　　　　　　　＊

图 5-5　菱形图案

```
            int i,j;
            for(i = 0;i < 5;i++)
            {   for(j = 0;j < 7;j++)
                    printf(" %c",a[i][j]);
                printf("\n");
            }
            return 0;
}
```

程序分析:

首先定义一个字符型的二维数组 a[5][7],用于存储 5 行 7 列的字符图案,并以初始化的方式把菱形图案放于其中。本程序以分组逐个赋值的方式把图案字符赋给数组元素,遇到没有 * 的位置以空格代替。

然后用双重循环控制输出语句读出数组元素的值,外循环控制行数,内循环控制列数,共 5 行 7 列,按行依次输出,每行结束后输出换行符。

在线视频

5.3.3 字符串的使用

以上对数组的操作都是基于单个字符数据的,字符常量是以单引号标记的。实际应用中,字符串的操作更加普遍。字符串是以双引号括起来的字符序列,与单引号标记的字符型数据不同的是,字符串数据存储时系统会在尾部自动加 '\0' 标志。字符型数组是存储和处理字符串的有力工具,下面学习字符串数组及应用。

1. 用字符串常量对数组批量初始化

用字符数组存放字符串是最恰当的字符串处理方式,与字符处理相同,为了实现字符串的操作,经常需要先把已知的字符串常量值存储,然后再进行其他处理,这就需要对字符串数组进行初始化操作。

字符数组的初始化一般语法格式如下:

char 字符数组名[常量表达式] = {"字符串"};

或

char 字符数组名[常量表达式] = "字符串";

例如:

char ch[10] = {"China"};
char ch[10] = "China";

以上两种形式是等价的,都是将字符串"China"存放在字符数组中,但字符数组的长度应该至少为 6 个,因为要有一个元素用来存放字符串结束标志 '\0'。此外,字符串必须用双引号括起来,外面可以有花括号,也可以省略花括号。

需要特别注意区分以下示例语句对字符串的操作:

char ch1[ ] = { 'a','b','c','d','e'};
char ch2[ ] = {"abcde"};

以上两个语句是不等价的,字符数组 ch1 的长度为 5。而字符数组 ch2 的长度为 6。只要是以双引号形式赋初值,系统一定在字符串末尾自动补充字符串结束标志 '\0'。

那么当字符串常量值与数组长度不一致时系统是如何安排数据存储的？若有以下初始化语句：

(1) char str1[20]="program!";
(2) char str2[]={"program!"};
(3) char str3[5]={"program!"};

3个字符数组的存放情况是不同的。(1)中，由于数组长度大于字符串长度，多余的元素值都为空，字符长度为0，也可以理解为存放字符结束标志'\0'。(2)中，由于未定义数组大小，数组元素个数与字符长度是吻合的，即数组元素个数为字符长度加1。(3)中，由于数组的长度小于字符串的长度，只截取与数组等长的字符存放在数组相应元素中，因数组长度不足，所以未能按规则在字符串尾部存放字符结束标志'\0'，因此这个字符串存储属于异常情况，以字符串格式"%s"输出数组元素的值，结果是不正确的。

2．字符串结束标志

从以上的示例可知，数组是存储字符串的有力工具，数组的长度是在程序开始处必须先定义的，且一旦定义其长度不可改变；而数组中存放的字符串在程序运行过程中是会经常发生变化的，两者在空间方面要达到完全的匹配是不可能的；为此C语言借用了ASCII码值为0的字符'\0'(也称为空字符)作为字符串结束标志。

字符串结束标志不计入字符长度，但会占用一字节的存储空间。换句话说就是字符串结束标志不会产生附加的有效字符长度，比如前面(1)中的字符串长度为8而不是9。程序中是通过检测'\0'的位置来判定字符串是否结束，而不是根据数组的长度来决定字符串长度，这样编程人员不必担心由于两者长度的不一致而导致错误。一般来说，只要保证数组长度大于字符串长度，存储就不会出现错误。如果一个字符数组中先后存放多个不同长度的字符串，则应使数组长度大于最长字符串的长度。

字符串结束标志'\0'是一个符号，它是可进行存储的，如定义并初始化数组：

char ch[]={"C program."};

字符串长度为10，但数组长度默认为11，系统按以下存储格式存放字符串：

0	1	2	3	4	5	6	7	8	9	10
C		p	r	o	g	r	a	m	.	\0

如果执行如下语句：

ch[5] = '\0';

则数组的存储将更新如下：

0	1	2	3	4	5	6	7	8	9	10
C		p	r	o	\0	r	a	m	.	\0

执行如下字符输出程序：

```
int i = 0;
while(i<=10)
```

```
{   printf("%c",ch[i]);
    i++;
}
```

输出结果为：

C pro ram.

执行以下字符串输出程序：

```
int i = 0;
while(ch[i]!= '\0')
{   printf("%c",ch[i]);
    i++;
}
```

输出结果为：

C pro

显然，系统以第一个字符串结束标志之前的字符为字符串内容，会忽略之后的字符。

5.3.4 字符数组的引用

与数值型数组类似，字符数组的引用可采用元素引用形式，凡是能使用字符型简单变量的语法中都可以使用字符型数组元素。与数值型有所不同的是，因为字符型数组可以存储字符串，所以字符型数组还可以通过数组名引用方式批量处理字符串。字符数组的主要引用方式包括赋值引用、条件表达式引用和输入输出引用。

1. 字符数组元素的引用——逐个字符引用

(1) 赋值引用。

通过引用字符数组中的一个元素，获取一个字符。

例如：

```
t = ch[2];
ch[0] = ch[9];
```

(2) 条件表达式引用。

例如：

```
if(a[i]!= '\0')
while(a[i] == 'y')
```

(3) 输入输出引用。

- 利用标准输入输出函数 scanf() 和 printf() 中格式符 %c 进行字符输入输出。

例如：

```
for(i = 0;i <= 10;i++)
    printf("%c",ch[i]);
```

又例如：

```
for(i = 0;i < 10;i++)
    scanf("%c",&a[i]);
```

- 使用专用的字符处理函数输入输出单个字符。

C 语言编译系统提供了两个函数：getchar()和 putchar()，专门用于单个字符的输入与输出操作，使用这两个函数时，需要在源文件中包含头文件声明 #include <stdio.h>。

输入单个字符函数的语法格式：

变量 = getchar(void);

该函数功能为从标准输入设备(如键盘)获取一个字符并赋给变量。从格式中可以看出它不需要任何参数。

如果变量采用数组元素形式，通过循环控制重复调用函数，可输入一个字符串并存于数组中。这种应用场景下不会自动保存字符串结束标志，为了保证字符串操作的准确性，需要用户专门保存'\0'到字符串末尾。

例如：

```
char chr[20];
for(i = 0;i < 10;i++)
    chr[i] = getchar();           //重复输入并存储字符到数组中
chr[i] = '\0';                    //循环结束时,i 的值为 10,刚好指示字符串结束标志
                                  //的位置
```

输出单个字符函数的语法格式：

putchar(char 表达式);

与输入单个字符函数对应，该函数功能为在标准输出设备(如显示器)输出一个字符。

与输入函数不同的是它需要带参数，参数可以是字符型常量、变量、数组元素，也可以是一个符合输出值类型的表达式，如果表达式采用数组元素形式，也可以通过循环控制重复调用函数，输出一个字符串。

例如：

```
char str[20] = "ABCD",t = '8';
int k = 97;
putchar('X');                    //字符型常量
putchar(t);                      //字符型变量
putchar(str[0]);                 //字符型数组元素
putchar(k);                      //a 的 ASCII 码,将以字符形式输出
```

输出结果为：

X8Aa

【例 5-10】 使用字符输入输出函数，输入一个字符串(中间可以包含空格字符)，然后原样输出，确认输入的字符串是否保存成功。

```
#include <stdio.h>
int main ()
{   int i = 0;
    char str[20];
    printf("请输入一个字符串：\n");
    while((str[i] = getchar())!= '\n')    //先输入一个字符并赋给数组元素
        i++;                              //然后判断是否为回车符,不是则继续
    str[i] = '\0';                        //输入回车符后单独在串尾存储字符串结束标志
    i = 0;
    while(str[i]!= '\0')                  //重复执行输出字符函数输出字符串值
    {   putchar(str[i]);
```

```
            i++;
        }
}
```

运行结果:

```
请输入一个字符串:
Hello
Hello
```

2. 用字符数组引用字符串——字符串整体引用

与单个字符相比,存放字符串的数组一般会涉及多个元素,像赋值、关系表达式引用,直接操作整个数组是不可行的,需要借用相应的标准函数。但对于输入输出,可使用"%s"格式控制符批量实现字符引用,此时输入输出项要以**数组名引用**,而不可采用数组元素引用。

(1) 使用标准函数引用字符数组。

- 输入字符串

例如:

```
char ch[10];
scanf("%s",ch);
```

从键盘输入:

Program!

系统将按以下形式存储字符串:

ch[ ]	0	1	2	3	4	5	6	7	8	9	10
	P	r	o	g	r	a	m	!	\0	\0	\0

又例如:

```
char st1[10],st2[10];
scanf("%s%s",st1,st2);
```

从键盘输入:

Hello world!

系统将按以下形式分别在 st1、st2 数组中存储字符串:

	0	1	2	3	4	5	6	7	8	9	10
st1[ ]	H	e	l	l	o	\0	\0	\0	\0	\0	\0
st2[ ]	w	o	r	l	d	!	\0	\0	\0	\0	\0

字符串输入过程中,系统自动以空格或回车符作为分隔符,因此输入字符串中如果包含有空格,则系统将以此空格作为第一个字符串输入结束信息,其后的字符将以另一个字符串值处理。

例如：

```
char st1[6],st2[6],st3[6];
scanf("%s",st1);
```

从键盘输入：

How are you?

假如输出字符数组 st1 的值，结果为：

How

输入函数 scanf()中只有一个输入项字符串数组，因此从第一个空格开始，之后的字符没有被存储。系统将按以下形式存储字符串：

	0	1	2	3	4	5
st1[]	H	o	w	\0	\0	\0

- 输出字符串

在 printf()中使用"%s"格式可输出字符数组中各元素的值，直到遇见'\0'。如对输入字符串第 2 个例子中输入字符串后的数组执行如下输出语句：

```
printf("%s\n",st1);
```

输出结果为：

Hello

【例 5-11】 使用 scanf()输入一个字符串，然后用 printf()函数原样输出，验证输入的字符串是否保存成功。

```
#include <stdio.h>
int main()
{   char str[20];
    printf("请输入一个字符串：\n");
    scanf("%s",str);                //此处使用数组名，为地址引用
    printf("存储在数组中的字符串为：\n");
    printf("%s\n",str);             //此处同样为地址引用
}
```

运行结果：

```
请输入一个字符串：
Abcd1234
存储在数组中的字符串为：
Abcd1234
```

(2) 使用专用函数引用字符数组。

C 编译系统提供了专门用于输入输出字符串的函数 gets()和 puts()，它们依赖于字符数组，可存储和读取一串完整的字符串，输入函数自动保存字符串结束标志'\0'，而不像 getchar()必须手动处理，因此输出函数也会借此标志正确结束字符串的读取。

使用这两个函数时，也需要在源文件中包含头文件声明 #include <stdio.h>。

- 字符串输入函数——gets()

语法格式：

gets(字符数组名);

该函数可作为独立的语句调用，其功能为从键盘接收一个字符串，存放在字符数组中，并在字符串末尾自动加上结束标志'\0'。

例如：

gets(ch);

调用该函数时，假设从键盘输入：computer，即可将字符串值赋给字符数组 ch。数组中共有 9 个字符，而不是 8 个字符。末尾自动加上结束标志'\0'。

注意：使用 gets()接收字符串时，它将空格字符当作普通字符接收，而不像 scanf()以空格作为字符串结束。

- 字符串输出函数——puts()

语法格式：

puts(字符数组名);

该函数可作为独立的语句调用，其功能为将一个字符串数组中的字符或字符串常量输出到屏幕，无论是数组还是常量，都要求确保以'\0'结束。

例如：

```
char ch[ ] = {"computer program"};
char str[ ] = {"one\ttwo"};
puts(ch);
puts("abc123");
puts(str);
```

调用该函数即执行上述语句后，屏幕上显示：

```
computer program
abc123
one     two
```

注意，puts()函数输出的字符串中可以包含转义字符，也可以包含空格。但如果数组中不包含字符串结束标志将会出现错误的输出。

例如：

```
char s[10];
s[0] = '1',s[1] = '2',s[2] = '3',s[3] = '4',s[4] = '5';
puts(s);
```

运行结果：

12345 烫烫烫烫烫烫烫	

执行结果属于输出错误。原因在于字符数组是按元素初始化的，系统不会自动存储字符串结束标志，初始化值也没有人为添加此标志；而 puts()函数输出规则默认为遇到该标志结束输出，因此出现数组引用越界。若初始化改为以下语句：

s[0] = '1',s[1] = '2',s[2] = '3',s[3] = '4',s[4] = '5',s[5] = '\0';

输出结果为：

12345

【例 5-12】 使用 gets()输入一个字符串,然后用 puts()函数输出。

```
#include <stdio.h>
int main()
{
    char str[20];
    puts("请输入字符串: ");
    gets(str);
    puts("输出结果为: ");
    puts(str);
}
```

运行结果:

请输入字符串:
Abc def   \n123
输出结果为:
Abc def   \n123

可在字符串中包含空格或转义符,观察输出结果;试修改程序段,以赋初值的方式给定包含有转义符的字符串,再次观察输出结果,从而分析原因。

5.4 字符串专用库函数的使用

内容概述

在 C 语言库函数中提供了专门用于处理字符串的函数,这些函数给程序设计带来很大的方便。使用字符串处理函数与其他库函数方法相同,需要在源程序中加入相应的预处理头文件声明:♯include <string.h>。本节学习重点为:
- 常用字符串处理函数的使用。

5.4.1 strcpy()——字符串复制函数

在线视频

调用本函数的语法格式:

strcpy(字符数组,字符串数据);

例如:

```
char str1[10] = "0",str2[10] = "abc123";
strcpy(str1,str2);
strcpy(str1,"汉字字符串常量!");
strcpy(str1,"English");
```

函数功能:把由第二个参数所表示的字符串值复制到字符数组(参数 1)中。
说明如下。
(1) 参数 1 必须为字符数组名,参数 2 可以为字符数组名,也可以为字符串常量。
(2) 参数 1 的数组必须有足够的长度来存储参数 2 中的字符。
(3) 复制过程遇到参数 2 中的字符串结束标志'\0'为止。复制后的字符串包含'\0'。
(4) 不可以把字符串常量或字符数组直接赋值给字符数组。可通过 strcpy()函数实现这一功能。

以下所示代码段是错误的:

```
char str1[10],str2[10] = "abc123";
str1 = "Hello";
str1 = str2;
```

要进一步明确,字符常量、变量或字符数组元素之间是可以赋值的。以下所示代码段是正确的。

```
char str1,str2 = 'a';
str1 = 's';
str1 = str2;
```

【例 5-13】 测试 strcpy()函数的功能。

```
#include <string.h>
int main()
{
    char str1[30] = "0",str2[10] = "abc123";
    puts("复制前的字符串值为: ");
    puts(str1);
    strcpy(str1,str2);
    puts("复制后的字符串值为: ");
    puts(str1);
    strcpy(str1,"汉字字符串常量!");
    puts(str1);
    strcpy(str1,"English!");
    puts(str1);
}
```

程序结果:

```
复制前的字符串值为:
0
复制后的字符串值为:
abc123
汉字字符串常量!
English!
```

从运行结果可见,参数 2 的值可以是字符型数组名,也可以是汉字或英语字符常量。

5.4.2　strncpy()——指定长度的字符串复制函数

在线视频

调用本函数的语法格式:

strncpy(字符数组 1,字符型数据,int n);

例如:

strncpy(str1,str2,3);

函数功能:strncpy()函数把第二个参数中位于最前面的 n 个字符复制到字符数组 1 中最前面位置处。结果是字符数组 1 中最前面的 n 个字符被第二个字符型数据中最前面的 n 个字符取代。

如有以下程序段:

char str1[20] = "123456789",str2[10] = "abcdefg";

```
strncpy(str1,str2,3);
puts(str1);
```

则输出结果为：

```
abc456789
```

如果第二个参数是字符串常量，结果也是正确的，下例的输出结果与上例相同。

```
strncpy(str1,"abcd",3)
```

说明如下。

（1）本函数与strcpy()功能相同，使用条件也相同，只在于多了第三个参数n，用以指定复制的字符个数。

（2）第三个参数n的值逻辑上不应该大于前面任一个字符数组中字符的长度。

5.4.3　strcat()——字符串连接函数

调用本函数的语法格式：

strcat(字符数组,字符型数据);

例如：

```
char str1[30] = "Hello,",str2[] = "how are you!";
strcat(str1,str2);
strcat(str1,"world!");
```

函数功能：把由第二个参数所表示的字符串值连接在字符数组（参数1）的末尾处，并自动去除字符数组字符串末尾的'\0'。

说明如下。

（1）连接后的字符串存储在参数1中。

（2）参数1必须为字符数组名，参数2可以为字符数组名，也可以为字符串常量。

（3）参数1所属数组必须有足够的多余空间来存储参数2的字符。

（4）复制过程为从字符数组的结束标志处开始依次存放参数2的字符串值，参数2的结束标志保留，作为整个字符串的结束标志'\0'。显然参数1的'\0'被覆盖，整个字符串的长度为两个参数中字符串长度之和。

例如：

```
char ch1[] = "stu",ch2[] = "dent";
strcat(ch1,ch2);
puts(ch1);
puts(ch2);
```

执行上述语句，屏幕输出结果为：

```
student
dent
```

5.4.4　strcmp()——字符串比较函数

调用本函数的语法格式：

strcmp(字符串 1,字符串 2)

例如：

```
char a[ ] = {"abcd"},b[ ] = {"12345"};
if(strcmp(a,b)> 0)
    printf("a > b\n");
else if (strcmp(a,b) == 0)
    printf("a == b\n");
else
    printf("a < b\n");
```

函数功能：比较两个参数字符串 1 和字符串 2 的大小。函数的返回值为一个整数,其取值按如下规则确定。

(1) 如果字符串 1>字符串 2,则函数值为正整数 1。

(2) 如果字符串 1=字符串 2,则函数值为 0。

(3) 如果字符串 1<字符串 2,则函数值为负整数 -1。

字符串比较过程：从两个字符串的首字符开始依次比较对应位置字符的 ASCII 码,直到遇到不相同字符出现或者遇到字符串结束标志停止比较,根据比较情况函数返回并获取相应的返回值。

【例 5-14】 字符串比较规则测试。

```
#include <stdio.h>
#include <string.h>
int main()
{
    printf("a 与 1ab 比较结果为: %d\n",strcmp("a","1ab"));
    printf("abayz 与 abd 的比较结果为: %d\n",strcmp("abayz","abd"));
    printf("abc 与 bcd 的比较结果为: %d\n",strcmp("abc","bcd"));
    printf("a321 与 a321 的比较结果为: %d\n",strcmp("a321","a321"));
    return 0;
}
```

程序结果：

```
a 与 1ab 比较结果为: 1
abayz 与 abd 的比较结果为: -1
abc 与 bcd 的比较结果为: -1
a321 与 a321 的比较结果为: 0
```

5.4.5　strlen()——求字符串长度函数

调用本函数的语法格式：

strlen(字符串);

例如：

```
char a[ ] = {"abc12345"};
printf("字符串长度为: %d\n",strlen(a));
printf("字符串占用的空间大小为: %d Byte\n",sizeof(a));
```

函数功能：计算由参数指定的字符串的个数(长度),以函数返回值获得,其值不包括字符串结束标志。

本例的输出结果为：

字符串长度为：8
字符串占用的空间大小为：9 Byte

5.4.6　strupr()——小写字母转换为大写字母函数

调用本函数的语法格式：

strupr(字符串);

例如：

char a[ ] = {"Uppercase letter 其他字符 123 !"};
printf("字符串值为：%s\n",a);
printf("转换为大写字母后为：%s\n",strupr(a));

函数功能：将由参数指定的字符串中的小写字母转换为大写字母，其他字符不变。

本例中的输出结果为：

UPPRECASE LATTER 其他字符 123!

可以看出，本函数只对英语字母起作用，对汉字、数字、标点符号等其他字符无改变。

5.4.7　strlwr()——大写字母转换为小写字母函数

调用本函数的语法格式：

strlwr(字符串);

例如：

char a[ ] = {"Lowercase LETTER 其他字符 123 !"};
printf("字符串值为：%s\n",a);
printf("转换为小写字母为：%s\n",strlwr(a));

函数功能：将由参数指定的字符串中的大写字母转换为小写字母，其他字符不变。

本例中的输出结果为：

lowercase letter 其他字符 123!

与 strupr() 函数相同，本函数也只对英语字母起作用。

【例 5-15】 以初始化方式确定一个字符串，从键盘输入一个查找字符，编程实现在字符串中统计包含查找字符的个数，输出字符串值和查找字符个数。

```
#include<stdio.h>
int main()
{   int i,count = 0;
    char str[80] = {"sbfAca1f5dkl6ejpp7d8fqi9wcwaxlfsalpyzye"},ch;
    printf("请输入一个要查找的字符:");
    ch = getchar();                    //输入一个字符存储在 ch 中
    for(i = 0;i <= strlen(str);i++)
        if(str[i] == ch) count++;      //统计字符串中查找字符出现的次数
    printf("字符串值为:\n%s\n",str);
    printf("查找字符%c 在字符串中出现的次数为：%d\n",ch,count);
    return 0;
}
```

运行结果：

```
请输入一个要查找的字符：a
字符串值为：
sbfAca1f5dkl6ejpp7d8fqi9wcwaxlfsalpyzye
查找字符 a 在字符串中出现的次数为：3
```

【例 5-16】 已知两个字符串值由初始化实现了存储，编程实现：不使用标准库函数使两个字符串连接，构成一个新的完整的字符串存储并输出；分别统计原串与新串的字符个数并输出。

```c
#include<stdio.h>
int main()
{   int i;
    int k,length = 0,length1 = 0,length2 = 0;
    char str[50] = {"The first string"},s[20] = {"The second one!"},ch;
    for(i = 0;s[i]!= '\0';i++)              //统计串的长度
       length2++;
    for(i = 0;str[i]!= '\0';i++)            //统计串的长度
       length1++;
    k = i;                                  //此时的 i 值正好是需连接的串首字符所在序号
    for(i = 0;s[i]!= '\0';i++)              //在串中逐个连接串的字符
    {   str[k] = s[i];
        k++;
    }
    for(i = 0;str[i]!= '\0';i++)            //统计连接后的总串长
       length++;
    printf("字符串原长度分别为：%d %d\n",length1,length2);
    printf("新字符串长度为：%d\n",length);
    printf("连接后的字符串为：%s\n",str);
    return 0;
}
```

运行结果：

```
字符串原长度分别为：16 15
新字符串长度为：31
连接后的字符串为：The first stringThe second one!
```

在线视频

5.5 数组实训案例

内容概述

为进一步巩固数组相关知识，这里甄选了利用数组进行程序设计的实训案例，旨在提升运用数组相关知识分析问题的能力，强化编程技巧。本节学习重点为：

- 数组在编程中的应用。

【案例 5-1】 求出矩阵对角线最大值。

【案例描述与分析】

用一个整型二维数组，存放一个 5×5 的矩阵，要求从键盘输入矩阵的值，找出主对角线上其值最大的元素。

程序首先读入矩阵的值,然后将其存储到 5×5 的整型二维数组中。使用循环结构遍历主对角线上的元素,获取最大值并输出。

【案例实现】

```c
#include <stdio.h>
int main()
{
    int a[5][5], i, j, max;
    for (i = 0; i < 5; i++)
        for (j = 0; j < 5; j++)
            scanf("%d", &a[i][j]);
    max = a[0][0];
    for (i = 0; i < 5; i++)
        for (j = 0; j < 5; j++)
            if ((i == j) && (max < a[i][j]))
                max = a[i][j];
    printf("max = %d", max);
    return 0;
}
```

运行结果:

```
1 2 3 4 5
1 2 3 4 5
1 2 3 4 5
1 2 3 4 5
1 2 3 4 5
max = 5
```

【案例 5-2】 求缩写词。

【案例描述与分析】

缩写词由一个短语中每个单词的第一个字母组成。例如 CPU 是短语 Central Processing Unit 的缩写;ATM 是短语 Automatic Teller Machine 的缩写。请编写程序实现对输入的字符串求解并输出缩写词。

可以假设输入的字符串单词之间以空格进行分隔。程序从键盘读得字符串,将其存储在字符数组中,使用循环结构遍历该数组,对于每个字符,判断其是否为单词的首字母,如果是则将其转换为大写字母存储于数组并输出。首字母的判断依据是:如果当前字符是字符串的第一个字符,或者前一个字符为空格,则认为是一个单词的首字母。

【案例实现】

```c
#include <stdio.h>
int main()
{   int i;
    int word;
    char str[200];
    while (gets(str) != NULL)
    {
```

```c
            word = 0;
            for (i = 0; str[i] != '\0'; i++)
            {   if (str[i] == ' ')
                    word = 0;
                else if (word == 0)
                {
                    word = 1;
                    if (str[i] >= 'a' && str[i] <= 'z')
                        str[i] = str[i] - 32;
                    printf("%c", str[i]);
                }
            }
            printf("\n");
        }
        return 0;
}
```

运行结果：

```
central processing unit
CPU
```

5.6 数组实践项目

内容概述

对于批量数据的处理，必须先对数据进行存储，然后才可以实施其他操作。数组对于批量数据的存储具有很好的功效。本次实践项目基于数组存储一卡通系统中用户的信息。本节学习重点为：

- 数组对于数据的存储及操作功能。

【项目分析】

本节中的开发重点是完成"新卡注册"功能设计。

在系统开发过程中，变量的规划是非常重要的环节。为了便于编写程序，应该对变量做出科学规划，本次开发中关于数组的规划如下所述。

```c
int flag[N] = {0};              //是否建卡标志,初始值均为 0,表示所有元素未建卡
char personname[N][10] = {"\0"};  /*存放姓名,二维数组可以一维方式引用：第一维代表用
                                   户序号,如 N=1 表示序号为 1 的用户姓名；第二维用于存储姓名字符串*/
int cardnum[N] = {0};           //存放卡号,初始值为 0
float cardmoney[N] = {0.0};     //用于存储卡中金额
```

在充分体现本章中关于数组应用的前提下，考虑到篇幅的原因以及后续章节中会有更科学的方法实施本项目开发，在此只实现选项 1 的功能，为了使程序能够正确退出，也保留了选项 7 的功能。

【项目实现】

```c
#include <stdio.h>
#include <stdlib.h>
#include <string.h>
```

```c
#define N 20
main()
{   int k,i,num = 1,cardnumber;
    float cardmone = 0.0;
    int flag[N] = {0};                                      //是否建卡标志
    char personname[N][10] = {"\0"};                        //姓名
    int cardnum[N] = {0};                                   //卡号
    float cardmoney[N] = {0.0};                             //卡余额
    char choose = '\0';
    while(1)
    {   system(" cls");
        printf("\n\t||==============================||");
        printf("\n\t||            欢迎使用          ||");
        printf("\n\t||            一卡通系统        ||");
        printf("\n\t||==============================||");
        printf("\n\t||            功能菜单选项      ||");
        printf("\n\t||------------------------------||");
        printf("\n\t||            1.新卡注册        ||");
        printf("\n\t||            7.退出系统        ||");
        printf("\n\t||------------------------------||");
        printf("\n\t 请输入选项：");
        scanf(" %c",&choose);
        switch (choose)
        {
           case'1':printf("\n\t 您选择");
              for (i = 1;i < num;i++)
                  if (flag[i] == 1)
                      //查找是否有无效卡,有就用该卡号新开,无就顺延
                      break;
              cardnumber = i;
              printf(" \n\t 请输入姓名:");
              scanf(" %s", personname[i]);
              printf(" \n\t 请输入要充值到卡内的金额:");
              scanf(" %f", &cardmoney);
              cardnum[i] = cardnumber;                      //存储卡号
              //strcpy(prdnumber].pname, personname);
              cardmoney[i] = cardmoney;                     //存储金额
              flag[i]= 0;                                   //卡号已分配标志
              if (cardnumber == num)
                  (num)++;
              printf("\t 卡号\t 姓名\t 余额\n");
              for(k = 1;k < num;k++)
                  printf("\t%-d\t%s\t%.2f\n",
                      cardnum[k],personname[k],cardmoney[k]);
              getchar();
              getchar();
              break;
           case'7':printf("\n\t 您选择\n");
              exit(0);
              break;
           default: printf("\n\t 输入错误,请重新输入.");
        }
    }
}
```

运行结果:

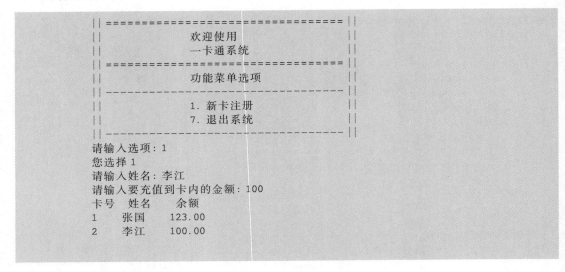

习题与实训 5

一、概念题

1. 什么是数组,其优点是什么?
2. 数组是存储和处理字符串最有力的手段,请说明原因。
3. 字符与字符串的输入输出方法有何区别?有哪些方法可以使用?举例说明。
4. 数组在定义之后是否可以动态更改?请加以说明。
5. 数组获取值的方式有哪些?请举例说明。

二、选择题

1. 有数组 int a[10],则对 a 数组元素的正确引用是(   )。
   A. a[10]　　　　　B. a[3.5]　　　　　C. a(5)　　　　　D. a[0]
2. 下列数组声明不正确的是(   )。
   A. int n = 10;int a[n] = {0};　　　　　B. #define n 10 int a[n] = {0};
   C. int a[5 * 6] = {0};　　　　　　　　D. int a[5] = {0};
3. 以下对字符数组 s 声明不正确的是(   )。
   A. char s[] = "Hello";
   B. char s[6] = {'H', 'e', 'l', 'l', 'o'};
   C. char s[4] = {'H', 'e', 'l', 'l', 'o'};
   D. char s[] = {'H', 'e', 'l', 'l', 'o'};
4. 以下代码输出结果是(   )。

   char s[] = "Hello,\0world";
   printf("%s", s);

A. Hello,\0world   B. Hello,0world
C. Hello,world   D. Hello,

5. 以下正确的定义语句是（   ）。
   A. int a[1][4] = {1,2,3,4,5};
   B. float x[3][ ] = {{1},{2},{3}};
   C. long b[2][3] = {{1},{1,2},{1,2,3}};
   D. int y[ ][3] = {0};

6. 若有声明 int a[][2] = {{1},{2}};,数组 a 中包含了多少个数组元素？（   ）
   A. 2   B. 3   C. 4   D. 1

7. 若有声明 int a[][2] = {{1},{2}},数组 a 中 值为 0 的元素有多少个？（   ）
   A. 没有   B. 1   C. 2   D. 4

8. 已知 int a[3][4];,则对数组元素引用正确的是（   ）。
   A. a[2][4]   B. a[1,3]   C. a[2][0]   D. a(2)(1)

9. 表示字符串结束标志的是（   ）。
   A. '\n'   B. '\r'   C. '\0'   D. NULL

10. 下面程序段的输出结果是（   ）。
    ```
    int i;
    int x[3][3] = {1, 2, 3, 4, 5, 6, 7, 8, 9};
    for (i = 0; i < 3; i++)
    printf("%d", x[i][2 - i]);
    ```
    A. 1 5 9   B. 1 4 7   C. 3 5 7   D. 3 6 9

三、填空题

1. 在 C 语言中,二维数组在内存中的存储顺序是按_____存放。
2. 在 C 语言中,引用数组元素时,其数组下标的数据类型是_____。
3. C 语言中,无字符串数据类型和变量,只能通过_____操作字符串。
4. 若 int i[5] = {1,2,3}则 i[2]的值为_____。
5. 在 C 语言中,定义了一个数组后,就确定了它所容纳的具有_____数据类型元素的_____。
6. 若有说明 int b[5][6] = {0};数组 b 中每个元素均可得到初值_____。
7. 字符变量只能处理单个字符,相比之下,字符数组可以处理_____。
8. 假定 int 类型变量占用两字节,且有定义 int x[10] = {0,2,4};,则数组 x 在内存中所占字节数是_____。
9. 已知 char x[] = "hello", y[] = {'h','e','a','b','e'};,则关于两个数组长度的正确描述是 x_____y。
10. 判断两字符串 s1,s2 是否相等,应使用函数_____。

四、判断题

1. 如果想使一个数组中全部元素的值为 0,可以采用如此语句：int a[10] = {0}。
   (   )

2. 未指定长度的数组声明时，依据初始值列表来确定数组长度。（　　）
3. 有声明 int a[6] = {1,2,3,4}；则 a[6] = 0。（　　）
4. C 语言的数组下标从 0 开始。（　　）
5. C 语言中，数组元素在内存中是顺序存放的，它们的地址是连续的。（　　）
6. C 语言中，数组名是一个常量，是数组首元素的内存地址，可以重新赋值。（　　）
7. 已知字符数组 str1 的初值为"China"，则语句 str2 = str1；执行后字符数组 str2 也存放字符串"China"。（　　）
8. C 语言中，gets()函数的返回值用于存放输入字符串的字符数组首地址。（　　）
9. 使用字符串处理函数 strcmp()需要包含头文件 string.h。（　　）
10. 设有 int a;char abc[5] = "abcd";，则 a = strlen("ABC");执行后 a 的值为 5。
（　　）

五、程序补充题

1. 以下程序的功能是：用数组求 Fibonacci 数列前 20 项，每五项换行。

```
#include <stdio.h>
int main()
{   int i;
    int f[20] = { 1,1 };
    for(i = 2;i < 20;i++)
        _____;
    for (i = 0;i < 20;i++) {
        if(i % 5 == 0)
            printf("\n");
        printf(" %6d",_____);
    }
    return 0;
}
```

2. 以下程序的功能是：计算成绩数组的平均值，并将计算结果返回。

```
#include <stdio.h>
double grade_statistics (double grades[10])
{
    double grade = 0;
    for (int i = 0; i < 10; i++) {
        _____;
    }
    grade = grade / 10;
    return grade;
}

int main ()
{
    double grade, grades[10]
        = {77.7,79.6,85.3,92.4,89.0,97.9,76.8,100.0,57.9,65.8};
    grade = _____(grades);
    printf(" %f", grade);
    return 0;
}
```

3. 以下程序的功能是：统计输入字符串中数字的个数，并打印输出这些数字。

示例输入：and24adfg8saf

示例输出：

248

3

```
#include <stdio.h>
int main()
{   char str[100];
    int count = 0;
    int i;
    printf("请输入字符串：");
    _____;
    for (i = 0; str[i] != '\0'; i++)
    {   if (str[i] >= '0' && str[i] <= '9')
        {   printf("%c", str[i]);
            _____;
        }
    }
    printf("\n%d\n", count);
    return 0;
}
```

六、应用题

1. 编程分别计算一个 5×5 整型矩阵主对角线元素和次对角线元素之和。

2. 现有一堆苹果，以 3×4 矩阵排列，每个苹果上都标有编号表示其果型大小，且每个苹果大小不一。现小王想要根据苹果上的编号，找出最大的苹果，并根据其行列拿出这个苹果。设计程序帮助小王找出最大的苹果。

3. 输入一个字符串，判断该字符串是否为回文，如果是输出"yes"；否则输出"No"。回文就是字符数组中心对称，即从左向右读和从右向左读的内容是一样的。

4. 输入一个长度不超过 100 的字符串存储于 string 数组中，分别统计出这个字符串包含的英文字母、空格、数字和其他字符的个数。

5. 设计一个算法，用一维数组存储学生成绩，查找其中最高分获得者的学号及成绩，并输出。假设数组下标值即为学号。

第 6 章

函数与模块化程序设计

CHAPTER **6**

内容导引

在前面的编程过程中,只用到了 main()函数,即程序所有功能都是在主函数 main()中实现的。对于复杂问题,会使 main()函数中代码庞杂,可读性差,不易维护,更不便于大系统开发过程中的分工合作。

按照模块化程序设计的思想,开发一个大系统需要自顶向下,逐层细分为一个个细小的相对独立的功能模块。这种模块化程序设计的思想既适合社会化大生产的组织方式,同时便于重复的功能通过重复调用相应模块程序的方式实现**代码复用**,提高工作效率。在 C 语言中通过函数来实现模块化程序设计思想。

函数是为实现特定功能而编写的程序段或称为子程序,它具有相对的独立性和完整性。程序运行时,由 main()函数直接或间接调用其他函数,其他函数之间也可以相互调用,甚至自身调用。在函数调用过程中,**主调函数**和**被调函数**间通过参数和返回值实现数据传递和逻辑联系。

变量是实现函数之间关联关系的主要载体。为了使变量能够更好地在函数之间传递数据,变量除具有数据类型属性外,还具有存储类别属性。根据变量在函数之间起作用的范围——作用域,变量可分为**全局变量**和**局部变量**;根据变量值在函数调用期间保存的时间长短——生存周期,变量又可分为**静态存储**方式和**动态存储**方式。

C 语言程序的构成特征之一就是程序全部由函数组成,本章重点学习自定义函数程序设计方法。

学习目标

- 掌握函数的基本概念。
- 掌握自定义函数的定义及调用方法。
- 掌握自定义函数调用过程中参数的使用。
- 掌握自定义函数的嵌套调用和递归调用方法。
- 掌握自定义函数中变量的存储类别、作用域和生存期。

6.1 认识 C 语言函数

内容概述

函数是 C 语言源程序的基本构成单位。一个较大规模的程序，可以划分为一个个相对独立的子功能程序，各个子功能程序就构成了函数，通过对这些函数的调用实现程序的功能，因此函数是 C 语言中很重要的构成要素。根据函数的来源不同，可分为库函数和用户自定义函数两种，其中用户自定义函数是由编程人员根据功能需要自行编写的，可以说 C 程序的编写过程实质上就是函数的自定义过程。本节学习重点为：
- 深刻理解函数的概念。
- 掌握用户自定义函数的定义及一般调用方法。
- 掌握函数的分类。

6.1.1 函数概述

函数是 C 语言程序的基本构成单元，C 语言程序是由函数构成的。**函数是功能相对独立并可以重复调用的一段程序代码**。运用函数使 C 语言能够实现结构化程序设计的思想，程序的层次更加清晰，代码更加精练，程序编写、阅读和调试也更加方便。

一个 C 语言源程序由一个主函数 main() 和若干子函数构成。主函数 main() 有且仅有一个，它是程序执行的起点，也是终点，无论 main() 出现在什么位置，程序总是从 main() 开始执行，最后结束于 main() 中。其他子函数是不能自主运行的，必须由 main() 直接或间接地调用它们，而其他函数不可以调用 main()。

除 main() 可以调用子函数以外，子函数之间也可以互相调用，同一函数可以被一个或多个函数调用任意多次。在函数的调用关系中，一个函数执行过程中调用了另一个函数，前者可称为主调函数，后者则称为被调函数。通过函数的相互调用，程序流程最终会返回到主函数 main() 中，结束整个程序的运行。

6.1.2 函数的分类

C 语言提供了丰富的函数调用方法，为了精确使用函数，可给函数做以下分类。

1. 按函数的来源分类

从函数的来源或定义的角度看，C 语言中函数可分为库函数和自定义函数两类。

1) 库函数

库函数由 C 语言编译系统提供。使用此类函数时，用户只需要在程序预处理区使用 #include 声明包含相关函数原型的头文件，即可在程序中直接调用。C 语言提供的库函数非常丰富，详见课本附录 C。

示例：输入一个整数，求绝对值并显示输出。
程序的核心如下所示：

```
#include<math.h>              //引用数学函数头文件 math.h,代码段用到数学函数
scanf("%d",&n);
printf("\t|%d| = %d\n",n,abs(n));
```

其中 abs()函数是库函数,可直接调用;只需要在程序头部加载头文件"math.h"。

2) 自定义函数

自定义函数是由用户按任务需要编写的功能程序,用来解决用户的特定需求,编写和调用自定义函数都有规定的格式,需要遵守,这也是本章学习的重点内容。

例如:输出一行由 30 个"*"字符组成的字符串,可用以下自定义函数实现。

```
void print_star()              //定义一个函数,名称为 print_star,无参数
{
    int i;
    for(i=1;i<=30;i++)         //循环输出 30 个 * 号
        printf("*");
    printf("\n");
}
```

2. 按函数有无参数分类

参数是函数使用过程中传递的各种形式的数据,相当于数学函数中的自变量,参数书写在函数名后面的圆括号内。如函数 sin(x)中的 x 在 C 语言中就称为参数。要特别注意,无论有无参数,函数名之后的圆括号不可省略。

从主调函数和被调函数有无数据传送角度来看,函数可分为无参函数和有参函数两种。

1) 无参函数

无参函数是功能定义时未指定传递数据的函数。在使用此类函数时,主调函数和被调函数之间不进行数据传递,通常用来完成某种固定的功能,大多情况下也无返回值。如上例中的 print_star()函数。

2) 有参函数

与无参函数相反,有参函数是功能定义时指明需要传递数据的函数,也称带参函数。在函数定义中使用的参数称为形式参数,简称为形参;有参函数在调用时也必须给出对应的参数,称为实际参数,简称实参。主调函数的实参与被调函数的形参相互映射,建立起它们之间数据传递的通道。

可把上例中的无参函数改变为有参函数,代码如下:

```
void print_star(int n)         //定义函数 print_star,参数为 n
{   int i;
    for(i=1;i<=n;i++)          //循环输出 n 个 * 号
        printf("*");
    printf("\n");
}
```

显然,函数 print_star(int n)的圆括号中增加了一个参数,为整型数据 n。这样通过 n 值的改变,可以输出 n 个不同数量"*"组成的字符串。这样使函数的应用更加自如灵活。

3. 按函数有无返回值分类

函数的计算结果或取值称为函数的返回值。从函数运行结束后是否有返回值的角度来

看,可分为无返回值函数和有返回值函数两种。

1) 无返回值函数

无返回值函数并不意味着它没有作用,只是函数运行后无计算值,常用于完成某项特定的处理任务,比如输出规定的一个字符串,执行完成后不需要向主调函数返回任何值。在定义此类函数时,一般将函数值类型设为 void(空类型),代表函数无类型,即无返回值。示例 print_star()函数就是一个无返回值函数,此函数数据类型定义为 void,表明该函数调用结束后无返回值。

2) 有返回值函数

有返回值函数,调用结束后将向主调函数返回一个执行结果,称为函数的返回值。示例中调用的库函数 abs()就属于有返回值的函数,执行后会产生计算结果。用户在定义这种有返回值的函数时,必须明确返回值的类型。

函数的返回值是 C 语言中的有效数据,前面学到的数据类型名称也适用于函数类型定义。

4. 按函数的作用范围分类

从函数作用的范围角度来看,函数可分为外部函数和内部函数两种。

1) 外部函数

外部函数是指可以跨越不同源程序文件的函数。如果两个函数分别存储于不同的源文件,如 pro1.c 和 pro2.c 中,这两个函数之间互称为外部函数。

2) 内部函数

内部函数是指只在本函数所在源程序文件中调用的函数。

以上对函数的分类名称是以突出某一个方面特征而说的,事实上某个函数可以同时是自定义的、带参的、有返回值的、内部的,都是实际存在的应用,需要深入理解其含义。

6.1.3 函数的定义

在线视频

C 语言虽提供了丰富的库函数,但库函数只提供了一些最基本、最通用的标准运算功能,远不能满足用户千差万别的实际需要;因此,需要程序开发人员自行定义并编写相关功能的函数。接下来我们重点学习自定义函数的程序设计方法。

自然,C 语言中所有的函数必须"先定义,后使用"。定义函数应包括以下内容。

(1) 确定函数的值类型。用于表示函数调用后返回值的类型。

(2) 确定函数的名字。函数名是之后调用函数的标识符,必须符合标识符命名规则。

(3) 指明函数的参数。包括参数的类型、名称、数量,参数是所在函数重要的操作数据,同时也是调用函数时传递数据的载体,无参函数此项为空。

(4) 定义函数体。即定义函数的功能,这是函数定义的主要任务,实质上就是编写程序的主要工作内容。

C 语言函数定义的一般形式:

```
函数返回值类型  函数名(形式参数列表)           //函数首部
{
    函数声明部分  ⎫
    函数执行部分  ⎬  函数体
}
```

无参函数定义示例：
```
void print_star()
{
    int i;
    for(i = 1; i <= 30; i++)
        printf(" * ");
    printf("\n");
}
```

有参函数定义示例：
```
int max(int a, int b)
{
    int c;
    c = a > b ? a : b;
    return c;
}
```

函数定义说明如下。

(1) 函数的定义包括**函数首部定义**和**函数体定义**两部分内容。

(2) 函数首部需要定义函数名、函数的返回值类型、形参、函数的存储类型。

函数名：按照合法的标识符命名。与数组名相同，函数名也代表该程序代码段在内存中的首地址，也称为函数入口地址。

函数的返回值类型：指明函数调用结束后获取的值类型。若省略函数的返回值类型，则默认为 int 型。若函数调用无返回值，该类型定义为 void(空类型)。

函数形参：用于接收调用函数时传递的数据。若无参数传递，形参为空，但特别注意此类情形下，圆括号不可省略。形参可以是常量、变量、数组、指针、函数、结构体等任意类型的数据，当形参有多个时，需依次分别定义每个形参的类型和名称，各参数之间用逗号隔开。在定义函数后，形参并未分配存储空间，只有在被调用时才会分配，调用结束后，立刻释放形参所分配的内存单元，因此，形参只在函数内部有效。

函数的存储类型：用来表示该函数能否被其他源文件中的函数调用。当一个程序文件中的函数允许被另一个程序文件中的函数调用时，可以将它定义为 extern(外部)类型，否则应定义为 static(静态)类型。缺省状态下，存储类型默认为 extern 型。

(3) 函数体：花括号内的所有代码都属于函数体，包括声明语句和执行语句。

声明语句：包括对函数中用到的变量的定义及对要调用的函数的声明等内容。声明语句总是放在其他可执行语句之前，本函数被调用时相关变量获取临时存储单元，当退出函数时，这些临时的存储单元全部释放。因此，此类变量只在本函数内部有效，与其他函数的变量互不相干，即使是同名变量，只有本函数中的值是可见的，其他函数中的同名变量被临时屏蔽。

执行语句：实现该函数功能的主要程序段，由若干语句组成，其中也可以包含调用其他函数的语句。

(4) C 语言程序中，每个函数定义的位置任意，但函数不可嵌套定义。

(5) 定义空函数。我们把只有函数形式，暂时还未定义任何操作的函数称为空函数。空函数不能完成任何操作，一般用于程序规划设计的前期，在程序中能够起到占位的作用。定义空函数的一般语法格式如下：

```
函数返回值类型标识符   函数名( 形式参数列表 )
{ }
```

示例：
```
void speak()
{ }
```

在 C 语言程序编写初期,会用空函数先来占一个位置,等程序结构规划好之后,再逐步完善函数的功能,益处在于能够使程序的规划过程更加条理,结构更加清楚。

【例 6-1】 用函数实现如下所示的输出结果。

```
******************************
    请输入一个整数:-3
    |-3| = 3
******************************
#include <stdio.h>                    //引用输入输出函数的头文件 stdio.h
#include <math.h>                     //引用数学函数头文件 math.h
void print_star(int n)
{   int i;
    for(i=1;i<=n;i++)
        printf("*");
    printf("\n");
}
main()
{   int k = 30;
    int n;
    print_star(k);                    //调用自定义函数
    printf("\t 请输入一个数:");
    scanf("%d",&n);
    printf("\t|%d| = %d\n",n,abs(n)); //调用库函数
    print_star(k);                    //调用自定义函数
}
```

运行结果:

```
******************************
    请输入一个数:-5
    |-5| = 5
******************************
```

结果分析:

① 程序头部,使用#include 预处理语句分别引入头文件"stdio.h"和"math.h",math.h 头文件中包含有 abs()函数,其功能为获取参数的绝对值。

② 本程序由两个函数构成,包含主函数 main()和自定义子函数 print_star(),程序从 main()开始执行,执行过程中两次调用子函数 print_star(),最终在 main()函数中结束整个程序的运行。

③ 在使用库函数时,要满足函数原型所要求的参数规范,包括参数类型、参数个数、返回值类型等。本例中 abs()函数原型为 int abs(int x),即参数类型需为整型、个数为 1、返回值类型为整型。

在语言学习初期,所涉及的问题逻辑关系简单,解决问题的方法单一,初学者习惯于在一个程序中解决所有问题:包括数据输入、问题求解和结果输出等;甚至感觉使用函数反倒显得复杂,需要解决数据传递问题,一时不能适应利用函数编程的思维。但对于求解较为复杂的问题,尤其出于适应未来软件开发工作的需要,必须从现在开始树立"分而治之"的编程思想,就是要学会并习惯使用自定义函数编写程序。

在函数概念的基础上,C 程序的构成形式可进一步概述如下:

(1) 一个 C 语言程序可以由多个源程序文件组合而成,显然某个源程序文件可为多个 C 程序共用。这是程序代码"复用"的扩展,这样便于程序分块编写,分别编译,降低调试难度,提高工作效率。

(2) 一个源程序文件由一个或多个函数组成,一个源程序文件是一个基本的编译单位。可将程序划分为若干功能相对独立的模块,这些模块还可以再划分为更小的模块,各个模块功能相对独立,这样就可以使程序开发工作由多人分工协作来进行,每个人按照模块的功能要求编写调试程序,只要确保定义好统一的接口参数,最后将所有模块合并,统一调试。

(3) 每个函数包括主函数都是平行的,定义过程是相互独立的,不可嵌套定义,但可以嵌套调用。也就是说定义时必须独立,调用时某个函数执行过程中可以调用另一个函数。

🔑 6.2 函数调用

内容概述

函数定义完成之后,只有通过调用它才能生效,才会发挥其作用,同时函数调用关系也是程序逻辑功能的重要体现,在函数调用过程中,还会涉及主调函数和被调函数之间的参数传递及结果返回等问题。熟练掌握函数调用方法与掌握函数定义方法同等重要。本节学习重点为:

- 掌握函数的一般调用形式。
- 掌握函数调用过程中参数的典型应用。
- 掌握函数数据传递及 return 语句。

在线视频

6.2.1 函数的调用形式

函数必须通过调用才能执行。如前所述,main() 永远是最高层次的调用者,其他函数都是通过它直接或间接调用来执行的,同时其他函数之间也可以形成调用和被调用关系。下面对函数调用形式进行详细讨论。

1. 语句调用

语句调用是按照函数定义形式把函数作为程序的语句直接写在程序中进行函数调用的方法,这与之前使用的标准输入输出库函数调用方法相同。语句调用的一般语法格式如下:

  函数名(参数表达式 1,参数表达式 2,…,参数表达式 n);

例如:

  max(a,b);   //调用自定义函数

说明:

(1) 函数必须遵循"先定义,后使用"的原则。

(2) 调用语句中的函数名必须与定义函数时使用的名称一致,参数一致。

(3) 调用语句圆括号内的参数称为实际参数,简称"实参",实参不需要添加数据类型说明,实参可以是常量、变量或表达式。若参数多于 1 个,则参数之间用逗号分隔。

(4) 实参的数据类型、个数必须与定义该函数时使用的形参严格匹配。
(5) 即便被调函数是无参函数,函数名后面的括号仍然不可省略。

2. 表达式调用

表达式调用是函数作为表达式成员的一种调用方法。根据运算规则,要获得表达式计算结果,必须先执行函数并取得返回值,此时自定义函数就进入调用状态。与标准函数的引用无差别,函数的返回值参与表达式的运算。根据表达式出现的语句环境,表达式调用又可细分为赋值表达式调用和条件表达式调用:

例如:

```
a = 5 * max(3,7);
```

属于赋值表达式调用。其中函数 max(3,7)是赋值表达式的成员,先调用函数获得返回值乘以 5 后赋值给变量 a。

例如:

```
if(person(x)>100)
    printf(">");
```

属于条件表达式调用,当执行 if()语句时,先调用 person(x)获得返回值后与 100 比较形成结果后才能执行之后的语句。

3. 函数参数调用

函数参数调用是指一个函数用作另一个函数调用的实参的一种调用形式。因函数作为实参使用,因此要求该函数有返回值。例如:

```
printf("%d\n",max(1,2));
```

其中,max(1,2)是一次函数调用,它的返回值又作为 printf()函数的实参使用。

```
Sum = add(5,max(1,2));
```

其中,max(1,2)是一次函数调用,它的返回值又作为 add()函数的实参使用。

【例 6-2】 输入三个整数,输出最大值。

```
#include <stdio.h>
int max(int a,int b)
{
    return a>b?a:b;
}
main()
{   int m,n,k,t;
    printf("请输入三个整数:");
    scanf("%d%d%d",&m,&n,&k);
    t = max(m,n);                        //赋值调用
    printf("最大值是:%d\n",max(t,k));    //函数参数调用
}
```

运行结果:

```
请输入三个整数:9 0 3
最大值是:9
```

结果分析:

① 本例程序由2个函数构成,主函数main()和子函数max(),由主函数main()对max()函数进行两次不同形式的调用。

② 主函数main()对子函数max()进行的第一次调用,采用"赋值表达式"调用方法,调用结果返回了变量m与n中的最大值,并赋给变量t。

③ 主函数main()中,printf()函数对子函数max()进行了第二次调用,采用"函数参数"调用方法,返回值又作为printf()函数的实参使用。

6.2.2 函数的声明

在线视频

1. 函数声明的意义

函数的定义与声明是不同的概念。函数的定义过程就是程序的编写过程,如前所述,没有定义的函数是不存在的,因此是不可以使用的。但经过定义的函数也不能无条件地使用,存在定义和使用的逻辑先后次序问题。假设函数的定义在前调用在后是能够正常使用的,假设函数的定义在后调用在前则程序编译失败。

为了使定义的函数总能够正常调用而不管其出现的先后次序如何,C语言增设了函数声明语句来实现这一功能。

2. 函数声明语法格式

(1) 库函数的声明。库函数的声明都是通过相应的头文件"*.h"实现的。

例如标准输入/输出函数包含在"stdio.h"中,在使用库函数时必须在程序的头部用#include <*.h>或#include "*.h"声明。这样程序在编译、连接时把库函数从头文件中加入所编译的程序中,形成完整的机器代码。

(2) 自定义函数的声明。**自定义函数声明的作用是编译系统对所声明的函数进行预先记录,以使函数调用时系统能够找到并正确地调用它们。**

实质上函数声明是一个语句,一个简单的做法是将已定义函数的首部复制到源程序文件的头部,在行末加分号,就构成了该函数的声明。函数声明的一般语法格式为:

函数类型 函数名(参数类型名 形参列表);

可采用以下两种具体形式:

① 函数类型 函数名(参数类型1 参数名1,参数类型2 参数名2,…);

② 函数类型 函数名(参数类型1,参数类型2,…);

举例:

① int max(int x,int y);
② int max(int,int);

第①种形式只需照抄函数首部即可,不易出错,而且用了实际有意义的参数名,有利于理解程序。第②种形式只标明参数类型及个数,未写参数名。

【例6-3】 输入两个数,求较大值。

```
#include <stdio.h>
main()
```

```
{   int a,b,m;
    int max(int x,int y);              //对子函数max()进行声明
    printf("请输入两个数:");
    scanf("%d%d",&a,&b);
    m = max(a,b);
    printf("max = %d\n",m);
}
int max(int x,int y)                   //子函数max()的定义
{   int z;
    z = x > y?x:y;
    return z;
}
```

运行结果:

```
请输入两个数:5 3
max = 5
```

结果分析:

① 从例6-3可以看出,函数声明语句是在函数首部定义格式末尾加分号而成的。

② 本例中,因子函数max()的定义出现在main()函数后面,因此必须在main()函数中对max()函数进行声明。

关于函数声明的说明:

① 如果函数的定义在前,调用在后则函数不需要声明;如果函数的调用在前,定义在后则函数必须声明。

② 被调用函数的返回值类型为整型或字符型时,对被调用函数的声明可以省略。

③ 为了形成良好的编程习惯,在进行规模较大程序的编写中,普遍采用函数声明方式。

6.2.3 函数中的参数

在函数的定义和调用中,有参函数中主调函数和被调函数间通过实参与形参进行数据的传递,函数结束需通过return语句传递返回值,因此数据传递在函数中是必不可少的,而数据传递离不开参数的作用。

主调函数和被调函数之间的数据传递通常通过以下3种方式进行。

(1) 在实参和形参之间进行数据传递。

(2) 通过return语句把被调函数的返回值传回主调函数中。

(3) 通过全局变量进行数据传递。

1. 函数的实参和形参

函数的参数分为实际参数和形式参数两种。

在定义函数时,函数首部函数名后括号内的变量称为"形式参数",简称"形参"。形参的本质是变量,变量的值是可以改变的。在主调函数中调用函数时,函数名后面括号中的参数称为"实际参数",简称"实参",实参可以是常量、变量或表达式。

图6-1中定义了一个函数add,该函数首部定义了两个形参x和y,这两个参数都是变量,函数在调用之前,参数只是在形式上存在,内存中并无分配空间,参数的值也是不确定

的,只有调用此函数时,才有确切的数据传递给形式参数,系统才会为其分配内存。而当函数调用结束后,系统马上释放形参所占用的内存。

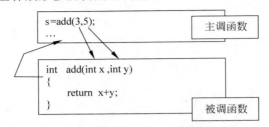

图 6-1　函数调用过程中的数据传递

主调函数对 add 函数进行调用,函数名后面括号中的 3 和 5 是实参,它们是实际存在的两个确切的数值,调用过程中会传递给形参,3 复制给 x 变量,5 复制给 y 变量,此时系统才会为形参分配内存,并保存数值 3 和 5。

add()函数调用过程结束时,通过 return 语句将函数值(3+5)返回到主调函数的调用处,将结果值 8 赋值给 s 变量。

2. 实参与形参间的数据传递

实参与形参间的数据传递方式有两种:值传递和地址传递。

1) 值传递方式——传值

值传递是指主调函数将实参数据单向传递给形参。实参可以是变量、常量、表达式等,形参一般是变量。函数调用时将实参的值复制给形参,实参和形参在内存中占用不同的存储单元,在被调函数中,对形参的任何操作都不会影响实参的值。

特别注意,"值传递"是单向传递,数据传递只能由实参传给形参,函数调用结束后不能将形参反传给实参,实参无法得到形参的值。

【例 6-4】　输入两个整数,交换后输出。

```
#include <stdio.h>
int change(int a,int b)
{   int t;
    t=a;
    a=b;
    b=t;
}
main()
{   int x,y;
    printf("请输入两个整数:");
    scanf("%d%d",&x,&y);
    printf("交换前:x=%d,y=%d\n",x,y);
    change(x,y);
    printf("交换后:x=%d,y=%d\n",x,y);
}
```

运行结果:

```
请输入两个整数:3 5
交换前:x=3,y=5
交换后:x=3,y=5
```

结果分析:

① 如图 6-2 所示,在 main()函数对子函数 change()的调用过程中,实参 x 和 y 的值传递给形参 a 和 b,采用的是"值传递"的方式,实参和形参各自占用不同的内存单元。

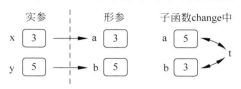

图 6-2 值传递示意

② 在子函数 change()中,对形参 a 和 b 的值进行了交换,子函数执行完毕,形参 a 和 b 所占用的内存空间随即释放,而实参 x 和 y 的值并未进行交换。

显然,在主函数中没有实现两个数据交换的功能,从程序功能角度看,并未完成本来的工作任务。

2) 地址传递方式——传地址

地址传递是指主调函数把地址格式的实参数据传递给形参。函数调用时将实参地址传递给形参,形参和实参因使用同一地址空间而指向相同的存储空间。在被调函数中,通过形参对数据实施的操作,可以反映在实参变量值的改变上,以达到形参与实参之间传递数据的目的。

关于实参和形参的几点说明如下。

(1) 实参必须具有确定的值,形参接收实参传递的值,实参与形参的数量、数据类型及排列顺序要严格一致。

(2) 形参在被调用时才分配内存空间,调用结束后马上释放所分配的空间,因此形参只在子函数内部调用过程中有效,主调函数中不可以使用形参变量。

(3) 形参与实参即使是同名变量,编译时在内存中也会分配不同的空间,因此也要理解为不相同的变量,互不干涉。

(4) 实参向形参传递数据形式可分为传值和传地址两种模式。传值为单向传递,只能由实参传递给形参,而不可相反。而传地址模式形参与实参映射为同一空间,因此可以理解为形参的改变会传递给实参。这也是形参能够把操作结果带回给实参的一种途径。

3. 函数的返回值

我们可以简单地理解,**函数的返回值就是执行函数后获得的运算结果**。被调函数是通过 return 语句给主调函数提供返回值的。

return 语句的一般形式:

return 表达式;   或   **return (表达式);** 或   **return;**

该语句的功能是计算表达式的值,并返回给主调函数。

以下都是正确的 return 语句示例:

```
return max;                    //变量未加括号
return (max);                  //变量在括号中
return (max + 1);              //返回值为表达式,加括号
return ;                       //无返回值的返回语句
```

说明：

（1）在函数中形式上允许有多个 return 语句，但函数执行过程中，每次调用函数逻辑上只能有一个 return 语句被执行。一旦某个 return 被执行，则立即结束本函数的执行，返回主调函数，其他 return 不被执行，因此函数最多只能返回一个函数值。

（2）return 返回值的类型必须和函数首部定义函数的返回值类型保持一致。如果两者不一致，则以函数首部返回值类型为准，自动进行类型转换。

（3）如果函数返回值的类型为整型，在函数定义时可以省去类型说明。

（4）一些功能性函数可以不返回函数值，此时函数体内可以省略 return 语句，函数类型应明确定义为"void"（空类型）。这种情况下，程序执行到函数末尾遇见"}"时结束本函数并返回主调函数。显然函数被定义为空类型后，在主调函数中就不可以引用被调函数的函数值。

【例 6-5】 输入 n 的值，求 1+2+3+…+n。

根据自定义函数是否有参数和是否有返回值，本例通过四种形式实现。

形式一：自定义函数无返回值、无参数，在函数体中完成了输入、计算和输出功能。

```c
#include <stdio.h>
void sum()
{   int n;
    int i,sum = 0;
    printf("请输入一个数:");
    scanf("%d",&n);
    for(i = 1;i <= n;i++)
        sum += i;
    printf("The value of the cumulative sum:%d\n",sum);
}
main()
{
    sum();                          //调用无参数无返回值函数 sum()
}
```

运行结果：

```
请输入一个数:100
The value of the cumulative sum:5050
```

结果分析：

① 自定义函数 sum()是无参数函数，函数定义中函数名后的括号()不能省略；sum()函数无返回值，因此函数的数据类型为 void。

② 本例中累加运算、输入、输出功能均在子函数 sum()的函数体内实现，main()函数中只有对 sum()函数进行调用的操作。

③ 源程序中子函数 sum()在 main()函数前面定义，因此在 main 函数中省略了对 sum()函数的声明语句。

形式二：自定义函数无返回值，有参数。

```c
#include <stdio.h>
void sum(int n)                     //带参数据函数
{
```

```
    int i,sum = 0;
    for(i = 1;i <= n;i++)
        sum += i;
    printf("The value of the cumulative sum:%d\n",sum);
}
main()
{
    int n;
    printf("请输入一个数:");
    scanf("%d",&n);
    sum(n);                          //调用带参数但无返回值函数
}
```

程序运行结果同形式一。

结果分析：

① 输入 n 值的操作在 main() 函数中实现，并将 n 作为实参传递给 sum() 函数中的形参 n。需要特别说明的是，这里的实参和形参均为变量 n，看起来是同名变量，但二者相当于不同名变量，其实质差别是作用域不同，一个在 main() 中有效，一个在 sum() 中有效。变量的作用域问题将在后续章节中详细讲解。

② 本例中子函数的函数名是 sum()，在 sum() 函数内部用到 sum 变量，二者也是无关标识符，编译系统能够区别它们，因为函数名后面带括号，而变量后无括号。

③ 因函数 sum() 无返回值，因而主函数中对 sum() 函数只能采用语句调用形式。

形式三：自定义函数有返回值，无参数。

```
#include <stdio.h>
sum()
{   int n;
    int i,sum = 0;
    printf("请输入一个数:");
    scanf("%d",&n);                  //子函数中输入数据,无须传来 n
    for(i = 0;i <= n;i++)
        sum += i;
    return sum;
}
main()
{   int s;
    s = sum();
    printf("The value of the cumulative sum:%d\n",s);
}
```

程序运行结果同形式一。

结果分析：

① 例中函数 sum() 首部省略了类型定义，因此默认返回值类型为 int 型。

② sum() 函数中的 sum 变量用于存放累加和，函数结尾处使用 return 语句将 sum 的值返回给 main() 函数的调用语句。

③ main() 中以赋值表达式形式调用函数 sum()，s 变量获得函数的返回值并输出。

形式四：自定义函数有返回值，有参数。

```
#include <stdio.h>
int sum(int n)
```

```
{
    int i,sum = 0;
    for(i = 0;i <= n;i++)
        sum += i;
    return sum;
}
main()
{
    int n,s;
    printf("请输入一个数:");
    scanf("%d",&n);
    s = sum(n);
    printf("The value of the cumulative sum:%d\n",s);
}
```

程序运行结果同形式一。

结果分析:

本例输入数据和输出结果均在主函数 main() 中完成,子函数 sum() 只是实现求和功能,并将结果返回到调用者。

通过以上 4 种形式可见函数使用的灵活多变性。比较发现形式四性能更加优越,它使子函数的功能相对独立通用(求 1 至 n 的累加和)。主函数提供 n 获得 sum 并输出结果,而如何获得 sum 的功能交由子函数完成,这样降低了程序模块之间的耦合度,便于实现代码复用。编程过程中,用户要结合实际,合理设计参数与返回值。

6.2.4 数组作函数参数

变量常用作函数参数,数组是相同类型变量的集合,因此数组自然也可以作为函数的参数使用。数组作为函数参数主要有两种形式:一种是数组元素作为函数参数,另一种是数组名作为函数参数。

1. 数组元素作为实参——值传递

数组元素作为参数时,因数组元素与普通变量作用相同,形参采用简单变量即可接收数组元素的值,此时实现的是单向的值传递。

【例 6-6】 求数组中每个元素的绝对值。

```
#include <stdio.h>
int absolute(int n)
{
    return n > 0?n:-n;                    //n 或 -n 即为返回值
}
main()
{
    int i,a[5] = {-3,8,0,-6,4};
    printf("数组元素值为:\n");
    for(i = 0;i < 5;i++)
        printf("%d\t",a[i]);
    printf("\n 数组各元素的绝对值为:\n");
    for(i = 0;i < 5;i++)
```

```
        printf("%d\t",absolute(a[i]));
}
```
运行结果：

```
数组元素值为：
-3    8    0    -6    4
数组各元素的绝对值为：
3    8    0    6    4
```

结果分析：

主函数 main()中，采用循环语句，多次调用子函数 absolute()，每次调用均将当前循环变量 i 所对应的数组元素值 a[i]作为实参传递给形参，形参用简单变量 n 与实参进行数据传递。子函数中计算绝对值并以 return 语句返回给主函数中的 printf()函数输出结果。

如前所述，数组元素与简单变量都只能实现值传递。

2．数组名作为参数——地址传递

从之前的内容中已知，引用数组名相当于数组的地址，并且为该数组的首地址。当采用数据名作为实参向被调用函数进行数据传递时，传递的是数组的首地址，而不是数组元素的值，实现的是地址传递，其实质是形参与实参操作的是相同的地址空间，因此被调函数对形参的改变可以映射到实参，也就是说**形参值可以带回给调用者的实参中**。

【例 6-7】 第一个数组中存放了某学生 5 门课的成绩，第二个数组中存放了另一名学生 8 门课的成绩，计算第一名学生的各科平均分，对第二名学生的各科成绩增加附加分 1 分，输出计算结果。

```c
#include <stdio.h>
float score1(int p[],int n)          //形参为数组，返回值为一个数
{
    int i;
    float s = 0;
    for(i = 0;i < n;i++)
        s += p[i];
    return s/n;
}
void score2(int p[],int n)           //形参为数组，无返回值，但有参数回带值
{
    int i;
    float s = 0;
    for(i = 0;i < n;i++)
        p[i] += 1;
    return;
}
main()
{
    int i;
    int a[5] = {85,93,89,96,100};
    int b[8] = {80,78,89,91,83,88,70,75};
    float ave1;
    printf("第一名学生期末 5 门课的成绩为:\n");
    for(i = 0;i < 5;i++)
```

```
            printf("%d  ",a[i]);
        printf("\n第二名学生期末 8 门课的成绩为:\n");
        for(i = 0;i < 8;i++)
            printf("%d  ",b[i]);
        ave1 = score1(a,5);                    //实参为数组名
        printf("\n第一名学生的平均成绩为:%.2f",ave1);
        score2(b,8);                           //实参为数组名,传地址,值回带
        printf("\n调用成绩处理函数后第二名学生成绩为:\n");
        for(i = 0;i < 8;i++)
            printf("%d  ",b[i]);               //输出值为原数组值 + 1 后的结果
        printf("\n");
}
```

运行结果:

```
第一名学生期末 5 门课的成绩为:
85   93   89   96   100
第二名学生期末 8 门课的成绩为:
80   78   89   91   83   88   70   75
第一名学生的平均成绩为:92.60
调用成绩处理函数后第二名学生成绩为:
81   79   90   92   84   89   71   76
```

结果分析:

① 主函数 main()两次调用函数,调用语句有两个实参,第一个参数分别是数组名 a 和数组名 b,实际是将数组 a 或 b 的首地址传递到形参的第一个变量中,被调函数的第一个形参也为数组 p,此处数组 p 不需要指定长度,但需后跟[]表明为数组类型,参数传递后数组 p 的首地址与数组 a 或数组 b 的首地址映射,共用相同的内存空间。第二个参数采用典型的值传递,分别将常量 5 和 8 传递给形参变量 n。

② 在函数 score()中,循环控制累加数组 p 中各元素值,本质上是累加数组 a 中各元素的值,求得平均值后返回到主函数中,赋给主函数中的 ave1 变量并输出。

③ 在函数 score1()中,数组 p 中各元素值加 1,函数无返回值,看起来只是对所属的 p 数据中的元素有值的改变,但本质上 p 与 b 数组的地址是相同的,映射到主函数中 b 数组的值发生了改变,从输出结果看,b 数组中的元素值确实都累加了 1。

多维数组也可以作为参数进行数据传递。若将多维数组的元素作为参数引用,依然为单向值传递;若将多维数组名作为参数传递,同样是将该多维数组的首地址传给形参,属于地址传递。无论哪种情形,要注意形参与实参数据类型的对应性:值类型对应值类型,地址类型对应地址类型。

【例 6-8】 输出 3 名学生 4 门课程的期末成绩。

```
# include < stdio.h >
# define M 3
# define N 4
void p_score(int p[M][N])                    //也可以定义为 void score(int p[][N])
{
    int i,j;
    for(i = 0;i < M;i++)
    {
        for(j = 0;j < N;j++)
```

```
            printf(" % d\t",p[i][j]);
        printf("\n");
    }
}
main()
{
    int i;
    int a[M][N] = {{92,96,85,81},{78,88,82,90},{89,91,83,88}};
    printf("3 名学生 4 门课程期末成绩为:\n");
    p_score(a);
}
```

运行结果：

```
3 名学生 4 门课程期末成绩为:
 92    96    85    81
 78    88    82    90
 89    91    83    88
```

结果分析：

① 主函数 main()中定义了二维数组 a,采用 #define 定义了常量 M 和 N 的值,用于表示数组 a 的行数和列数。

② 主函数 main()中对函数 p_score()的调用,实参采用二维数组的数组名 a,形参定义为与数组 a 相同的二维数组 p。实参 a 向形参 p 传递的是地址,属于地址传递,数组 a 和数组 p 共用相同的内存单元。

与数组定义规则相同,在定义形参数组时,可以指定各维的长度,也可以省略第一维定义,但不能省略第二维定义,如 void p_score(int p[][N])与 void p_score(int p[M][N])等效,都是正确的。

6.3 函数的嵌套与递归调用

内容概述

函数的功能是通过调用实现的,除了主函数 main()可以调用用户自定义函数以外,各个自定义函数之间是平行关系,它们之间也可以相互调用,这种一个函数调用另一个函数的调用称作函数的嵌套调用。还有一种特别情况是某函数在定义的过程中又直接调用了自己,这种特殊的调用方式称为递归调用。本节学习重点为:
- 掌握函数嵌套调用的方法。
- 掌握函数递归调用的方法。

6.3.1 函数的嵌套调用

C 语言规定一个函数内不能再定义另一个函数,即不能嵌套定义,但允许一个函数的定义中出现对另一个函数的调用。**在一个函数中调用了另一个函数,称作函数的嵌套调用。**

在线视频

图 6-3 表示了函数一般嵌套调用的过程。程序从 main()函数开始执行,遇到调用函数 A 的语句时,转去执行函数 A,在函数 A 中又遇到了调用函数 B 的语句,转去执行函数 B;函数 B 执行完毕返回到调用它的函数 A 中调用语句处继续后续语句的执行,函数 A 执行完毕返回到它的调用者 main()函数中的调用语句处继续执行相应的后续语句,最终程序结束于 main()函数中。

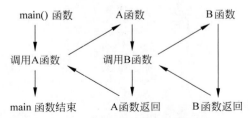

图 6-3　函数嵌套调用示意图

【例 6-9】　输入 3 个整数,求这 3 个数中最大数和最小数的差值。

```c
#include<stdio.h>
int dif(int x,int y,int z);
int max(int x,int y,int z);
int min(int x,int y,int z);
void main()
{   int a,b,c,d;
    printf("请输入 3 个整数:");
    scanf("%d%d%d",&a,&b,&c);
    d=dif(a,b,c);
    printf("Max-Min=%d\n",d);
}
int dif(int x,int y,int z)
{   return max(x,y,z)-min(x,y,z);
}
int max(int x,int y,int z)
{   int r;
    r=x>y?x:y;
    return(r>z?r:z);
}
int min(int x,int y,int z)
{   int r;
    r=x<y?x:y;
    return(r<z?r:z);
}
```

运行结果:

```
请输入 3 个整数:4 2 9
Max-Min=7
```

结果分析:

① 主函数 main()中调用函数 dif(),输入的三个整数存储于 a、b、c 三个变量中,作为实参将传递给 dif()函数的形参变量 x、y、z。

② 函数 dif()中先后调用 max()和 min()函数,此时 dif()函数形参 x、y、z 作为实参将值分别传递到 max()和 min()函数的形参变量 x、y、z 中。

③ max()和 min()函数中各自执行功能后获得最大值和最小值,通过 return 语句返回到 dif()函数中,dif()函数对返回的最大值和最小值求差值,并将其返回到主函数 main()中的调用语句处,main()函数继续执行后续的语句。

④ 主函数 main()对 dif()以及 dif()对 max()、min()函数的调用都形成了嵌套调用关系。

6.3.2 函数的递归调用

在线视频

在函数调用中,如果嵌套调用中某函数调用的是自己,就构成了另一种调用形式,把这种**函数直接或间接调用自己的嵌套调用形式称作递归调用**。C 语言允许函数的递归调用。在递归调用中,主调函数同时也是被调函数。

如图 6-4 所示,执行递归调用函数将反复地直接或间接调用函数本身,每调用一次就进入新的一层,为防止这样无终止地进行自身调用,在函数内必须有能够终止递归调用的语句,常用的办法是加条件语句,满足某种条件后就终止递归调用,然后逐层返回。

图 6-4 递归调用示意图

【例 6-10】 求 n!

算法分析:n!可以看作 n*(n-1)!,如 5! = 5 * 4!,4! = 4 * 3!,3! = 3 * 2!,2! = 2 * 1!,最终 1! = 1,结束递归,层层返回,最终求得结果。

因此,求 n!的算法可表述为以下的递归公式:

$$n! = \begin{cases} 1, & n = 0,1 \\ n \times (n-1)!, & n > 1 \end{cases}$$

```
#include <stdio.h>
int fact(int n)
{   int f;
    if(n == 1||n == 0)                //递归终止条件
        f = 1;
    else
        f = n * fact(n - 1);          //递归调用
    return f;
}
main()
{   int n,t;
    printf("请输入一个正整数:");
    scanf("%d",&n);
    t = fact(n);
    printf("%d! = %d\n",n,t);
}
```

运行结果：

```
请输入一个正整数:5
5!= 120
```

结果分析：

① 调用过程如图 6-5 所示，主函数 main() 中调用子函数 fact()，输入的 n 值 5 作为实参传递给 fact() 函数的形参 n。在 fact() 函数内部，通过 if 条件判断，将执行 else 分支中的 f = 5 * fact(4) 语句（即 5! = 5 * 4!），此处 fact() 函数将对自己实施一次调用，以此类推，不断进行自己调用，直到 if 条件成立，执行 f = 1 并将该值返回到上一层调用处，再依次层层返回，直至主函数调用处递归调用结束，t 变量存储了所求的阶乘值。

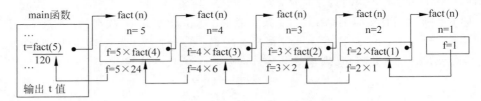

图 6-5 求 5! 递归调用示意图

② 多数 C 编译系统为 int 型数据分配 4 字节，当 n 值输入较大时，所求得的阶乘值会超出 int 型数据所能表示的最大值范围，为避免溢出错误，可将存储阶乘值的变量类型和子函数的返回值类型设置为 long int 型。

6.4 变量的作用域

内容概述

引入函数概念后的程序设计，源程序文件中变量的使用成为一个必须认真研究的问题。其一，不同函数中的变量是否可以共享使用；其二，不同函数中的同名变量，是否为相同的变量；其三，同名形参与实参是否为同一个变量等。在这种编程环境下，理解和确定这些变量值的动态性，对于程序阅读和设计都至关重要。本节学习重点为：

- 掌握局部变量的概念及使用。
- 掌握全局变量的概念及使用。

在线视频

6.4.1 局部变量

程序中变量的有效使用范围称为**变量的作用域**。C 语言中对变量的作用域有明确规定，根据作用域的不同，变量可分为**局部变量**和**全局变量**。

局部变量是指在程序的一定范围内有效的变量，也称为内部变量。C 语言程序中，在以下位置定义的变量为局部变量：

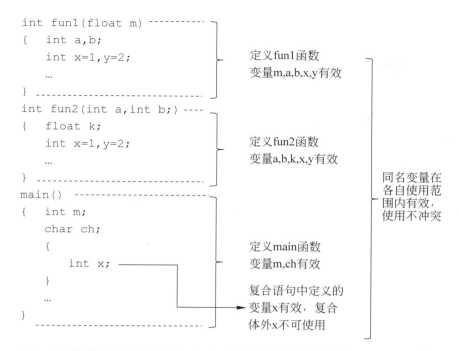

(1) 在函数体内定义的变量，在本函数范围内有效，其作用域仅限于该函数体内。

(2) 函数的形参，仅在其所属的函数中有效，为内部变量。

(3) 函数体内部的复合语句中定义的变量，只在该复合语句范围内有效，作用域仅限于该复合语句中，复合语句之外这些变量将不复存在。

关于局部变量的使用有以下几点说明。

(1) 主函数也是一个函数，除它是所有函数中第一个执行以外，与其他函数是平行关系，因此，主函数中定义的变量也只能在主函数中使用，不能在其他函数中使用。同时，主函数中也不能使用其他函数中定义的变量。

(2) 形参变量是属于被调函数的局部变量，实参变量是属于主调函数的局部变量。

(3) 允许在不同函数中使用相同的变量名，系统为它们分配不同的存储空间，用于表示不同的对象，互不影响。

【例6-11】 局部变量使用实例。

```
#include <stdio.h>
void fun(int a,int b)
{
    int k = 8;
    printf("3.子函数中的局部变量 k = %d\n",k);
    printf("4.形参局部变量 a = %d,b = %d\n",a,b);
}
main()
{
    int i = 2,j = 3,k;
    k = i + j;
    {
        int k = 2;
        printf("1.复合语句中的局部变量 k = %d\n",k);
```

```
            }
            printf("2.主函数内,复合语句外的局部变量k= %d\n",k);
            fun(i,j);
        }
```

运行结果:

1.复合语句中的局部变量 k = 2
2.主函数内,复合语句外的局部变量 k = 5
3.子函数中的局部变量 k = 8
4.形参局部变量 a = 2,b = 3

结果分析:

① 主函数 main()中有局部变量 i,j,k,在 main()函数范围内有效。main()函数内,复合语句外的局部变量 k 值应为 i+j = 2+3 = 5。

② main()函数中有内嵌的复合语句块,其中也定义了变量 k,值为 2。

③ main()函数有两个输出语句,第一个 printf()函数输出复合语句内 k 的值,该行在复合语句内,输出复合语句内定义的 k 变量,输出值为 2;第二个 printf()函数输出复合语句外的 k 的值,应为 main()所定义的 k,输出值为 5。

④ 主函数 main()的最后一条语句调用子函数 fun(),将实参 i,j 的值分别传递给形参 a、b 中,执行子函数 fun(),子函数内部定义了局部变量 k,第一个 printf()函数输出该局部变量 k,输出值为 8;第二个 printf()函数输出形参局部变量的值,输出值为 2 和 3。子函数中的三个局部变量 a、b、k 在调用结束后即消失,所分配的内存空间同步被释放。

⑤ 本例中多处定义了同名的 k 变量,由于定义位置不相同,因此作用域不同,互不冲突。

特别说明:虽然不同的函数中使用同名变量对程序运行无任何影响,但为了避免同名变量引发干扰,建议在关联度较高的函数中,不同对象采用不同的变量名,对于初学者更应如此。

6.4.2 全局变量

在线视频

全局变量是定义在函数体之外的变量,也称为外部变量。全局变量一旦定义,在程序执行过程中会一直占用存储空间,直至程序结束。它的作用范围是从全局变量的定义位置开始,到所在源程序文件结束为止,以下所示为不同位置定义的全局变量及其作用域。

```
int m = 1,n = 3;            //定义全局变量 m,n
int fun1(float m)           //定义 fun1 函数,参数 m 为局部变量
{
    …
}
float x,y;                  // 定义全局变量 x,y
int fun2(int a,int b;)      // 定义 fun2 函数
{
    …
}
main()                      //定义 main 函数
{
    …
}
```
全局变量 m、n 的作用域

全局变量 x、y 的作用域

全局变量使用说明如下。

(1) 定义全局变量的语法格式与定义局部变量相同,只是位置出现在函数之外。

(2) 由于全局变量可以被不同函数直接引用,因此函数间可通过全局变量进行数据传递,设置全局变量的价值之一就是实现函数间的数据关联。

(3) 在函数内部,既可以使用局部变量也可以使用全局变量。若全局变量和局部变量重名,则按"就近原则"引用变量的值,即优先使用局部变量,或理解为局部变量可"屏蔽"同名全局变量。

(4) 使用全局变量,增加了程序的耦合性(关联性),牵一发而动全身,在代码很长的情况下,合作开发人员之间甚至连自己都搞不清全局变量被哪些函数修改了值,这样会降低程序的可读性,且难于查找错误,因此应限制性使用全局变量。

(5) 为了区别全局变量和局部变量,习惯上(但非规定)在定义全局变量时,变量名的首字母可用大写表示;而定义局部变量时,变量名全部采用小写字母表示。

【例 6-12】 全局变量应用实例。

```
#include <stdio.h>
void fun();
int a,b = 520;                      //定义全局变量 a,b,a 自动初始化为 0
void fun()
{
    int b;                          //定义局部变量 b
    a = 110;                        //修改了全局变量 a = 0
    b = 220;                        //初始化局部变量 b,屏蔽了全局变量 b = 520
    printf("in func:\t a = %d,b = %d\n",a,b);
}
int main()
{
    printf("before in main:\t a = %d,b = %d\n",a,b);
    fun();
    printf("\nafter in main:\t a = %d,b = %d\n",a,b);
    return 0;
}
```

运行结果:

```
before in main:    a = 0,b = 520
in func:           a = 110,b = 220
after in main:     a = 110,b = 520
```

结果分析:

① 程序从主函数 main() 开始执行,main() 函数中未定义局部变量,因此第一个 printf() 函数中输出的 a 和 b 的值即为该程序全局变量 a 和 b 的值,分别输出为 0 和 520。

② 主函数调用 fun() 函数,fun() 中定义了局部变量 b 并赋值为 220,则此处屏蔽了全局变量 b;被调函数 fun() 未对 a 变量定义,则仍使用全局变量 a,此处执行 a=110 语句是将全局变量 a 的值修改为 110。fun() 函数中输出的 a 和 b 的值分别为 110 和 220。函数调用结束时,局部变量 b 的内存空间释放。

③ fun() 函数调用结束后,返回主函数 main() 中,执行第二个 printf() 函数,此时输出的 a 为全局变量的值,已被修改为 110;输出的 b 也为全局变量 b 的值 520。

【例 6-13】 从存放 10 名学生成绩的一维数组中求出最高分、最低分和平均分。

```c
#include<stdio.h>
float Max = 0,Min = 0;                      //定义全局变量 Max、Min
float average(float arr[],int n);           //声明函数 average
int main()
{
    int i;
    float score[10],ave;                    //局部变量
    for(i = 0;i < 10;i++)
    {
        printf("请输入第%d位同学的成绩:",i+1);
        scanf("%f",&score[i]);
    }
    ave = average(score,10);                //数组名引用,传送数组首地址
    printf("\n最高分为:%6.2f\n最低分为:%6.2f\n
            平均分:%6.2f\n",Max,Min,ave);
    return 0;
}
float average(float arr[],int n)
{
    int i;
    float aver,sum = arr[0];
    Max = arr[0],Min = arr[0];
    for(i = 1;i < n;i++)
    {
        if(arr[i]> Max) Max = arr[i];       //全局变量 Max 赋值
        if(arr[i]< Min) Min = arr[i];       //全局变量 Min 赋值
        sum += arr[i];
    }
    aver = sum/n;
    return (aver);                          //返回局部变量的值
}
```

运行结果:

```
请输入第 1 位同学的成绩:78
请输入第 2 位同学的成绩:86
请输入第 3 位同学的成绩:85
请输入第 4 位同学的成绩:94
请输入第 5 位同学的成绩:99
请输入第 6 位同学的成绩:100
请输入第 7 位同学的成绩:68
请输入第 8 位同学的成绩:82
请输入第 9 位同学的成绩:88
请输入第 10 位同学的成绩:90
最高分为:100.00
最低分为: 68.00
平均分: 87.00
```

结果分析:

① 程序开始处定义了全局变量 Max = 0、Min = 0。

② main()函数在调用 average()函数时,把实参数组 score 的首元素地址和学生人数 10 传递给形参数组 arr 和形参变量 n。由于 Max 和 Min 是全局变量,各函数都可以直接使

用它们，在 average() 函数中，根据成绩数据修改了它们的值，函数结束时 Max 和 Min 中分别存储了最高分和最低分。

③ 函数 average() 执行结束时，使用 return (aver) 语句将保存平均分的 aver 变量值返回给主函数中的变量 ave，并在 main() 函数中输出。

④ 在 main() 函数中输出 Max 和 Min 就是最终得到的最高分和最低分。

6.5 变量的存储方式及生存期

内容概述

前面我们讨论了变量的作用域问题（从空间角度），重点关注变量在哪些函数区域中能够识别和引用。变量的作用域与存储方式有着密切的关系，同时还涉及生存周期问题（从时间角度），变量的存储方式影响着它的作用域，也与生存周期有着密切的联系。本节学习重点为：

- 掌握函数中变量的存储类别。
- 掌握函数中变量的生存周期。

6.5.1 变量的存储方式

在线视频

C 语言程序是在内存中运行的，而变量在内存中存取最为频繁，变量在内存中存在的时间用生存周期来表述。**变量的生存周期是指变量从开始分配存储空间到存储空间被回收的这段时间。**

1. 程序的存储空间

C 程序运行期间，计算机会给程序分配一段独立且虚拟的内存空间。内存中分配给程序的存储空间通常包含以下 3 部分，如图 6-6 所示。

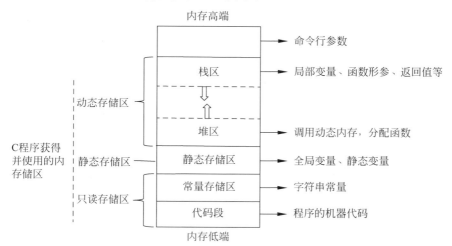

图 6-6 C 程序的内存映像

1) 只读存储区

只读存储区存放程序的机器代码和字符串常量等数据,这个区域中的数据在程序运行过程中只能读取不能修改,因此为只读存储区。

2) 静态存储区

静态存储区存放全局变量、静态变量。存放在该区中的变量在程序编译时即分配了存储空间,并在程序执行过程中一直占用所分配的空间,直到程序全部执行完毕时才释放。

3) 动态存储区

动态存储区中内存的分配和释放是随着程序的运行过程而动态进行的,该区域又分为栈区和堆区。栈区(stack)用于保存函数调用时的断点和现场数据,包括函数的返回地址、局部变量、形参及 CPU 的当前状态等程序运行信息。堆区(heap)是利用 C 语言提供的动态内存分配方法来使用的存储空间,后续将会讲解。

2. 静态存储方式与动态存储方式

如前所述,从变量的作用域角度看,变量可分为局部变量和全局变量。从变量的生存周期角度看,变量可分为**静态存储方式**和**动态存储方式**。

1) 静态存储方式

存储在静态存储区中的变量采用的是静态存储方式,这类变量的生存周期为整个程序,静态变量和全局变量都存放在静态存储区中,因此属于静态存储。

2) 动态存储方式

存储在动态存储区中的变量采用的是动态存储方式,这类变量在程序运行期间根据需要动态地分配存储空间。当函数被调用时,编译系统才临时为动态变量分配内存空间;函数调用结束后,所占用的空间被释放,变量值消失。这类变量的生存期仅为函数调用期间。函数中未定义为静态的内部变量、参数等都属于动态变量。

3. 变量存储类别

C 语言变量定义时,应该确定两个属性:数据的存储类别和数据类型。之前对变量的定义侧重于数据类型,没有对存储类型进行说明,对变量完整的定义形式为:

[存储类别] 数据类型 变量名;

前面已经学习了关于数据类型的定义方法,这里重点掌握关于变量存储类型的说明方法。

C 语言中存储类别有 4 种:自动(auto)、静态(static)、寄存器(register)、外部(extern)。示例如下:

```
auto int a,b;
static float x = 6.0;
extern int k;
```

下一节将分别就各种存储类别进行讨论。

6.5.2　局部变量的存储类别及生存期

在线视频

1. 自动变量(auto 变量)

自动变量使用关键字 auto 声明存储类别,定义自动变量的一般格式为:

[auto] 数据类型 变量名[=变量值],…;

例如:

```
auto float a;                    //定义 a 为自动变量
auto int b,c = 3;                //定义 b,c 为自动变量
```

之前定义的变量均未标明关键字 auto,默认为 auto 变量。函数中的形参和在函数内部定义的变量,以及在复合语句中定义的变量都属于此类。

auto 型变量属于动态变量,作用域从定义开始,到函数体(或复合语句)结束为止;其生存期从进入函数体(或复合语句)开始,到退出函数体(或复合语句)结束。

关于 auto 型变量的使用说明如下。

(1) 关键字 auto 可以省略,缺省情况下隐含为 auto 类型,函数中的大多数变量属于自动变量。以下语句等价:

"auto float a;" 与 "float a;"
"auto int b,c = 3;" 与 "int b,c = 3;"

(2) 未赋初值的 auto 型变量,其值不确定。

(3) 在不同函数体内定义的 auto 型变量,属于各函数独有,即使同名变量也各不相同。

2. 静态局部变量(static 变量)

定义局部变量时,将变量的存储类别定义为静态存储类别 static,该变量即为静态局部变量。

static 型变量的作用域从定义位置起,到函数体(或复合语句)结束为止。static 型变量的生存期是在程序运行期间永久性保存的。定义静态变量的一般格式为:

static 数据类型 变量名[=变量值],…;

例如:

```
static int b,c = 3;              //定义 b,c 为静态变量,并给 c 赋初值 3
```

关于 static 型变量的使用说明如下。

(1) 静态变量属于静态存储类别,被分配在内存的静态存储区中,在函数调用结束时,所占用的存储空间并不释放,直到程序运行结束。

(2) 静态局部变量在编译时即为其分配内存空间并赋初值,且只赋初值一次,之后对函数的调用,其值将保留之前调用时所赋的值。

(3) 如果在定义静态局部变量时未赋初值,则编译时系统将自动为其赋初值为 0(字符型变量赋初值为空字符"\0")。

(4) 虽然静态局部变量在函数调用结束后仍然存在,但其作用域仍为该函数内部,其他函数不可引用它。

(5) 静态变量和全局变量类似,在程序运行期间一直占用内存。当函数调用频繁时,静态局部变量的当前值不容易确定,降低了程序的可读性,因此不建议过多使用静态局部变量。

【例 6-14】 使用 static 变量,分别输出 1~5 各自的阶乘值。

```
# include < stdio.h >
int func(int n)
{
```

```
        static int j = 1;              //定义静态局部变量j,可保留上次调用结束时的值
        j = j * n;
        return j;
}
int main()
{
        int func(int n);                //函数声明,此处可省略
        int i;
        for(i = 1;i <= 5;i++)           //使用循环,5次调用func()函数
            printf("%d!= %d\n",i,func(i));
}
```

运行结果:

```
1!= 1
2!= 2
3!= 6
4!= 24
5!= 120
```

结果分析:

① 主函数 main()中使用 for 循环,5 次调用 func()函数,并输出返回的阶乘值。

② 子函数 func()中,定义了静态局部变量 j,并在静态存储区中分配存储空间,每次调用结束,j 变量的值保留上一次求得的阶乘值;当下次调用 func()时,在此值上乘以实参传递来的自增 1 后的 n 值,即执行 j = (n-1)! * n,求得 n!。

3. 寄存器变量(register 变量)

寄存器是存在于 CPU 内部,可以快速与 CPU 进行数据交换的存储空间。寄存器的存取速度远高于内存的存取速度,因此当一些变量使用较频繁时,为提高执行效率,C 语言提供了可直接操作寄存器的变量,这种变量称作**寄存器变量**,用关键字 register 声明。

register 类别的变量属于局部动态变量的范畴。作用域从定义位置开始到函数体(或复合语句)结束为止;生存期从进入函数体(或复合语句)时生成到退出函数体(或复合语句)时消失。定义寄存器变量的一般格式为:

register 数据类型 变量名[= 变量值], …;

例如:

```
register int f;                        //定义 f 为寄存器变量
```

关于 register 型变量的使用说明如下。

(1) 只有局部自动变量和形参可定义为寄存器变量,局部静态变量则不可以。

(2) 一个计算机系统中的寄存器数目有限,因而不能定义多个寄存器变量。

【例 6-15】 使用 register 变量,分别输出 1 到 5 各自的阶乘值。

```
#include <stdio.h>
int func(int n)
{
    register int i,j = 1;               //定义 register 变量 i,j
    for(i = 1;i <= n;i++)               //通过循环计算 n!
        j = j * i;
```

```
        return j;
    }
    int main()
    {
        int func(int n);
        int i;
        for(i = 1;i <= 5;i++)                    //使用循环,5 次调用 func()函数
            printf(" %d!= %d\n",i,func(i));
    }
```

运行结果：

```
1!= 1
2!= 2
3!= 6
4!= 24
5!= 120
```

结果分析：

① 主函数 main()中使用 for 循环,先后 5 次调用 func()函数,分别求 1～5 的阶乘值。

② 子函数 func()中,定义了寄存器变量 j。每次函数调用时,j 变量在动态存储区中分配内存单元,并重新赋初值,调用结束 j 变量的值就会消失。因此只能借助于 for 循环用连乘的方式求得各阶乘值。

随着计算机及编译系统性能的改变,寄存器变量的功能系统能够根据运行情况自动进行调整,因此对 register 变量的应用了解即可。

extern 语句用于对外部变量进行声明,属于静态存储的应用范畴。接下来将对全局变量进行讨论学习。

6.5.3　全局变量的存储类别及生存期

在线视频

前面已经讲过,全局变量是在函数之外定义的变量,也称为外部变量。全局变量存放在静态存储区中,作用域从定义位置起到本程序结束为止。在此作用域内,全局变量可以被程序中各个函数所引用,变量的生存期为程序的整个运行过程。

全局变量的定义语法形式与局部变量完全相同,只是位置出现于函数之外,这里不再赘述。对于全局变量,这里将从变量所属的程序文件角度进行深化学习。

为了扩展程序的数据传递功能,允许全局变量的作用范围可控,或仅限于本程序文件引用,或可被本程序文件之外的其他程序文件调用,分以下三种典型应用形式讨论。

1. 同一个文件内全局变量的引用

如果全局变量不在文件的头部定义,其作用域从定义处到文件结束。如果变量定义为外部变量,但定义的位置靠后,在定义之前的函数想要直接调用它,则会出错。为此 C 语言提供了外部变量声明语句 extern,可将外部变量的作用域扩展到定义语句之前的范围内。定义外部变量的一般格式为:

extern 数据类型名 变量名;

外部变量声明语句的功能是对程序中已经声明的外部变量进一步调整引用作用域到本

声明语句处。其中的数据类型名可以省略不写,因为 extern 仅用于外部变量的声明而非定义,声明的类型一定与定义的类型是一致的。

举例:

```
extern int A,B;
```

与 extern A,B;等价,因为 A、B 变量的数据类型在外部变量定义时就已经确定。

【例 6-16】 输入三个数,求最大值。

```c
#include<stdio.h>
int main()
{
    int max();
    extern int A,B,C;                    //声明全局变量 A、B、C,扩展其作用域
    printf("请输入三个数:");
    scanf("%d%d%d",&A,&B,&C);
    printf("max:%d\n",max());
}
int A,B,C;                               //定义全局变量 A、B、C
int max()
{
    int max,t;
    t=A>B?A:B;
    max=t>C?t:C;
    return max;
}
```

运行结果:

```
请输入三个数:9 7 2
max:9
```

结果分析:

① 本程序中定义了三个全局变量 A、B、C,但定义位置在主函数 main()之后,默认情况下,main()函数内不可使用这三个变量。本程序中 main()函数内用 extern 对 A、B、C 进行外部变量声明,把这三个变量的作用域扩展到了声明语句所在位置,因此 main()函数可以正常使用外部变量 A、B、C。

② 变量 A、B、C 定义为外部变量,max()函数不需要参数,可在这两个函数中直接引用 A、B、C 的值。

③ 将全局变量的定义放在引用它的所有函数之前,这样在函数中就可以省略 extern 声明。

2. 不同文件中全局变量的引用

一个 C 程序可以由一个或多个源程序文件组成。如果程序由多个源程序文件组成,可用 extern 将一个程序文件的全局变量进一步扩展到其他文件中。

在一个文件中定义的外部变量,在其他文件中可用 extern 对该变量作"外部变量声明",这样在编译和连接时,系统会由此对该变量进行"外部连接",从而找到其他文件中已定义的该外部变量,将其作用域扩展到相关文件,使本文件可以合法引用该外部变量。

语法格式与同一文件中变量的引用声明相同,只是把引用范围扩展到不同的文件之

间,如:

```
extern int A,B;
```

关于文件之间的外部变量的引用请参见相关资料示例,这里不再赘述。

3. 将外部变量的作用域限定在文件内

使用 static 定义的全局变量称为静态全局变量,此类变量只在本源程序文件内有效。一般定义格式为:

```
static 数据类型 变量名;
```

例如:

文件 1.c:

```
static int A;
```

关于 static 型全局变量的使用说明如下。

(1) 在程序设计中,由多人分别完成各个模块时,对已确认其他文件不需要引用本文件的外部变量,就可以对本文件中的外部变量加以 static 声明,使其成为静态外部变量,以免被其他文件误用,同时也保证了每个人可以在其设计的文件中独立地使用外部变量名而与他人互不干扰。

(2) static 既可以用来声明局部变量,也可以用来声明全局变量,但作用有所不同。

static 声明局部变量时,其作用是指定变量存储在静态区中,为其分配的内存空间始终存在,该变量在整个程序执行期间保留值,作用域为所在函数内部,并可屏蔽同名外部变量。

static 声明全局变量时,变量的存储特点与局部静态变量相同,变量的作用域为文件内相关函数,从定义开始到文件结束为止。

6.5.4 存储类别小结

在线视频

1. 关于作用域和生存期

从前面的学习内容可知,变量的属性可以从两方面掌握:一是变量的作用域,为其空间属性;二是变量值保留的时间长短,为其时间属性。

如果一个变量在某个文件或函数范围内是有效的,就称该范围为变量的作用域,在此作用域内可以引用该变量,也称该变量可见。

如果一个变量值在某一时段是保留的,则这一时段为该变量的生存期,或称该变量在此时段"存在"。表 6-1 表示了各种类型变量的作用域和生存期情况。

表 6-1 各种类型变量的作用域和生存期情况

变量的存储类别	函数内		函数外	
	作用域	存在性	作用域	存在性
自动变量和寄存器变量	√	√	×	×
静态局部变量	√	√	×	√
静态外部变量	√	√	√(只限文本文件)	√
外部变量	√	√	√	√

从表 6-1 中可以看出，自动变量在函数内外的"可见性"和"存在性"一致，即函数内是存在的，值是可被引用的；在函数外不存在，值不能被引用。静态外部变量和外部变量的可见性和存在性也是一致的，即离开函数后变量值仍然存在，可被引用。而静态局部变量的可见性和存在性不一致，在函数外，变量值存在但不能被引用。

2．变量分类小结

（1）从作用域角度分类，有局部变量和全局变量。
它们采用的存储类别如下。
- 局部变量
① 自动变量，即动态局部变量，离开函数，值就消失。
② 寄存器变量，离开函数，值就消失。
③ 静态局部变量，离开函数，值仍保留。
④ 形式参数为自动变量。
- 全局变量
① 静态外部变量，只限本文件引用。
② 外部变量，非静态的外部变量，允许其他文件引用。

（2）从生存期角度分类，有动态存储和静态存储两种类型。
静态存储是程序整个运行期间都存在的，而动态存储则是在调用函数时临时分配单元。
- 动态存储
① 自动变量，本函数内有效。
② 寄存器变量，本函数内有效。
③ 形式参数，本函数内有效。
- 静态存储
① 静态局部变量，函数内有效。
② 静态外部变量，本文件内有效。
③ 外部变量，用 extern 声明后，其他文件可引用。

（3）从变量值存放的位置来区分，有静态存储区存储、动态存储区存储、CPU 中的寄存器中存储。
- 内存中静态存储区
① 静态局部变量。
② 静态外部变量（函数外部静态变量）。
③ 外部变量（可为其他文件引用）。
- 内存中动态存储区
① 自动变量和形式参数。
② 寄存器变量。

6.6 内部函数和外部函数

内容概述

与变量的作用域相同,函数也存在作用域问题。从本质上看函数应该是全局的,因为定义函数的目的就是要被其他函数调用。默认情况下,一个文件中的函数既可以被本文件中其他函数调用,还可以被其他文件中的函数调用。为了增加函数应用范围的灵活性,可以通过添加存储类别声明方式来指定某些函数不可以被其他文件调用。根据函数能否被其他源程序文件调用,将函数区分为**内部函数**和**外部函数**。本节学习重点为:
- 掌握内部函数的定义及使用方法。
- 掌握外部函数的定义及使用方法。

6.6.1 内部函数

如果一个函数只能被本文件中其他函数所调用,则称其为内部函数。定义内部函数时,在函数名和函数类型的前面加 static 即可,因此内部函数又称静态函数,一般定义格式为:

static 类型名 函数名(形参表)

例如:

static int func(int m,int n);   //定义 func()为内部函数,不能被其他文件调用

使用内部函数,可以使函数的作用域局限于所在文件。在不同的文件中即使有同名的内部函数也互不干扰,这样避免了合作开发过程中不同人员之间因同名函数而产生的冲突。通常把只能由本文件使用的函数和外部变量统一在文件的开头位置进行定义。

6.6.2 外部函数

能被其他源文件中的函数所调用的函数称为外部函数。在定义函数时,若函数名和函数类型的前面加关键字 extern,则该函数被定义为外部函数。一般定义格式为:

extern 类型名 函数名(形参表);

例如:

extern int f_1(int m,int n);   //定义 f_1()为外部函数,可以被其他文件调用

C 语言规定,定义函数时省略关键字 extern 的函数被默认为外部函数,本教材前面所定义的函数均为外部函数。

如果需要在某个程序文件中调用其他程序文件中的函数,需要在调用程序文件中用 extern 声明允许被调用的函数为外部函数即可。

应用示意程序如下:

```
f.c                                    f2.c
#include<stdio.h>                      void fun2()
int main()                             {
```

```
{   extern void fun1();                         …
    extern void fun2();                       }
    extern void fun3();                       f3.c
}                                             void fun3()
f1.c                                          {
void fun1()                                       …
{                                             }
    …
}
```

6.7 函数实训案例

内容概述

本节学习目的为巩固函数在程序设计中的应用，提升函数编程技巧，提高运用函数相关知识分析问题、培养思维、解决实际问题的能力。本节学习重点为：
- 函数编程技术及应用。
- 函数中参数的使用。
- 函数的递归调用。

【案例 6-1】 数字立方和。

【案例描述与分析】

定义函数 sum_cubic，接收一个整型参数 a，计算并返回参数 a 的各位数字的立方和。

本题定义一个名为 abs_value 的函数，功能为获取参数 a 的绝对值。然后使用 while 循环来遍历参数 a 的每一位数字，计算各位数字的立方，并将结果累加到变量 sum 中。最后，将立方和作为函数的返回值。

【案例实现】

```c
#include <stdio.h>
int abs_value(int a)
{   if (a < 0)
        return -a;
    else
        return a;
}
int sum_cubic(int a)
{   int digit, sum = 0;
    a = abs_value(a);                    // 取参数 a 的绝对值
    while (a > 0)
    {
        digit = a % 10;                  // 取最后一位数字
        sum += digit * digit * digit;    // 计算立方
        a /= 10;                         // 去掉最后一位数字
    }
    return sum;
}
int main()
{
    int num, result;
```

```
        printf("请输入一个整数:");
        scanf("%d", &num);
        result = sum_cubic(num);
        printf("各位数字的立方和为:%d\n", result);
        return 0;
}
```

运行结果：

```
请输入一个整数:123
各位数字的立方和为:36
```

【案例 6-2】 统计字符函数。

【案例描述与分析】

请编写一个函数 countChar，该函数接收两个参数：一个字符串 str 和一个字符 ch。函数的功能是统计字符串 str 中字符 ch 出现的次数并返回。

例如，对于字符串"Hello,World!"和字符'o'，函数应返回 2，因为字符'o'在字符串中出现了两次。要求统计函数不区分字符的大小写，即大写字符'A'和小写字符'a'被视为相同的字符。

在 countChar 函数中，使用一个循环遍历字符串中的每个字符，如果当前字符等于目标字符 ch，则计数器 count 自增。

【案例实现】

```
#include <stdio.h>
int countChar(char str[], char ch)          //统计字符串中查找字符的个数
{
    int i,count = 0;
    for (i = 0; str[i] != '\0'; i++)
    {
        if (str[i] == ch)
            count++;
    }
    return count;
}
int main()
{
    char str[100];
    char ch;
    int count;
    printf("请输入字符串:");
    scanf("%s", str);
    printf("请输入要统计的字符:");
    scanf(" %c", &ch);                      //保留空格的目的是避免读取之前的换行符
    count = countChar(str, ch);
    printf("字符 '%c' 在字符串中出现的次数为:%d\n", ch, count);
    return 0;
}
```

运行结果：

```
请输入字符串:aabbbsdddeeehkkk223334
请输入要统计的字符:a
字符 'a' 在字符串中出现的次数为:2
```

【案例 6-3】 汽车油耗计算器。

【案例描述与分析】

假设开发一个汽车油耗计算器,该计算器可以根据车辆的行驶里程和加油量计算出汽车的平均油耗。请编写一个程序,实现以下功能。

(1) 获取用户输入的行驶里程和加油量。

(2) 计算汽车的平均油耗(行驶里程除以加油量)。

(3) 显示计算结果。

该计算器可以使用函数来实现,通过定义下面三个函数分别实现程序的功能。

(1) 函数 inputData 用于用户输入行驶里程和加油量。

(2) 函数 calFuelConsumption 用于计算平均油耗。

(3) 函数 displayResult 用于显示计算结果。

在程序中,使用全局变量 mileage 和 fuelAmount 分别存放行驶里程和加油量,从而实现数据在函数间共享。

【案例实现】

```c
#include <stdio.h>
float mileage = 0.0;                    // 行驶里程
float fuelAmount = 0.0;                 //加油量
void inputData()
{
    printf("请输入行驶里程(千米):");
    scanf("%f", &mileage);
    printf("请输入加油量(升):");
    scanf("%f", &fuelAmount);
}
float calFuelConsumption()
{   float averageFuelConsumption = 0.0;
    if (fuelAmount > 0)
        averageFuelConsumption = fuelAmount / mileage * 100;
    return averageFuelConsumption;
}
void displayResult(float fuelConsumption)
{
    printf("平均油耗:%.2f 升/百千米\n", fuelConsumption);
}
int main()
{   float fuelConsumption;
    inputData();
    fuelConsumption = calFuelConsumption();
    displayResult(fuelConsumption);
    return 0;
}
```

运行结果:

```
请输入行驶里程(千米):100
请输入加油量(升):12
平均油耗:12 升/百千米
```

6.8 函数实践项目

内容概述

C 语言中使用函数可以实现模块化程序设计的思想,对于具有一定规模的软件开发过程,能够良好地支持团队合作开发。本节学习重点为:
- 利用函数实现软件子模块功能。

【项目分析】

本节的实践重点是在第 5 章实践项目的基础上,利用函数修改完成"新卡注册"模块功能。系统变量规划与第 5 章相同,为了实现数据传递功能,部分公用数据变量定义为外部变量。同样考虑到后续模块中会有更合理、操作性更强的方法实施本项目,本节只实现选项 1 的功能,为了使程序能够正确退出,也保留了选项 7 的功能。

【项目实现】

```c
#include<stdio.h>
#include<stdlib.h>
#include<string.h>
#define N 20
//以下为变量规划,将卡信息定义为外部变量,方便数据传递
int flag[N] = {0};                      //是否建卡标志
char personname[N][10] = {"\0"};        //姓名
int cardnum[N] = {0};                   //卡号
float cardmoney[N] = {0.0};             //卡余额
int num = 1;                            //建卡数量
void new_c()                            //建卡函数
{   int k,i,cardnumber;
    float cardmone;
    for (i = 1;i< num;i++)
        if (flag[i] == 1)               //查找是否有无效卡,有就用该卡号新开,无就顺延
            break;
    cardnumber = i;
    printf(" \n\t 请输入姓名:");
    scanf("%s", personname[i]);
    printf(" \n\t 请输入要充值到卡内的金额:");
    scanf("%f", &cardmone);
    cardnum[i] = cardnumber;            //存储卡号
    //strcpy(prdnumber).pname, personname);
    cardmoney[i] = cardmone;            //存储金额
    flag[i] = 0;                        //卡号已分配标志
    if (cardnumber == num)
        (num)++;
    printf("\t 卡号\t 姓名\t 余额\n");
    for(k = 1;k< num;k++)
        printf("\t%-d\t%s\t%.2f\n",
               cardnum[k],personname[k],cardmoney[k]);
    getchar();
```

```c
            return;
    }

    int main()
    {   char choose;
        while(1)
        {   system(" cls");
            printf("\n\t|| ================================ ||");
            printf("\n\t||              欢迎使用               ||");
            printf("\n\t||              一卡通系统             ||");
            printf("\n\t|| ================================ ||");
            printf("\n\t||              功能菜单选项           ||");
            printf("\n\t|| -------------------------------- ||");
            printf("\n\t||              1.新卡注册             ||");
            printf("\n\t||              7.退出系统             ||");
            printf("\n\t|| -------------------------------- ||");
            printf("\n\t 请输入选项:");
            scanf(" % c",&choose);
            switch(choose)
            {   case'1':printf("\n\t 您选择了新卡注册");
                new_c();
                getchar();
                break;
                case'7':printf("\n\t 您选择了退出系统\n");
                exit(0);
                break;
                default: printf("\n\t 输入错误,请重新输入。\n");
                system("pause");
                getchar();
            }
        }
    }
```

运行结果:

```
请输入选项:1
您选择了新卡注册
请输入姓名:李小宝
请输入要充值到卡内的金额:300
卡号    姓名    余额
1       张大为   100.00
2       李小宝   300.00
```

习题与实训 6

一、概念题

1. 简述函数首部定义的格式。
2. 简述函数调用的 3 种形式。

3. 简述函数的实参和形参的概念。
4. 简述函数调用过程中,实参向形参传递数据的方式。
5. 为何要对被调用函数进行声明？如何声明？
6. 简述函数递归调用的设计思路。
7. 使用数组名作为函数参数时,如何进行数据传递？
8. 简述局部变量的存储类别。
9. 简述拓展全局变量作用域的3种方式。
10. 简述内部函数和外部函数的定义方法。

二、选择题

1. 以下对 C 语言函数的有关描述中,正确的是(　　)。
   A. 在一个函数内部可以定义另一个函数
   B. 函数既可以嵌套定义又可以递归调用
   C. 函数必须有返回值,否则不能使用函数
   D. 调用函数时,只能把实参的值传送给形参,形参的值不能传送给实参
2. 以下叙述中错误的是(　　)。
   A. C 程序必须由一个或多个函数组成
   B. 函数调用可以作为一个独立的语句存在
   C. C 程序中有调用关系的所有函数必须放在同一个源程序文件中
   D. 若函数有返回值,必须通过 return 语句返回
3. 以下函数首部定义正确的是(　　)。
   A. void play(int,int)   B. void play(int a,b)
   C. void play(int a,int b)   D. void play(a,b)
4. C 语言中,用基本类型变量作为函数参数可以实现(　　)传递。
   A. 值   B. 地址   C. 方向   D. 定位
5. 若函数为 int 型,变量 z 为 float 型,且函数体内有语句 return(z);,则该函数返回值是(　　)型。
   A. int   B. float   C. void   D. 不确定
6. 若用数组名作为函数调用的实参,传递给形参的是(　　)。
   A. 数组中第一个元素的值   B. 数组的首地址
   C. 数组中全部元素的值   D. 数组元素的个数
7. 关于 return 语句的描述,错误的是(　　)。
   A. 自定义函数可以没有 return 语句
   B. 自定义函数可以有多个 return 语句,调用后一次返回多个函数值
   C. 自定义函数若没有 return 语句,则应将函数返回值类型定义为 void
   D. 函数的 return 语句可以没有表达式
8. 下面函数调用语句中,func()函数的实参个数是(　　)。
   func(f2(v1,v2),(v3,v4,v5),(v6,max(v7,v8)));
   A. 3   B. 4   C. 5   D. 8

9. 在 C 语言中,全局变量的默认存储类别是( )。

    A. static   B. extern   C. auto   D. register

10. 在 C 语言中,若要使定义在一个源程序文件中的全局变量只允许在本源文件中所有函数使用,不能被其他文件引用,则该变量的存储类别为( )。

    A. static   B. extern   C. auto   D. registe

三、填空题

1. 数组名作为函数的参数时,_____和_____共用相同的内存单元。

2. 调用函数进行数值传递时,数值传递的方向是由_____单向传递到_____,形参变量的值不影响实参变量的值。

3. 在 C 程序中,函数不能嵌套定义,但可以_____。

4. 变量从作用域的角度分为_____和_____。

5. 若自定义函数要求返回一个值,则应在该函数体中有一条_____语句,若自定义函数要求没有返回值,则应在声明该函数时加_____类型名。

6. C 语言变量的存储类别有_____、_____、_____、_____。

四、判断题

1. 递归调用时必须有结束条件,不然就会陷入无限递归的状态。( )
2. 作用域就是生存周期。( )
3. 全局变量比局部变量作用范围广,所以我们要尽可能多地使用全局变量。( )
4. 主函数中定义的变量在整个程序执行过程中都有效。( )
5. 程序中只应当出现有限次数的、能够终止的递归调用。( )
6. 编译系统能够判断函数功能是否实现。( )
7. 一个程序仅能由一个文件中的函数组成。( )
8. 系统库函数可以在需要时被随时调用。( )
9. 在一个源程序中,main()函数的书写位置可以任意。( )
10. 通过 return 语句,函数可以带回一个或一个以上的返回值。( )

五、程序补充题

1. 下列程序段功能是:求两个数中的较大数。请在下画线的位置填上适当的语句,使程序完整。

```
#include <stdio.h>
int max(int x, int y)
{   int max;
    if (x >= y)
        _____;
    else
        _____;
    return max;
}
int main ()
{   int x = 5, y = 9;
```

```
        printf("max = %d", max(x, y));
}
```

程序运行结果:

```
max = 9
```

2. 以下程序功能为判断数字是正数、负数或零。如果是正数,返回数字 1;如果是零,返回数字 0;如果是负数,返回数字－1。请在下画线位置填上适当语句使程序完整。

```
#include <stdio.h>
int sign (int x)
{   if(x > 0)
        return 1;
    else if(_____)
        return 0;
    else
        return -1;
}
main ()
{   int x = 3;
    printf("sign(%d) = %d\n", x, _____);
}
```

程序运行结果:

```
sign(3) = 1
```

3. 下面函数的功能是:输入一个正整数,然后输出其个位数字,请补充代码。

```
#include <stdio.h>
int UnitDigit(int number)
{   return _____;
}
int main()
{   int x, y;
    printf("请输入一个正整数:");
    scanf("%d", &x);
    y = _____;
    printf("个位数是:%d\n", y);
    return 0;
}
```

程序运行结果:

```
请输入一个正整数:123
个位数是:3
```

六、应用题

1. 编写两个函数,分别求两个整数的最大公约数和最小公倍数,用主函数调用这两个函数,并输出结果。

2. 编程实现函数 Prime()。函数的功能是判断一个整数是否为素数,在主函数中输入一个整数,输出是否为素数的信息。

3. 编写一个函数,使输入的字符串反序输出,在主函数中输入和输出字符串。

4. 在一个二维数组中存放 10 名学生 5 门课的成绩,分别用函数实现以下功能:

(1) 计算每名学生的总分。

(2) 计算每门课的总分。

(3) 找出所有成绩的最高分,输出对应的学生和课程。

5. 用递归方法计算斐波那契(Fibonacci)数列的前 20 个数,并编写主函数调用该函数。

第 7 章

指 针

CHAPTER 7

内容导引

指针是 C 语言中很重要的一种数据类型,也是 C 语言特有的风格之一。指针突出体现了 C 语言的"具有低级语言的高级语言"特色。**指针的实质是"地址"**,地址是计算机内存空间的编号,由操作系统与语言的编译系统统一管理。在 C 语言中,地址的载体是变量名、函数名等标识符。为方便起见,本章以变量名为代表进行讨论。

定义变量时,总是与相关的内存空间绑定在一起。也就是说,变量在内存中是有地址的,所以使用赋值语句使**指针指向变量**后,就可以通过指针非常方便地引用变量,理解了这一点,就不难学通悟懂指针。指针可以指向任何数据类型与之相匹配,通过与变量一致的操作方法(如 ++ 、 -- 、赋值等运算),实现对简单变量、数组、字符串以及之后将要学到的结构体、共同体、枚举、文件等各种类型数据的引用。指针还可作为函数参数,方便函数之间数据传递。正确而灵活地运用指针,可以编写出简洁、高效的程序。

指针是 C 语言重要的学习内容之一,在学习过程中,要特别注意"指针的指向性",它是理解和使用指针的金钥匙,同时要结合计算机内存的结构特点理解概念,勤思考、多实践。

学习目标

- 理解指针的相关概念。
- 掌握指针的定义、初始化及引用方法。
- 掌握利用指针引用变量、数组和字符串的方法。
- 掌握指针作为函数参数的使用方法。
- 掌握指针对动态内存的使用方法。

7.1 初识指针

内容概述

在 C 语言中,指针作为一种数据类型有着重要的作用。本节将初步学习指针的基本概念、指针与指针变量的关系、指针变量的基本操作及应用。本节学习重点为:
- 理解指针与地址的概念。
- 掌握指针变量的定义和应用。
- 掌握指针变量作为函数参数的使用方法。
- 能够运用指针变量解决相应的实际问题。

7.1.1 指针的基本概念

计算机中运行的程序和数据是存放在内存中的。内存是以存储单元(字节)为基本单位构成的连续存储空间。一个存储单元为一个字节。

前面已经介绍了 C 语言的许多数据类型,不同类型的数据所占用的存储单元是不同的。例如,int 型数据在内存中占用连续 4 字节,char 型数据在内存中占用 1 字节。为了正确访问内存单元,计算机系统中对每个存储单元都分配了一个地址编号。内存单元的编号称作地址,在 C 语言中把**地址称作"指针"**。

C 语言中对变量的使用必须"先定义,后使用"。变量被定义后,编译系统会按变量的数据类型为其分配相应的内存单元,并使变量与相应的内存单元地址绑定在一起。变量名是对程序中数据存储空间的抽象,变量占用的内存空间的起始单元地址称为该**变量的地址**,也称为变量的指针;而与变量地址所对应的内存空间中存放的数据称为**变量的值**。

7.1.2 指针变量

1. 指针变量的定义

C 语言中,普通变量用来存放数据,有一种变量专门用来存放地址,我们把这种用于**存放地址的变量称为指针变量**。指针变量也是变量,服从变量使用的基本规则,指针变量也必须先定义后使用,定义指针变量的一般格式为:

    数据类型名　*指针变量名1[= 地址][,*指针变量名2,…];

定义格式中,数据类型名表示该指针变量所指向变量的数据类型,"*"是指针变量的专用标记,在定义语句中的作用为指示所定义的变量为指针变量。指针变量命名须符合标识符命名原则。

例如:

```
int *p;              //p 为指针变量,它指向存放整型数据的存储空间
float *q;            //q 为指针变量,它指向单精度实型数据的存储空间
char *k,t;           //k 是指向存储字符型数据的指针变量,而 t 是普通字符型变量
int *a = &i;         //定义指针变量 a 并初始化,指向变量 i
```

说明：

(1) 上例中指针变量的名字是 p、q、k，而非 *p、*q、*k，* 是指针变量的标记符。

(2) 如果一个定义语句中同时定义多个指针变量，必须在每个指针变量前加"*"。

(3) 数据类型相同的指针变量与一般变量可以在同一个语句中定义。

(4) 指针变量在定义的同时可以初始化。

定义后未完成指向操作的指针变量是不可以直接引用的，下面将学习指针变量的引用方法。

2. 指针变量的引用

指针变量用于存放地址，地址总是与存储空间相关联的，而存储空间又是通过变量来操作的，因此指针的使用必须与变量发生关联才能操作存储空间中的数据。用一句话概括指针的应用特点：**指针必须有所指，无指向的指针变量值是不确定的**。所谓"有所指"就是通过赋值语句使指针变量中存放其他已经分配了确切存储空间的变量地址。

1) 指针变量的初始化——指针变量有所指

指针变量使用前必须先定义，并且经过初始化（赋值）的指针变量才可以使用，不经过初始化的指针变量将随机指向内存空间地址，取得无意义的值。

指针变量初始化就是把实体变量的地址赋值给指针变量，也可以说使**指针指向变量**。C 语言中借助取地址运算符"&"对指针变量进行初始化。常用的初始化方式如下。

(1) 指针指向简单变量的初始化。

格式如下：

指针变量名 = & 变量名；

方式 1：先定义变量，然后初始化。例如：

```
int *pi,i=5;
pi=&i;
```

方式 2：定义变量的同时初始化。例如：

```
int i=5;
int *pi=&i;              //定义指针变量 pi,并初始化
```

方式 1 和方式 2 两种形式结果相同，操作示意如图 7-1 所示。假设 i 变量存储在以地址值 2000 为首地址的内存单元中（整型变量占用 4 个内存单元），指针变量 pi 指向 i，即 pi 中存储的是变量 i 的地址 2000，由 pi=&i 实现。编译系统也会在内存中为指针变量 pi 分配地址，可通过输出 &pi 的值来查看为 pi 分配的地址值。

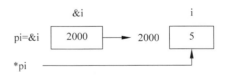

图 7-1 指针变量及初始化示意图

说明：

① 指针变量只能操作同类型的其他变量。本例中由于定义指针变量 pi 为 int 型，因此它只能指向存储 int 型变量的地址。以下赋值是错误的。

```
float t=3.5;
int *pt=&t;              //指针变量 pt 与实体变量 t 类型不一致,不能赋值
```

② 指针变量也是变量，服从变量使用规则，必须先定义然后再赋初值（初始化），如方式

1;或者定义与初始化同步进行,如方式2。

③ 定义指针变量时的标识符"*"表明变量为指针型,与引用指针变量时的"*"含义不同。给指针变量赋值时不可再加"*"号,以下赋值方式是错误的。

```
int i = 5, * pi;
* pi = &i;                //被赋值的指针变量 pi 前不可再加"*",应为 pi = &i
```

④ 指针变量中不可赋常量值,以下赋值方式是错误的。

```
int * pi;
pi = 200;                 //不可将常量值赋给指针变量
```

指针变量初始化形式还可以采用以下几种形式。

(2) 指针指向数组的初始化。

格式如下:

指针变量名 = 数组名;

例如:

```
形式 1:int c[10], * p = c;   //定义的同时初始化
形式 2:int c[10], * p;
       p = c;                //先定义,后初始化
```

以上两种形式是等价操作。

在 C 语言中,数组名是数组首元素的地址,它是地址形式的变量。使用指针操作数组,两者是对等的对象,因此在数组名前不可以再使用取地址符"&"。

特别地,也可以使用数组元素初始化指针。数组元素与简单变量性质相同,它不表示地址而是表示值,因此需要采用以下地址形式的赋值。

指针变量名 = & 数组名[0];

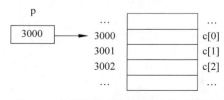

图 7-2 指针指向数组的初始化示意图

初始化语句 p = &c[0];与 p = c;两者是等价操作。上述操作示意如图 7-2 所示。

(3) 指针指向同类型指针的初始化。

如果有某个指针变量已经有所指了,也可以用它对其他同类型的指针进行初始化操作。格式如下:

指针变量名 1 = 指针变量名 2;

例如:

```
pb = pa;
```

假设有如下变量声明语句:

```
int a = 5;
int * pb, * pa = &a;
```

可通过执行 pb = pa;语句,使 pb 指向 pa 并指向变量 a,如图 7-3 所示。

此时可以用指针 pa 操作 a 变量,也可以用 pb 指针操作 a 变量。这种情形中,两个指针变量是对等的,与简单变量 b = a 有类似功能。显然,两个指针变量的数据类型与所指变量的数据类型必须一致。

(4) 指针变量初始化为空(NULL)。

指针变量有一种特殊的初始化方法,就是让它不指向任何变量或存储空间。格式如下。

指针变量名 = NULL;

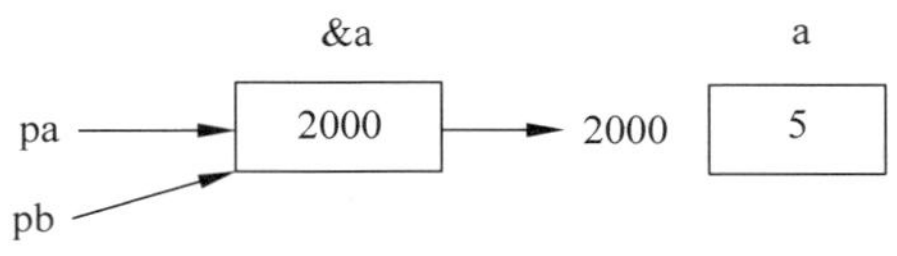

例如:

```
int *p;         或  int *p = NULL;    或  int *p = 0;
p = NULL;
```

图 7-3 指针指向同类型指针的初始化示意图

其中,NULL 是系统头文件<stdio.h>中定义的符号常量,其 ASCII 码值为 0,因此也可以使用"指针变量名＝0;"的格式初始化。另外,在使用指针变量进行数据操作时,常使用"**指针变量 == NULL**"来构造条件表达式,作为指针数据操作结束的标志。

2) 引用指针变量的值——引用所指变量的值

对于一般变量值的引用是通过变量名直接获取。这种按照变量名存取变量值的引用方式称为**直接引用**。之前的赋值语句、输出语句中所采用的就是直接引用。

在图 7-1 所示的示例中,将指针变量 pi 指向了 i,通过 pi 对 i 变量值的访问可称为间接引用。把这种先获得操作数据地址进而获取对应地址中值的访问方式称为**间接引用**。通过指针对所指变量的操作是典型的间接访问方式。间接访问运算符有如下两个。

(1) "*": **指针运算符,获取指针变量所指对象的值。**

例如:

```
int i = 5, *p = &i;
printf("%d", *p);        //获得 p 变量所指变量的值
```

"*"的功能为取得指针变量所指向变量的值,即指针变量所指向的存储空间的内容。其为单目运算符,结合性为自右至左。

(2) "&": **取地址运算符,获取变量的地址。**

例如:

```
scanf("%d",&a);
p = &a;
```

要深刻理解"*"和"&"两个运算符的含义,它们可以组合形成不同的运算。

&a 表示取变量 a 的地址,*(&a)表示取这个地址中的数据,因两个运算符都是右结合方式,因此 *&a 等价于 *(&a),也等价于 a。&*pa 等价于 &(*pa),*pa 表示取得 pa 指向的变量(如 a)的数据,所以 &*pa 等价于 pa。

【例 7-1】 指针与地址符的基本功能演示。

```
#include <stdio.h>
main()
{   int a = 10, *p = &a;
    printf("a = %d\n",a);
    printf("*p = %d\n",*p);
    printf("&a = %d\n",&a);
    printf("*&a = %d\n",*&a);
    printf("&*p = %d\n",&*p);
}
```

运行结果：

```
a = 10
* p = 10
&a = 5242216
* &a = 10
& * p = 5242216
```

【例 7-2】 输入两个数 a 和 b，采用指针变量将二者交换后输出。

```
#include <stdio.h>
void main()
{
    int a,b, * pa, * pb, * t;
    pa = &a;
    pb = &b;
    printf("Please enter two integer numbers:");
    scanf("%d%d",&a,&b);
    t = pa;                    /* 开始交换 */
    pa = pb;
    pb = t;                    /* 结束交换 */
    printf("Value after exchange is:%d,%d\n", * pa, * pb);
}
```

运行结果：

```
Please enter two integer numbers:3 5
Value after exchange is:5,3
```

指针变量交换如图 7-4 所示。

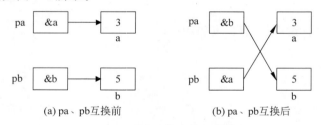

图 7-4 指针变量交换示意图

结果分析：

① 利用 scanf() 函数，分别给 a,b 变量输入值 3 和 5。

② 借助辅助指针变量 t，将指针变量 pa 和 pb 的指向进行了互换，即 pa 指向了 b 变量，pb 指向了 a 变量。注意，这里 a、b 变量的值并未交换，而是指针变量的指向发生了改变。

③ 输出语句中，使用 * pa、* pb 分别输出 b 变量和 a 变量中的值，使输出结果的次序发生了交换的效果。这里采用了间接访问变量的方法。

3. 指针变量作函数参数

在函数章节学习中，已经掌握了一般变量作为函数参数的应用方法，指针作为一种变量，当然也可以作为参数使用。由于指针的本质是地址，因此指针作函数参数主要用来传递地址。

例如，输入两个整数 a 和 b，按从小到大的顺序输出。可以采用以下程序。

```
# include <stdio.h>
void change(int x, int y)
{
    int t;
    t = x;
    x = y;
    y = t;
}
void main()
{
    int a,b;
    printf("Please enter a and b:");
    scanf("%d,%d",&a,&b);
    if(a>b)  change(a,b);
    printf("The value from small to large is:%d,%d\n",a,b);
}
```

运行结果：

Please enter a and b:7,3
The value from small to large is:7,3

程序运行结果与设计目标不一致，没有能够按从小到大的顺序输出结果。

本程序交换函数参数采用了"值传递"方式，该方式参数为"单向传递"。函数调用时，为形参分配存储单元，并将实参的值复制到形参中，在函数执行期间虽然形参变量发生了交换，但调用结束后形参单元被释放，实参单元仍保留并维持原值，因此没能达到目的，过程如图 7-5 所示。

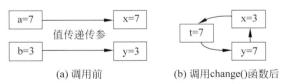

图 7-5 值传递方式"交换两个数"示意图

例 7-3 采用地址传递方式改写程序。

【例 7-3】 以"地址传递"方式实现对输入的两个整数 a 和 b 按从小到大的顺序输出。

```
# include <stdio.h>
void change(int *p1, int *p2)
{   int p;
    p = *p1;
    *p1 = *p2;
    *p2 = p;
}
void main()
{
    int a,b;
    int *pa, *pb;
    printf("Please enter a and b:");
    scanf("%d,%d",&a,&b);
    pa = &a;
    pb = &b;
```

```
        if(a > b)
            change(pa,pb);
        printf("The value from small to large is:%d,%d\n",a,b);
}
```

运行结果：

```
Please enter a and b:7,3
The value from small to large is:3,7
```

结果分析：

地址传递为"双向传递"，调用函数时，将实参的地址复制到形参，实参和形参指针指向同一个变量的内存地址，子函数执行过程中，通过形参指针对内存中变量的值进行了交换，调用结束后，形参指针虽被释放，但实参单元仍指向该存储空间，获得了交换后的数据，实现了交换。如图 7-6 所示。

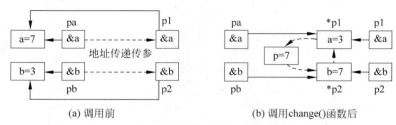

图 7-6　地址传递方式"交换两个数"示意图

7.2　通过指针操作数组

内容概述

C 语言中，数组名对应该数组在内存中分配的存储单元的首地址。当把指针变量指向数组的首地址（数组名）后，可通过该指针变量操作数组，实现对数组的间接访问。本节学习重点为：

- 深刻理解通过指针来操作数组的内涵。
- 掌握利用指针来引用数组的方法。
- 能够灵活运用指针变量作参数与一维数组和二维数组进行数据传递。
- 逐步增强综合应用指针编写程序的能力。

7.2.1　指针与一维数组

1. 指针指向一维数组名

一维数组包含若干元素，数组元素在内存中分配连续存储单元，一维数组的地址即该数组的起始地址，我们前面已经学过，可以用一维数组名表示该数组的首地址。当指针变量指向一维数组首地址后，即可通过指针变量来操作该数组。

可用以下格式定义并使指针变量指向一维数组：

类型说明符 * 变量名 = 一维数组名；

例如：

```
int a[10];
int * pa = a;              //定义指针变量 pa 指向 a 数组首地址
```

2. 指针指向一维数组元素

数组一般包含若干元素，每个元素都在内存中占用独立的存储单元，每个单元都有相应的地址。指针变量既可以指向数组的首地址（也是该数组中第一个元素的地址），也可以指向数组中其他任意元素的地址。

可用以下格式定义并使指针变量指向一维数组元素：

类型说明符 * 变量名 = & 数组名[下标];

例如：

```
float * pa = &a[i];
```

指针变量指向一维数组元素的基本应用程序示例如下，操作原理如图 7-7 所示。

```
int a[10] = {1,3,5,7,9,,11,13,15,17,19};
int * pa, * pb;
pa = &a[0];                //pa 指针指向 a 数组中第 1 个元素(0 号下标)，等价于 pa = a;
pb = &a[5];                //pb 指针指向 a 数组中第 6 个元素(5 号下标)
```

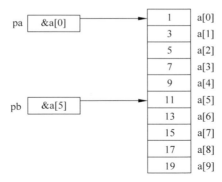

图 7-7　指针变量指向一维数组元素

3. 指针引用一维数组元素

1) 指针的运算

（1）指针变量的赋值运算。

指针变量必须指向已分配内存单元的地址。设有定义语句：

```
int a,array[5];
int * p, * p1;
```

则指针变量赋值有以下几种形式：

```
p = &a;                    //将变量 a 地址赋给 p
p = array;                 //将数组 array 首地址赋给 p
p = &array[i];             //将数组 array 中第 i 号元素地址赋给 p
p1 = p;                    //指针变量 p 值赋给指针变量 p1
```

（2）指针变量的关系运算。

若有多个指针变量指向同一个数组,则这些指针变量可以进行比较运算。设有两个指针变量 p1 和 p2,若 p1 与 p2 不指向同一数组,则比较无意义;若 p1 和 p2 指向同一数组,则可以有以下比较语句:

```
p1 < p2                  //表示 p1 所指的数组元素在前
p1 > p2                  //表示 p1 所指的数组元素在后
p1 == p2                 //表示 p1 与 p2 指向同一元素
```

（3）指针变量的算术运算。

当指针变量指向数组的首元素或某个元素后,可通过对指针变量加减运算,使指针依次指向数组不同的元素,从而实现对数组元素的相关访问。运算形式有以下几种。

- p±n：指针变量加或减一个整数 n。

该运算的含义不是指针的地址值加减 n 字节,而是以数组元素为基本单位,访问指针所指元素之前或之后的第 n 个数组元素。

例如,设有语句 int a[10], * p = a;且假设数组 a 数据的首地址为 2000,p + 1 不是 2000 + 1 = 2001,而是 2000 + 4 * 1(int 所占字节数为 4) = 2004,这样 p + 1 就可以访问到 a[1]元素,注意此时 p 指针本身仍然指向 a[0]元素。

特别地,p ++、p --、++ p、-- p 表示指针变量从当前数组元素向前或向后移动 1 个元素,即指针指向当前数组元素的前或后一个数组元素,p 的指向发生了改变。

- p1 - p2：两个数组元素之间间隔的元素个数。

指针变量的差值,可表示两个指针所指向的数组元素间隔的元素个数。注意：该运算必须使 p1 和 p2 指针指向同一个数组。但 p1 + p2 无实际意义。

2) 指针引用一维数组元素

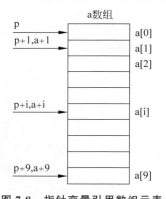

图 7-8 指针变量引用数组元素

当指针变量指向一维数组时就可以操作数组元素了。假设有 p = a;,即指针变量 p 指向 a 数组的首地址,如图 7-8 所示,引用数组元素有以下两种方法。

（1）下标法。

以数组元素访问数组的方法称为下标访问法,如 printf("%f",a[i]);语句中的 a[i]。当指针变量 p 指向数组 a 的首地址时,可用指针变量下标法 p[i]访问数组元素,二者等价。

（2）指针法。

当指针指向数组时,可以采用地址的算术运算访问数组中第 i 个元素的地址,如 p + i 或 a + i;使用"*"运算符, *(p+i)或 *(a+i)就可以访问到数组 a 中第 i 个元素的值。

例如：访问数组中下标为 i 的元素,以下 4 种访问方法是等价的：

a[i]   <==>   *(a + i)   <==> p[i]   <==> *(p + i)

【例 7-4】 用指针法和下标法分别输出数组中各元素的值。

```c
#include <stdio.h>
void main()
{
    int a[6];
```

```
    int i, * p = a;
    for(i = 0;i < 6;i++)
        a[i] = i + 1;
    printf("The value of the array-a is:\n");
    printf("1.下标法\n");
    for(i = 0;i < 6;i++)
        printf("a[%d]:-->%d ",i,a[i]);        //数组名下标法访问数组元素
    printf("\n");
    for(i = 0;i < 6;i++)
        printf("p[%d]:-->%d ",i,p[i]);        //指针变量名下标法访问数组元素
    printf("\n2.地址法\n");
    for(i = 0;i < 6;i++)
        printf("*(a+%d):-->%d",i,*(a+i));     //数组名地址运算访问数组元素
    printf("\n");
    for(i = 0;i < 6;i++)
        printf("*(p+%d):-->%d",i,*(p+i));     //指针变量地址运算访问数组元素
}
```

运行结果：

```
The value of the array-a is:
1.下标法
a[0]:-->1    a[1]:-->2    a[2]:-->3    a[3]:-->4    a[4]:-->5    a[5]:-->6
p[0]:-->1    p[1]:-->2    p[2]:-->3    p[3]:-->4    p[4]:-->5    p[5]:-->6
2.地址法
*(a+0):-->1  *(a+1):-->2  *(a+2):-->3  *(a+3):-->4  *(a+4):-->5
*(a+5):-->6
*(p+0):-->1  *(p+1):-->2  *(p+2):-->3  *(p+3):-->4  *(p+4):-->5
*(p+5):-->6
```

结果分析：

访问数组元素值时，采用下标法和指针法都可以实现对数组元素的访问，指针法采用的是指针变量加法运算的方式(p+i)，更简便的方法是使用指针变量自增的方式实现对数组元素的访问，程序改写如下。

【例 7-5】 以指针变量自增的方式输出数组中各元素的值。

```
#include <stdio.h>
void main()
{   int a[6];
    int i, * p;
    for(i = 0;i < 6;i++)
        a[i] = i + 1;
    printf("The value of the array-a is:\n");
    for(p = a;p < a + 6;p++)                  //指针变量作为循环变量
        printf("%d ", * p);
}
```

运行结果：

```
The value of the array-a is:
1 2 3 4 5 6
```

结果分析：

① 本例中将指针变量 p 作为循环变量，通过连续改变 p 的值指向数组中不同元素而获

取数组各元素的值。

② 输出数组元素值的循环结束后,p 指针指向的是 a 数组所分配内存空间之后的地址,即 a+6 的地址。

③ 指针变量 p 与数组名 a 有所不同,不可以使用 a++ 的方式访问数组元素值。因为数组名 a 代表数组在内存中分配的首地址,当数组定义后,它是一个地址常量,其值在程序运行期间是固定不变的,不能进行自增、自减运算;而 p 是变量,p++ 是正确的。

4. 一维数组名作函数参数

数组名作函数实参和形参属于地址传递方式。形参数组与实参数组共同占用同一段内存单元,在调用函数期间,改变了形参数组的值,也就是改变了实参数组的值。

表 7-1 列出了关于数组名和指针做函数参数时常见的实参与形参的对应关系。

表 7-1 地址传递中实参与形参的对应关系

实 参	形 参
数组名	数组名
数组名	指针变量
指向数组的指针变量	数组名
指向数组的指针变量	指针变量

【**例 7-6**】 将一维数组中的 10 个整数逆序存放。

将数组中前后对应位置上的元素进行互换,即 a[0] 与 a[9] 互换,a[1] 与 a[8] 互换,以此类推,10 个数互换 5 次(10/2)后结束。

```c
#include <stdio.h>
void rever(int *x, int n)
{   int t,*p,*f,*r,m=(n-1)/2;
    f=x;
    r=x+n-1;
    p=x+m;
    for(;f<=p;f++,r--)
    {
        t=*f;
        *f=*r;
        *r=t;
    }
}
void main()
{   int i,arr[10]={4,2,13,0,5,9,22,6,7,8};
    printf("The array before reverse order is:\n   ");
    for(i=0;i<10;i++)
        printf("%d ",arr[i]);
    rever(arr,10);
    printf("\n The array in reverse order is:\n   ");
    for(i=0;i<10;i++)
        printf("%d ",arr[i]);
    printf("\n");
}
```

运行结果：

```
The array before reverse order is:
4 2 13 0 5 9 22 6 7 8
The array in reverse order is:
8 7 6 22 9 5 0 13 2 4
```

设有如下数据及指针的定义语句，完成本操作可以有以下几种组合形式，本质上形参与实参都采用了地址传递，程序的运行结果完全相同。

```
int arr[10] = {4,2,13,0,5,9,22,6,7,8};
int * p;
```

（1）实参与形参均使用数组名：

```
void rever(int x[], int n)
    rever(arr,10);
```

（2）实参用数组名，形参用指针变量：

```
void rever(int * x, int n)
    rever(arr,10);
```

（3）实参用指针变量，形参用数组名：

```
void rever(int a[], int n)
    rever(p,10);
```

（4）实参与形参均用指针变量：

```
void rever(int * x, int n)
    rever(p,10);
```

7.2.2 指针与二维数组

在线视频

指针可以操作一维数组，同样也可以操作二维或多维数组。本节以二维数组为例进行介绍，多维数组可以类比使用。

1. 二维数组元素的地址

二维数组的数组名可表示该数组的起始地址，属于地址常量。

设有二维数组定义如下，其存储方式如图 7-9 所示。

```
int arr[4][3] = {{11,25,37},{42,56,72},{89,90,45},{23,44,76}};
```

二维数组 arr 可以看成包含 4 个行元素：arr[0]、arr[1]、arr[2]、arr[3] 的一维数组，每个行元素又是包含 3 个元素（列元素）的一维数组，例如 arr[0] 所表示的一维数组包含 3 个元素：arr[0][0]、arr[0][1]、arr[0][2]。因此，二维数组可看作是元素为数组的一维数组，

	[0]	[1]	[2]
arr[0]	11	25	37
arr[1]	42	56	72
arr[2]	89	90	45
arr[3]	23	44	76

图 7-9　二维数组存储示意

可称作"数组的数组",二维数组 arr 是由 4 个一维数组所组成的数组。

关于二维数组的一些概念如下。

1) 二维数组的行地址

二维数组名 arr 可表示二维数组首元素的地址,同时 arr 也是首行(序号为 0 的行)的起始地址,arr+1 表示序号为 1 行的首元素地址,arr+i 表示序号为 i 行的首元素地址。假设该数组的起始地址值为 2000,则 arr+1 的值为 2000+4×3=2012,其中 4 为每个 int 型数据所占字节数,3 表示每行有 3 个元素。

2) 二维数组的元素地址

可将 arr[i] 理解为二维数组 arr 第 i 行的一维数组的名称,由数组名表示数组首元素地址可知,arr[i] 表示一维数组第 i 行 0 列元素的地址,即 arr[i]<==>&arr[i][0]。

采用地址运算法,arr[i]+1 表示第 i 行中序号为 1 的列元素的地址,以此类推;arr[i]+j 表示二维数组第 i 行第 j 列元素的地址。

例如:arr[1]+2 代表 arr 数组中下标为 1 行 2 列的元素地址,地址值计算为 2000+3×4+2×4=2020。

与一维数组及指向一维数组的指针应用方法相同,二维数组中有如下等价关系:

```
arr[i]<==> *(arr+i)                       //数组 arr 第 i 行第 0 列的元素地址
arr[i]+j<==>*(arr+i)+j<==>&arr[i][j]      //数组 arr 第 i 行第 j 列的元素地址
```

接续上面对二维数组 arr 的定义,arr+1 与 *(arr+1) 的关系如下所述。

arr+1 表示二维数组 arr 中第 1 行的起始地址,即数组元素 arr[1] 的地址。

*(arr+1) 表示二维数组 arr 中第 1 行中首元素的地址,其实就是 arr[1][0] 的地址,并非像一维数组中获取到 arr+1 单元的值,这个要特别注意。用如下语句可以验证。

```
printf("a+1 = %d\n",a+1);
printf("*(a+1) = %d\n", *(a+1));
```

输出结果为:

```
a+1 = 19921600
*(a+1) = 19921600
```

3) 二维数组的元素值

通过指针可以获取二维数组元素的值。从上面的讨论可知,以下三种引用方式是等价的:

```
*(arr[i]+j)<==>*(*(arr+i)+j)<==>arr[i][j]    //获取数组 arr 第 i 行第 j 列的元素值
```

二维数组指针使用方法归纳如表 7-2 所示。

表 7-2 二维数组指针使用方法归纳

指针形式	含 义
arr	二维数组名,指向一维数组 arr[0],arr 数组第 0 行起始地址
arr[0],*(arr+0)	0 行 0 列的元素地址
arr+i,&arr[i]	第 i 行的起始地址
arr[i],*(arr+i)	第 i 行第 0 列元素 arr[i][0] 的地址
arr[i]+j,*(arr+i)+j,&arr[i][j]	第 i 行第 j 列元素 arr[i][j] 的地址
(arr[i]+j),(*(arr+i)+j),arr[i][j]	第 i 行第 j 列的元素值

【例 7-7】 输出二维数组中相关数据的验证程序。

```c
#include "stdio.h"
void main()
{
    int arr[4][3]={{11,25,37},
                   {42,56,72},{89,90,45},{23,44,76}};
    printf("%d,%d\n",arr,*arr);                    //0 行起始地址,0 行 0 列元素地址
    printf("%d,%d\n",arr[0],*(arr+0));             //0 行 0 列元素地址
    printf("%d,%d\n",&arr[0],&arr[0][0]);
                                                   //0 行起始地址,0 行 0 列元素地址
    printf("%d,%d\n",arr[1],arr+1);                //1 行 0 列元素地址,1 行起始地址
    printf("%d,%d\n",&arr[1][0],*(arr+1)+0);       //1 行 0 列元素地址
    printf("%d,%d\n",arr[2],*(arr+2));             //2 行 0 列元素地址
    printf("%d,%d\n",&arr[2],arr+2);               //2 行起始地址
    printf("%d,%d\n",arr[1][0],*(*(arr+1)+0));     //1 行 0 列元素的值
    printf("%d,%d\n",*arr[2],*(*(arr+2)+0));       //2 行 0 列元素的值
}
```

运行结果：

```
6487536,6487536
6487536,6487536
6487536,6487536
6487548,6487548
6487548,6487548
6487560,6487560
6487560,6487560
42,42
89,89
```

对照程序与表 7-2，分析并理解二维数组与指针的使用。

2．指向二维数组元素的指针变量

与一维数组的指针变量类似，将指针变量指向二维数组，便可使用指针来操作数组。

【例 7-8】 输出二维数组各元素的值。

```c
#include "stdio.h"
void main()
{   int arr[4][3]={{11,25,37},{42,56,72},{89,90,45},{23,44,76}};
    int *pa=*arr;                           //指针变量 pa 指向数组 0 行 0 列的元素地址
    for(;pa<*arr+12;pa++)
    {   if((pa-*arr)%3==0)                  //pa-*arr 是当前元素与首元素的个数之差
            printf("\n");
        printf("%4d",*pa);
    }
}
```

运行结果：

```
  11  25  37
  42  56  72
  89  90  45
  23  44  76
```

结果分析：

① 指针变量 pa 指向二维数组 arr 首元素的地址，由语句 int *pa = *arr;实现。请思考还能以怎样的语句形式代换？

② *arr 为数组 0 行 0 列的元素地址，*arr+1 为数组中下一个元素的起始地址，由此可得：*arr+i 用于计算相对于数组起始地址，即数组中第 i 个元素的地址。

③ pa++ 用于将指针变量指向数组中下一个元素的地址，循环结束后，pa 指向二维数组在内存中已经分配地址之后的位置。

④ for 循环中的 if 条件(pa-*arr)%3==0,用于控制每行输出 3 个元素。

3. 二维数组名作函数参数

二维数组名也可以用作函数参数进行地址传递，此时对应的形参类型应该是指向二维数组的指针变量。

若在主函数 main()中有如下定义和函数调用：

```
int arr[4][3];
func(arr);                              //实参为二维数组名
```

则 func()函数的首部定义中的形参可以是以下形式之一：

```
func(int pa[4][3])
func(int pa[ ][3])
```

【例 7-9】 某班级的 4 名学生，各有 3 科成绩，计算每名学生的平均成绩及所有成绩的平均值。

```
#include "stdio.h"
void main()
{   void aver_all(float *pa,int n);
    void aver_row(float *pa,int n);
    float arr[4][3] = {{91,85,77},
                {82,56,88},{89,90,65},{83,74,76}};
    aver_all(arr,12);                   //以二维数组名调用函数
    aver_row(*arr,4);                   //以二维数组首元素的地址调用函数
}
void aver_all(float *pa,int n)
{   float *pd;
    float sum = 0,aver;
    pd = pa + n;
    for(;pa<pd;pa++)
        sum += (*pa);
    aver = sum/n;
    printf("average_all:%5.1f\n",aver);
}
void aver_row(float *pa,int n)
{   float sum[4] = {0};
    int i,j;
    for(i = 0;i<n;i++)
        for(j = 0;j<3;j++)
            sum[i] += *(pa+i+j);
    for(i = 0;i<n;i++)
        printf("sum_row-- %d:%5.1f\n",i,sum[i]/3);
}
```

运行结果：

```
average_all: 79.7
sum_row -- 0: 84.3
sum_row -- 1: 81.3
sum_row -- 2: 71.7
sum_row -- 3: 75.3
```

结果分析：

① 在 main()函数中，调用 aver_all()函数求总平均成绩，调用 aver_row()函数求每名学生的平均成绩。

② 调用 aver_all()函数时，实参的第一个参数为 arr，形参的第一个参数为指针变量 pa，参数传递的是 arr 数组中首元素的地址，在调用过程中，函数 aver_all()中的 pa++语句，使 pa 指向二维数组中的每个元素，循环中先求累加和后，再求平均值并输出。

③ 调用 aver_row()函数时，实参的第一个参数为 *arr，形参的第一个指针变量为 float *pa，参数传递的是二维数组 arr 第 0 行的起始地址，双重 for 循环控制 pa 指针逐个访问元素，每行各自求和并存入 sum 数组中，再对 sum 数组中的各元素分别求平均值并输出。

采用指针变量操作二维数组时，通过指针变量的累加运算即可实现数组元素的逐个访问，操作方便，程序结构简洁。

7.2.3 指针数组和多重指针

1. 指针数组的定义

数组中元素值均为指针类型（地址值）的数据，称该数组为指针数组，指针数组中的每个元素都用于存放一个地址，相当于一个指针变量。

指针数组使用之前同样需要定义，一维指针数组定义的一般形式为：

类型名　*数组名[数组长度];

例如：int *p[5];

说明：

① 定义语句中，类型名表示指针指向数据元素的类型。上例中的 int 表示该指针数组的元素是指向整型数据的，"*"表示定义指针类型的数组。

② 由于"[ ]"比"*"的优先级高，因此"[ ]"先与指针变量结合为数组，然后再与"*"结合，表示该数组是指针类型，每个数组元素都是一个指针变量，并指向整型数据。

要区分：int *p[5];　　　　　//指针数组，本质是数组，由 5 个元素组成，每个元素是指针
　　　　int (*p)[5];　　　　//数组指针，本质是指针，p 指向由 5 个元素组成的一维数组

2. 指针数组的应用

1) 指针数组操作字符串

指针数组适合对若干字符串进行操作。从之前关于字符数组的讲解中可知，字符串是需要通过字符数组来存储的。显然，当需要同时处理多个字符串时，可以采用字符类型的二维数组来存储字符串。二维数组要求各行中的元素数相同，而实际的字符串长度不一定相

同,按字符的最大长度定义整个数组的列数,则会造成大量的空间浪费。因此,可以采取分别定义字符串,用指针数组中的元素分别指向各字符串的首地址的方式来解决这种问题。这样,若想对字符串进行排序,不必改动字符串的位置,只需改动指针数组中各元素的指向,既避免了用数组操作字符串带来的内存空间浪费,也减少了移动字符串所花费的时间。下面举例说明指针数组的使用方法。

【例 7-10】 已知一批书目字符串如图 7-10 所示,将其按字母顺序由小到大排列。

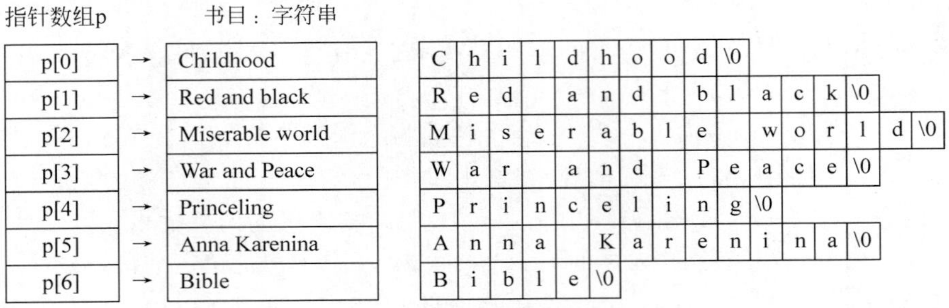

图 7-10 书目存储示意图

```c
#include "stdio.h"
#include "string.h"
void main()
{
    void sort(char *ps[], int n);                    //sort()函数的声明
    char *p[] = {"Childhood","Red and black",
                 "Miserable world",
                 "War and Peace","Princeling",
                 "Anna Karenina","Bible"};            //初始化存储书目字符串
    int i,n = 7;
    printf(" == before sort:\n");
    for(i = 0;i < n;i++)
        printf("%s\n",p[i]);                          //排序前输出各字符串值
    sort(p,n);                                        //调用 sort()函数,对字符串进行排序
    printf("\n == after sort:\n");
    for(i = 0;i < n;i++)
        printf("%s\n",p[i]);                          //排序后输出各字符串值
}
void sort(char *ps[], int n)
{
    char *t;
    int i,j;
    for(i = 0;i < n - 1;i++)                          //冒泡排序
        for(j = 0;j < n - i;j++)
            if(strcmp(ps[j],ps[j + 1]) > 0)
            {
                t = ps[j];
                ps[j] = ps[j + 1];
                ps[j + 1] = t;
            }
}
```

运行结果：

```
== before sort:
Childhood
Red and black
Miserable world
War and Peace
Princeling
Anna Karenina
Bible
== after sort:
Anna Karenina
Bible
Childhood
Miserable world
Princeling
Red and black
War and Peace
```

结果分析：

① main()函数中定义指针数组 p，该数组有 7 个元素(7 个指针变量)，初值为 7 个字符串各自的首地址，且 7 个字符串是不等长的。

② sort()函数的功能是采用冒泡法对字符串进行从小到大的排序。sort()函数形参的第一个参数 ps 是指针数组。在调用语句 sort(p,n);中，实参 p 向形参 ps 传递地址，即形参数组 ps 中的各元素分别指向各个字符串的首地址。

③ sort()函数中调用 strcmp()函数，用于在冒泡排序中比较相邻两个字符串的大小，若返回值为正(大于 0)，则交换相邻字符串的指针指向。冒泡排序结束后，指针数组中的各元素依次指向从小到大排序后的各字符串首地址。

注意：算法中排序过程并不是字符串值在移动，而是指针数组中各元素值发生了变化，即对指向字符串的指针变量指向进行互换，这样比直接交换字符串值效率要高很多。

2) 指针数组作为 main()函数的参数

指针数组的一个重要应用是作为 main()函数的形参。之前程序中使用的 main()函数首部定义为 main() 或 void main() 或 int main()，即 main()函数无参数。实际上，main()函数可以有参数，首部定义为：

```
int main(int argc, char * argv[])
```

参数说明：

① 两个形参 argc(argument count：参数个数)和 argv(argument vector：参数向量)，用于指定程序的"命令行参数"。这两个形参可以是任意的名字，习惯使用 argc 和 argv。

② 第一个形参 argc 必须是整型变量，用来指定形参的个数；第二个形参必须是指向字符串的指针数组，数组中的每个元素均为字符类型指针变量，用来接收从操作系统命令行传来的参数地址(命令行字符串中首字符的地址)。

③ main()函数接收参数的过程如下：

main()函数是由操作系统调用的，通常 main()函数和其他函数会组成一个源文件(有文件名)，对此文件进行编译和连接得到可执行文件(*.exe 文件)。

用户在操作系统环境下，由文件名和需要传给 main()函数的参数组成命令行，执行这个命令(可执行文件及参数),操作系统就调用 main() 函数,由 main() 函数调用其他函数,完成程序的全部功能。

④ 命令行的一般形式为:

命令名 参数1 参数2 … 参数n   //命令名和各参数之间用空格分隔

命令名就是经过编译形成的可执行文件名。

假设可执行文件名为 file1.exe,现需将两个字符串"Hello""World"作为参数传送给 main() 函数,则命令行书写形式为:

file1 Hello World

file1 为可执行文件名,Hello 和 World 是调用 main() 函数的实参。实际应用中 file1 作为文件名应包括盘符、路径,以上为简化形式。

⑤ 命令行参数与 main() 函数中形参的关系。main() 函数中形参 argc 是指命令行中参数的个数(文件名也作为一个参数。例如,本例中"file1"也算作一个参数),本例中 argc 的值应为 3,即 file1,Hello,World。main() 函数的第二个形参 argv 是一个指向字符串的指针数组,也就是说,带参数的 main() 函数原型是:

int main(int argc,char * argv[])

命令行参数应当都是字符串(例如,上面命令行中的"file1""Hello""World"都是字符串),这些字符串的首地址构成一个指针数组,如图 7-11 所示。

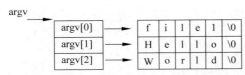

图 7-11 命令行参数首地址构成指针数组

⑥ main() 函数中的形参名 argc 和 argv 不是非此不可,可以为任意合法的标识。

⑦ 使用指针数组作为 main() 函数的形参,可以向程序传送命令行参数(字符串参数),传输过程中,命令行参数的数目和各参数字符串的长度都可以任意。使用指针数组很好地满足了上述要求。

3. 多重指针及应用

1) 多重指针的定义

若一个指针变量中存放的是另一个指针变量的地址,则这个指针变量为指向指针的指针变量,简称为指向指针的指针,又称二级指针。以此类推,可以延伸到多重指针,实际应用中一般延伸到二级指针,显然级数越多,越容易产生指向不清晰的后果。

相比之下,之前所学的指针变量可称为一级指针,它直接指向目标变量的地址,如图 7-12(a)所示。本节介绍的二级指针并不直接指向数据的地址,而是指向一级指针的地址,如图 7-12(b)所示。

二级指针的定义格式为:

数据类型 ** 指针变量名;

例如:二级指针的定义如下。

```
int a, * pa, ** p;        //a 为普通变量,pa 为一级指针变量,p 为二级指针变量
pa = &a;                  //一级指针 pa 指向普通变量 a
p = &pa;                  //二级指针 p 指向一级指针 pa
```

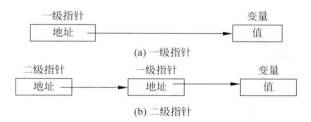

图 7-12 一级指针与二级指针指向示意图

说明：

① 本例中，二级指针 p 定义时，变量名前有两个"＊"，表示是二级指针，二级指针变量的值一定是一级指针变量的地址。

② 指针 pa 是一级指针，指向 a 变量，pa 中存放的是变量 a 的地址，指针 p 是二级指针，指向 pa，p 中存放的是一级指针 pa 的地址。

③ 既可以用一级指针 pa 访问变量 a，也可以用二级指针 p 访问变量 a。

与一级指针相同，定义指针变量与引用指针变量时的 ＊ 含义不同。在引用指针时变量前的"＊"表示取值。因此引用变量时，a、＊pa 和 ＊＊p 三种表达效果相同，均表示访问变量 a 的值。

2) 二级指针的应用

二级指针必须与一级指针联合使用才有意义，不能将二级指针直接指向数据对象的地址。二级指针既可以指向整型数据或实型数据，也可以指向字符串。

【例 7-11】 使用二级指针输出字符串的值。

```
#include "stdio.h"
#include "string.h"
void main()
{   char * p[7] = {"Childhood","Red and black",
                "Miserable world",
                "War and Peace","Princeling",
                "Anna Karenina","Bible"};
    int i;
    char ** pi;
    for(i = 0;i < 7;i++)
    {
        pi = p + i;
        printf(" % s\n", * pi);
    }
}
```

运行结果：

```
Childhood
Red and black
Miserable world
War and Peace
Princeling
Anna Karenina
Bible
```

结果分析:

① 本例中 p 是指针数组,数组中各元素分别指向一个字符串存储空间;pi 是指向字符型指针的指针变量,即指向指针的指针。

② 赋值语句"pi=p+i;"使 pi 依次指向 p 数组的第 i 个元素,输出语句中的"*pi"则表示 p[i]的值(即第 i 个字符串的首地址),通过循环依次输出各字符串的值。

7.3 指针操作字符串

内容概述

字符是常用的一种数据类型,在前面的章节中,我们已经学习了使用数组操作字符串的方法,也了解到指针对于字符数组的操作有很多便利之处。本节将进一步学习使用指针操作字符串的方法。本节学习重点为:
- 深刻理解通过指针操作字符串的基本思想。
- 掌握利用指针操作字符串的方法。
- 掌握字符指针做函数参数的方法。
- 灵活运用字符指针和字符数组解决实际问题。

在线视频

7.3.1 用字符指针表示和引用字符串

在 C 语言中,没有字符串类型,也不存在字符串变量,字符串是存放在字符型数组中的,操作字符串,可采用以下两种方式。

1. 使用字符数组操作字符串

将字符串以字符数组的方式存储后,可以通过元素法引用字符串中的每个字符,也可以通过数组名和格式符"%s"输出整个字符串。

【例 7-12】 定义字符数组并赋初值,输出字符串的值。

```
#include <stdio.h>
void main()
{   int i;
    char str[] = "Together for a Shared Future!";    //定义字符数组
    printf("Output as a string:");
    printf("%s\n",str);                               //使用%s格式输出整个字符串的值
    printf("Output as an array of characters:");
    for(i = 0;str[i]!= '\0';i++)
        printf("%c",str[i]);                          //使用循环和数组下标依次访问数组元素
    printf("\nOutput The 6th character value:");
    printf("%c",str[5]);                              //使用%c格式输出字符串中任意一个字符值
}
```

运行结果:

```
Output as a string:Together for a Shared Future!
Output as an array of characters:Together for a Shared Future!
Output The 6th character value:h
```

结果分析:

① 定义并给字符数组 str 赋初值后,根据实际字符串的长度确定字符数组的长度,并在末尾加入字符串结束标记'\0',因此字符数组 str 的实际长度为字符串长 + 1。

② 使用%s 格式可以批量输出字符串的值,系统以'\0'作为字符串结束标志。

③ 使用%c 格式可以逐个引用数组元素值。

2. 使用字符指针操作字符串

定义一个字符型指针变量,并指向字符串常量,通过指针变量可直接操作字符串值。字符指针的定义格式为:

char * 字符指针名 = 字符串;

或者:

char * 字符指针名;
字符指针名 = 字符串;

例如:

```
char * ps = "Winter Olympics.";          //字符指针定义的同时初始化,指向字符串值
```

或

```
char * ps;
ps = "Winter Olympics.";                 //字符指针先定义再初始化,指向字符串值
```

或

```
char str[] = "Winter Olympics.";         //定义字符数组 str
char * ps = str;                         //字符指针定义的同时初始化,指向字符数组 str
```

【例 7-13】 使用字符指针改写例 7-12。

```
#include <stdio.h>
void main()
{
    char * str = "Together for a Shared Future!";   //定义字符指针变量 str
    printf("Output as a string:");
    printf(" %s\n",str);                 //使用指针 str 和 %s 格式输出整个字符串的值
    printf("Output as an array of characters:");
    for(; * str!= '\0';str++)
        putchar( * str);                 //使用指针 str 逐个访问字符串中的字符值
}
```

运行结果:

```
Output as a string:Together for a Shared Future!
Output as an array of characters:Together for a Shared Future!
```

结果分析:

① 程序中定义了 char 类型的指针变量 str,用字符串值对其进行初始化,字符串在内存中分配连续存储空间,这个空间没有其他标识符识别,只通过指针变量 str 指向它。

② 对字符指针 str 的初始化,实际上是将字符的首元素地址赋给指针 str,即字符指针 str 指向了该字符串的首元素地址。

③ 在 for 循环中,通过改变指针变量 str 的指向,依次访问字符串中的每个字符。

注意：对于循环控制输出方式，当循环结束后 str 指针指向了字符串的结束标记'\0'所分配的内存地址，此时指针不可返回到首地址，如想要留住字符串头位置，应当另设一个指针变量，记录字符串起始地址。

下例为字符数组和字符指针的综合运用。

【例 7-14】 将两个字符串合并成新字符串并输出。

```
#include "stdio.h"
void main()
{
    int i,j;
    char s1[40] = "Beijing";              //定义字符数组 s1
    char * s2 = "Winter Olympics!";       //定义字符指针 s2
    for(i = 0;s1[i]!= '\0';i++);          //此循环将 i 变量更新为 s1 串'\0'所在下标位置
    for(; * s2!= '\0';s2++,i++)
        s1[i] = * s2;                      //此循环将 s2 串中的值复制到 s1 串尾部
    puts(s1);                              //输出合并后的 s1 串值
}
```

运行结果：

```
Beijing Winter Olympics!
```

结果分析：

① 本程序中的两个字符串，使用字符数组定义 s1 并初始化，使用字符指针 s2 指向第二个字符串的同时赋初值。

② 第一个 for 循环，循环体语句为空语句"；"，其功能在于循环结束后，将变量 i 指向 s1 串的结束标志'\0'所在位置。

③ 第二个 for 循环，采用 s2 指针移动的方式，将 s2 串中的字符依次赋值到 s1 串后，形成合并的字符串。

④ 最后使用 puts()函数输出合并后存储在 s1 中的字符串值。

在线视频

7.3.2 字符指针作函数参数

字符数组名和指向字符数组(字符串)的指针变量中存储的都是数组的首地址，二者均可以地址传递的方式用作函数参数，表 7-3 列出了常用的实参与形参的对应关系。

表 7-3　字符指针作函数参数的实参与形参的对应关系

实　参	形　参
字符数组名	字符数组名
字符数组名	char 型指针变量
指向字符数组的指针变量	字符数组名
指向字符数组的指针变量	char 型指针变量

【例 7-15】 将两个字符串合并成新字符串并输出。

以字符数组名作为实参、字符指针变量作为形参为例，实现的算法如下。

```
#include <stdio.h>
void main()
{    void strcon(char * p1,char * p2);
```

```
        char s1[100] = "Beijing ";
        char s2[ ] = "Winter Olympics!";
        printf("s1:%s\n",s1);
        printf("s2:%s\n",s2);
        strcon(s1,s2);
        printf("Connect s1 and s2:%s\n",s1);
}
void strcon(char * p1,char * p2)
{       int i;
        for(i = 0; * (p1 + i)!= '\0';i++) ;
        for(; * p2!= '\0';i++,p2++)
             * (p1 + i) = * p2;
}
```

运行结果:

```
s1:Beijing
s2:Winter Olympics!
Connect s1 and s2:Beijing Winter Olympics!
```

结果分析:

① 主函数中定义两个字符数组 s1、s2 作实参,以数组名形式传递给形参。
② 形参定义为字符指针 p1、p2,分别接收实参传递值,p1 指向 s1,p2 指向 s2。
③ 子函数中采用地址法依次将第二个字符串的值连接到第一个字符串尾部合并后输出。

综合以上三种情况,如果想把一个字符串从一个函数传递到另一个函数,可以采用字符数组名或指向字符串的指针变量作为参数进行传递,在被调函数中改变字符串的内容,在主调函数中可以引用改变后的字符串值,即**参数采用地址传递,值能够回带到调用者**。

7.3.3 字符指针与字符数组的区别

字符数组和字符指针变量都可以实现字符串的存储和运算,但二者实质上并不相同,区别如下。

在线视频

1. 存储方式不同

定义字符数组,系统在编译时为其分配连续的存储单元,每个单元可存放一个字符,如果赋初值了,将以'\0'作为结束标志。

定义字符指针变量,系统在编译时为其分配一个固定长度的存储单元(Visual Studio 中为指针变量分配 4 字节),用来存放字符类型数据的首地址值。

2. 赋值方式不同

(1) 字符数组如果只定义未赋值,则数组中的元素为随机值,取值不确定,为内存中前期存储过的、与当前操作无关的数据。字符指针变量如果只定义未赋值,则指针无所指,系统也会随机为其分配一个内存地址,实则上无使用价值。

(2) 对于字符数组,定义时可以对数组整体赋初值,但如果定义后单独初始化,则不能使用数组名对数组整体赋值,只能对字符数组元素赋值。字符指针变量的初始化,是将字符数据的地址赋给指针变量,可以单独以字符串常量形式对字符指针变量赋值。

例如：

- 字符数组赋值

```
char a[] = "Hello";           //正确,将字符串值赋给字符数组 a
a[1] = 'r';                   //正确,为字符数组 a 中的 a[1]元素重新赋值
char b[20];
b = "Hello World!";           //错误,不能使用数组名 b 对数组进行整体赋值
```

- 字符指针变量赋值

```
char * a;
a = "Hello";
```

等价于

```
char * a = "Hello";           //正确,将字符串在内存中的起始地址赋值给指针变量 a
char arr[];
char * pa = arr;              //正确,将字符数组的首地址赋值给指针变量 pa
char * b;
puts(b);                      //错误,指针变量 b 只定义未赋值,编译错误
```

3. 初始化方式不同

字符数组初始化,是对字符数组中各元素进行初始化。字符指针初始化,是将字符型数据的首地址赋给该指针变量,使指针变量指向该字符串。

例如：

```
char a[] = "Hello";           //字符数组初始化,将字符串赋给数组中各元素
```

等价于

```
a[0] = 'H'; a[1] = 'e'; a[2] = 'l'; a[3] = 'l'; a[4] = 'o'; a[5] = '\0';
char * a = "Hello";           //将字符串首地址赋给指针变量 a
```

4. 变量意义不同

字符数组名是字符数组在内存中的起始地址,该地址在程序运行过程中相对固定,数组名是地址常量,不可进行与变量相关的运算。字符指针是一种变量,用来存储字符型数据的地址,可进行变量的相关运算,如 p++、p-- 等。

例如：

```
char c[] = "Hello";           //定义字符数组 c
char * p = c;                 //定义字符指针 p,指向 c 数组
c = c + 2;                    //错误,数组名 c 是地址常量,不可进行赋值运算
p++;                          //正确,指针变量 p 执行此运算后,指向了 c[1]元素的地址
```

7.4 指针与函数

内容概述

C 语言中,可以将指针与函数联合使用,使 C 程序的功能更加灵活多变。指针与函数结合使用的主要形式有:指针作为函数的参数、指针函数、函数指针。指针作为函数参数进行

地址传递在前面已经讨论过了,本节学习重点为:
- 返回值为指针的函数。
- 指向函数的指针。

7.4.1 指针函数

在线视频

函数的返回值可以是整型、实型、字符型等数据类型,与此类似,也可以是指针型的数据,即返回值为地址。**返回值为指针类型的函数称为指针函数**。在链表中多用到此类函数。链表将在后续章节中介绍。

定义指针函数首部的一般形式为:

数据类型名 ∗ 函数名(参数表)

例如: int ∗ func(int a,int b);

说明:

① 此类函数的首部定义语法中,函数名 func 两侧的运算符"()"的优先级高于"∗",即 func 先和()结合构成函数形式,而 ∗ 表示此函数返回值为指针;为此可这样理解和识记它的功能特点:"中心词"为函数,修饰词为"指针",因此称为"指针函数"。

② 定义语句中的 int 表示返回的指针所指向的数据(可以为常量、变量等),其类型为整型。

【**例 7-16**】 用指针函数实现查找操作,求一批数据中的最小值。

```
# include "stdio.h"
int  * min(int b[],int n);
void main()
{
    int a[] = {12,34,100,54,2,67,57,98,66,32};      //以赋值方式给出数据
    int k;
    int * p;
    p = min(a,10);                                  //调用指针函数,返回指针
    printf("原始数据:");
    for(k = 0;k < 10;k++)                           //输出原始数据
        printf(" % d ",a[k]);
    printf("\n最小值为:");
    printf(" % d\n", * p);                          //输出查找结果
}
int * min(int b[],int n)                            //查找函数为指针函数
{   int i,m = 0;
    for(i = 1;i < n;i++)
        if(b[m]> b[i])
            m = i;
    return &b[m];                                   //返回值为指针
}
```

运行结果:

原始数据:12 34 100 54 2 67 57 98 66 32
最小值为:2

结果分析:

① 定义数组存放数据，数组作为函数的参数，用指针变量 p 指向 min()函数的返回值。

② min()函数获取最小值在数组中的序号以变量 m 记录，m 作为数组元素的下标，返回值为查找到的数据元素的地址。

③ 在主函数中以获取 p 值的方式输出查找结果。

7.4.2 函数指针

在线视频

1. 函数指针的概念

C 程序中定义的函数是一段程序代码，程序运行过程中会为它分配一段连续的内存空间，编译系统为每个函数分配了一个起始(入口)地址，当调用函数时，将从该地址开始执行程序。与数组名为数组的首地址类似，函数名就是函数的入口地址。**当一个指针变量指向函数的入口地址时，称其为指向函数的指针变量，简称为函数指针。** 可通过函数指针调用函数。

2. 指向函数的指针变量的定义及使用

1) 函数指针变量的定义

定义函数指针的语法格式为：

类型名（＊指针变量名）(参数列表)；

例如：int（＊p1）();　　　　　　　　//p1 为指向 int 型且无参数的函数指针
　　　int（＊p2）(int,int);　　　　　//p2 为指向 int 型且有两个 int 型形参的函数指针
　　　float（＊p3）(int ,float);　　　//p3 为参数类型不同的函数指针

说明：

① 定义了函数指针后，必须将函数名赋给函数指针(相当于指针的初始化)，然后才能用它间接调用函数；如：

　　　int（＊pe)(int int);　　　　　　　//定义了函数指针
　　　int max(int a,int b);　　　　　　 //定义了类型匹配的实体函数
　　　pe = max;　　　　　　　　　　　　　//初始化函数指针，使 pe 指向 max 函数的入口地址

② 在定义语句中，由于括号的优先级优于"＊"运算符，因此（＊指针变量名）格式中的括号不能省略，表示此处定义的是指针变量。显然，int（＊p)()和 int ＊p()含义不同。前者为函数指针，强调指针(地址)属性；后者为指针函数，强调函数(值)属性。

③ 指针变量名后面的括号()是函数的特征，括号里内容为函数参数表列，允许此括号内为空(无参函数)，若括号内有参数，只需声明参数类型，变量名可以不出现，如 int（＊p)(int)；。

④ 调用函数指针时所指定的数据类型、参数类型及数量，必须与定义一致。

2) 用函数指针调用函数

由于函数有首地址(指针)存在，因此调用函数时，既可以通过函数名调用，也可以通过函数指针来调用。

使用函数指针调用函数的语法格式为：

（＊指向函数的指针变量名）(实参表列)；

例如：(*p)(a,b);   //使用指向函数的指针 p 调用函数,实参为 a,b

【例 7-17】 用函数指针调用形式,实现输入两个数,输出较大值。

```
#include "stdio.h"
int max(int x,int y)                //函数返回值为整型数
{
    int z;
    if(x>y)    z=x;
    else       z=y;
    return z;
}
void main()
{
    int a,b,c;
    int (*p)(int,int);              //定义 p 为函数指针,指向函数的地址
    p=max;                          //p 初始化,指向函数 max()入口地址
    printf("Please enter a and b:");
    scanf("%d%d",&a,&b);
    c=(*p)(a,b);                    //使用函数指针 p 调用 max()函数,等效于 c=max(a,b);
    printf("max=%d\n",c);
}
```

运行结果：

```
Please enter a and b:7 4
max=7
```

结果分析：

① 程序中定义了指向函数的指针变量 p,函数 max()的定义形式与 p 指针的定义类型完全匹配,可使 p 指向函数 max,即 p=max,此语句表示把被调函数的入口地址(函数名)赋予该函数的指针变量 p。

注意,初始化赋值时只需给出函数名而无须给出参数,以本例看：

p=max;   //正确!将函数入口地址赋值给 p 指针
p=max(a,b);   //错误!将函数返回值赋给指针变量 p,值与地址不一致

② (*p)(a,b)为函数调用语句,此处采用了函数指针变量形式调用函数 max(),等效于 max(a,b)。

③ 函数指针变量 p 不可以进行算术运算,这与数组指针变量不同。数组指针变量的算术运算可使指针移动,如向前(−−)或向后(++)指向另一个数组元素；而函数指针只能指向某函数的入口地址,不可能通过算术运算指向函数中的某一条指令或指向另一个函数,所以对于函数指针 p,p+i,p-i,p++,p−− 等操作无意义。

④ 与其他变量相似,在一个程序中,同一个函数指针可以指向形式匹配的不同函数。

3. 函数指针用作函数参数

函数指针用来存放函数的入口地址,当此类变量作为函数的形参后,调用函数的实参采用函数名,传递给形参的是被调用函数的入口地址,如此就可以调用实参名指定的函数了。

一个函数指针(函数名)可作为另一个函数的参数使用。显然,这是一种函数嵌套调用的形式,属于间接访问,适合于用统一的函数格式去调用不同函数的情形,符合结构化程序

设计的理念。对于初学者,概念理解和程序编写都有一定难度,要勤思考,多实践,逐步掌握。

通过以下例子进一步理解和掌握函数指针作函数参数的应用。

【例 7-18】 编写两个数的四则运算程序,实现 + 、- 、* 、/四种运算功能。

```
#include <stdio.h>
void func(float x,float y,float (*p)(float,float))
{
    float z;
    z = (*p)(x,y);
    printf("The result is:%.1f\n",z);
}
float sum(float x,float y)                    //加法函数
{    return x + y;    }
float subtrac(float x,float y)                //减法函数
{    return x - y;    }
float multi(float x,float y)                  //乘法函数
{    return x * y;    }
float div(float x,float y)                    //除法函数
{
    if(y!= 0)      return x/y;
    else           return 0;
}
void main()
{    int n;
    float a,b;
    printf("Please enter a and b:");
    scanf("%f%f",&a,&b);
    printf("Please enter n(1:\" + \"\t2:\" - \"\t3:\" * \"\t4:\"/\"): ");
    scanf("%d",&n);
    if(n == 1)         func(a,b,sum);           //加法
    else if(n == 2)    func(a,b,subtrac);       //减法
    else if(n == 3)    func(a,b,multi);         //乘法
    else if(n == 4)    func(a,b,div);           //除法
}
```

运行结果:

```
Please enter a and b:12 7
Please enter n(1:" + " 2:" - " 3:" * " 4:"/" ): 1
The result is:19.0
```

```
Please enter a and b:12 7
Please enter n(1:" + " 2:" - " 3:" * " 4:"/" ): 2
The result is:5.0
```

```
Please enter a and b:12 7
Please enter n(1:" + " 2:" - " 3:" * " 4:"/" ): 3
The result is:84.0
```

```
Please enter a and b:12 7
Please enter n(1:" + " 2:" - " 3:" * " 4:"/" ): 4
The result is:1.7
```

结果分析：
① func()函数定义了3个形参，第3个形参p为函数指针，该函数包含两个形参。
② 其他4个函数sum(加法)、subtrac(减法)、multi(乘法)、div(除法)分别实现两个数的加、减、乘、除运算。
③ 在main()中n变量是根据所要执行的运算，分别获取1、2、3、4四个代码中的任意一个，通过分支结构选择执行不同的func()函数。每个函数的第3个实参为函数指针，调用了对应的运算函数获得计算结果，返回值传入func()中并输出。

7.5 指针操作动态内存

内容概述

C语言程序运行过程中，经常会遇到这样一类问题，即存储数据所需的空间大小不能预先确定，而是根据实际情况随时申请并可随时释放，这些数据临时存放在一个称作堆(heap)的特别存储区中。在程序编写中，可根据需要随时向系统申请所需相应大小的空间，这为所需存储空间大小不能预先确定的一类问题提供了灵活方便的解决方法。由于这类空间使用的动态特性，不能在程序声明部分定义，因此一般不可使用普通变量进行操作，只能使用指针指向它并引用。本节学习重点为：
- 了解动态内存的概念。
- 掌握动态存储区的建立方法。
- 掌握动态存储区的释放方法。
- 能够运用指针操作动态内存。

7.5.1 动态内存的分配

在线视频

程序中变量是数据的承载者，之前编写程序时定义的所有变量、形参、数组等，均是由编译系统在程序编译时或程序运行过程中自动分配内存的，程序结束时系统自动释放相应内存，它们所使用的存储区称为栈(stack)区。如数组定义时必须指定数组的长度，数组空间一经定义就不可以在函数运行过程中随意扩充或缩小，其所占用的内存空间无法人为释放，只能在函数运行结束后由系统自动释放。

当程序中的数据多少未知时，所需的存储空间大小也不能预先确定，比如在参加活动报名人数不确定的情况下，存储数据所需的空间就无法确定。C语言提供了一种根据实际需要动态分配并在使用结束后随时释放内存的方法，称为动态内存分配。采用这种内存分配机制，既不会产生数据溢出错误，也不会造成存储浪费。

C语言中把**能够进行动态分配的存储区称为"堆区"**。动态存储区专门用来存放临时性数据，这类存储区在需要时随时开辟空间，不需要时随时释放空间。堆区中内存空间的释放是通过编程语句实现的。

7.5.2 动态内存的申请

在线视频

动态内存申请需调用系统提供的库函数，主要涉及malloc()、calloc()、realloc()、free()

四个函数。ANSI 标准中,使用这些库函数需要头文件< stdlib.h >,也有 C 编译系统要求头文件为< malloc.h >。

1. malloc()函数——定长动态内存申请

函数原型为:

void * malloc(unsigned int size);

功能:向动态存储区中申请指定的 size 字节内存空间。

例如:

```
malloc(100);                    //开辟 100 字节的存储空间,函数值为第一个字节的地址
```

说明:

malloc()是一个库函数,它是 memory allocate 的缩写,译意为"内存分配"。

malloc()函数的功能是在内存称为"堆"的区域中申请长度为 size 指定字节数的连续空间。该函数只有一个形参,是无符号长整型,返回值为指向所分配内存空间的起始地址,以指针形式表示。如果此函数未能成功执行,如内存的物理空间不足,则返回指针值为 NULL。

本函数执行后,所申请到的空间指针指向类型为 void,即不指向任何类型的数据,只获取到一个地址,因此需将其指向一个具有相同数据类型的实际变量,才能在其中存取数据,如下例所示:

```
int * p;
p = (int * )malloc(100);        //malloc(100)是 void * 型的,将它转换为 int * 型
```

可简写为以下语句:

```
p = malloc(100);                //自动类型转换
```

说明:指针在赋值时,系统将 malloc(100)的地址值自动转换为 p 指针的类型(int *),然后赋值给 p。此时 p 就指向了由 100 字节构成的存储空间的首字节地址,在这个存储空间中只能存储 int 型数据。

【例 7-19】 以动态空间方式存储数据,在主函数中输入一周内的最高气温值,调用另一个计算平均气温的函数,求平均气温并输出。

```
#include "stdio.h"
#include "stdlib.h"
void main()
{
    void aver(int * p);
    int * p,i;
    p = (int * )malloc(7 * sizeof(int));       //动态分配内存
    printf("Please enter the daily temperature:");
    for(i = 0;i < 7;i++)
        scanf("%d",p + i);                     //等效于 scanf("%d",&p[i])
    aver(p);
}
void aver(int * q)
{
    int i;
```

```
    float sum = 0;
    for(i = 0;i < 7;i++)
        sum += q[i];                     //等效于 sum += * (q + i);
    printf("The average temperature in a week is:% .1f",sum/7);
}
```

运行结果：

```
Please enter the daily temperature:20 18 16 19 21 18 17
The average temperature in a week is:18.4
```

结果分析：

① 本程序未使用数组存储数据，而是采用 malloc() 函数开辟动态存储区域，sizeof() 函数用来测定系统对 int 类型数据的字节数，函数参数 7 * sizeof(int) 的值为 7×4＝28，即动态申请 28 字节的内存空间，按照 int 型存储方式进行类型转换，将首地址赋给指针变量 p。

② 主函数中由 for 循环控制输入数据，并按地址法 p+i 分别计算并把 7 天的气温值存储到相应的存储空间中。

③ aver() 函数把 p 的地址值传给形参 q，使形参与实参指向同一个动态存储空间的首地址，使用下标法对 7 个气温值数据进行累加、求平均值运算，并输出结果。

动态存储分配主要应用于建立程序中的动态数据结构（如链表），后续章节会有实际应用。

2．calloc() 函数——定数定长动态内存申请

calloc() 与 malloc() 类似，函数原型为：

void * calloc(unsigned int num,unsigned int size);

功能：向动态存储区中申请指定个数（num）指定空间字节数（size）的连续内存空间。

如果申请成功，返回指向申请空间起始地址的指针，否则返回 NULL。

例如：

```
p = calloc(100,4);                  //开辟 100×4 字节的临时分配区域,把首地址赋给指针 p
```

特别说明：因为本函数能够同时申请多个等大的存储区域，如果把每个等大空间当作一个数组元素看，那么整个存储区域相当于一个数组；由于它是动态获取的，因此可以称这个空间为**动态数组**。以前学过的关于数组的操作方法都可以用来操作动态数组，只不过使用指针法操作更为方便。使用方法参见例 7-20。

3．realloc() 函数——重新分配动态存储空间

realloc() 函数原型为：

void * realloc(void * p, unsigned int size);

功能：按指定长度（size）修改已经分配的动态存储空间大小。

通过 malloc() 或 calloc() 函数申请动态空间后，如果空间大小不合适，可以使用 realloc() 函数对其重新分配。新空间指针 p 指向不变，按新指定的 size 值重新分配动态空间。如果操作不成功，则返回 NULL。

例如：

  realloc(p,50);   //将 p 指针所指向的已分配的动态空间重新分配为 50 字节

7.5.3 释放动态存储空间

堆区分配的内存空间在使用完毕后应该随时释放，使得这部分空间能够回收再利用。释放动态空间使用库函数 free()。

函数原型为：

void free(void * p);

功能：释放指针变量 p 所指向的动态空间，函数无返回值。

例如：free(p);   //释放指针变量 p 所指向的已分配的动态空间

【例 7-20】 采用动态存储空间分配方式，计算某学生 5 门课的总成绩。

```c
#include <stdio.h>
#include <stdlib.h>
void main()
{
    int n, i, sum = 0, * p;
    printf("Please enter the number of courses:");
    scanf("%d",&n);                     //输入课程门数
    p = (int *)calloc(n,sizeof(int));   //动态分配 n×sizeof(int)个连续字节空间
    if(p == NULL)                       //动态内存分配失败则输出 failed!
        printf("failed!!");
    printf("Please enter the grade of each course:");
    for(i = 0;i < n;i++)
    {   scanf("%d",p + i);              //使用 p+i 的地址法依次输入各门课成绩值
        sum += p[i];                    //使用 p[i]的下标法累加成绩求和
    }
    printf("Total score is:%d\n",sum);  //输出各科成绩总分
    free(p);                            //释放 p 所分配的动态内存区
}
```

运行结果：

```
Please enter the number of courses:5
Please enter the grade of each course:87 90 95 82 100
Total score is:454
```

结果分析：

使用 p=(int *)calloc(n,sizeof(int))语句申请到 5 个能够存储 int 型数据的动态存储空间，并由 p 指向它。此存储空间与 int p[5]定义的 p 数组有相似的存储作用。p 指向的空间相当于 p[0]，以此类推，p+1 指向了 p[1]等。这样使用的动态空间 p 有类似数组的功能，因此称为动态数组。

7.6 指针小结

指针的概念和应用较为复杂，本节将对有关指针的知识和应用进行归纳小结，以便进一步厘清概念，加深理解。

1. 准确理解指针的相关含义

- 指针即地址。
- 变量的指针：如 &a 是变量 a 的地址，也可称为变量 a 的指针。
- 指针变量：用来存放地址的变量，其值为所指空间的(首)地址编码。
- 指针变量的值：是一个地址，也可以说是一个指针。
- "&"运算符：取地址运算符，&a 是 a 的地址，也可以说 & 是取指针运算符。&a 是变量 a 的指针(即指向变量 a 的指针)。
- 数组名与指针：数组名是一个地址，是数组首元素的地址，也可以说数组名是一个指针，是数组首元素的指针。
- 函数名与指针：函数名是函数的地址，是一个指针，指向函数代码区的首字节地址。
- 参数的地址传递：函数的实参如果是数组名或指针，则传递给形参的是一个地址，或者说传递给形参的是一个指针。

2. 指针相关数据类型定义及释义表

指针相关数据类型定义及释义如表 7-4 所示。

表 7-4 指针相关数据类型定义及释义

定 义	名 称	释 义
int a[n];	数组	a 为整型数组，有 n 个数据元素
int * p;	指针	p 为指针变量，指向整型数据
int * p[n];	指针数组	p 是数组，它由 n 个指针元素组成，并指向整型数据
int (* p)[n];	数组指针	p 为指针，包含 n 个元素组成的一维数组的指针变量
int fun();	函数	函数 fun，返回值为整型
int * p();	指针函数	p 为函数，返回值为指针，该指针指向整型值
int (* p)();	函数指针	p 为指针，指向函数的指针变量，该函数返回一个整型值
int ** p;	指向指针的指针	p 是一个指针变量，它指向一个指向整型数据的指针变量

3. 指针的运算

1) "&"和"*"

"&"：取地址运算符，求变量的地址。

"*"：取内容运算符，取指针所指向变量的值。

2) 指针赋值运算

设：int a, * pa, * p1, * p2, arr[5];
  int max(int, int);   //max()函数的声明语句
  pa = &a;   //将变量 a 的地址赋给 pa
  pa = arr;   //将数组 arr 首元素地址赋给 pa
  pa = &arr[i];   //将数组 arr 的第 i 个元素的地址赋给 pa
  pa = max;   //将函数 max 的入口地址赋给 pa
  p1 = p2;   //将 p2 指针的地址值赋给 p1 指针

3）指针加减运算

（1）对指向数组、字符串的指针变量可以进行加法和减法运算，如 p+i、p-i、p++、p-- 等。

（2）对指向同一数组的两个指针变量可以相减。

（3）对指向其他类型的指针变量做加减运算无意义。

4）指针的关系运算

指向同一数组的两个指针变量之间可以进行大于、小于、等于、不等于的比较运算。

5）指针变量赋空值

指针变量若不指向任何变量，可以表示为 p=0 或 p=NULL。

在 C 语言的头文件 stdio.h 中对 NULL 有如下定义：

＃define NULL 0

其中，NULL 是符号常量，代表整数 0。

那么 p=0，也可写为 p=NULL，此语句表示 p 指针指向地址为 0 的单元（系统保证该内存单元不作他用）。

注意，p 的值为 NULL 和未对 p 赋值是两个不同的概念。前者是有值的（值为 0），不指向任何变量；后者虽未对 p 赋值，但并不等于 p 无值，只是它的值是一个无法预料的值，也就是 p 可能指向一个事先未指定的单元。这种情况是很危险的。因此，在引用指针变量之前应对它赋值。

任何指针变量或地址都可以与 NULL 作相等或不相等的比较，例如：

while(p == NULL) …

4．指针编程的优点

指针是 C 语言中很重要的概念，是 C 语言的一个重要特色。使用指针编程有以下优点。

（1）提高程序效率和执行速度。

（2）在调用函数时，使用指针可在主调和被调函数之间共享变量或数据结构，实现双向数据共享。

（3）可以实现动态存储分配。

（4）便于表示各种数据结构，编写高质量程序。

总之，指针的使用是非常灵活的，对熟练的程序员来说，可以利用它编写出颇有特色、质量优良的程序。但使用指针容易出现指向错误，导致数据操作错误，而且这种错误往往比较隐蔽，难以排查。因此，使用指针要小心谨慎，需要勤学多练，积累经验。

在线视频

7.7 指针实训案例

内容概述

指针在函数调用中发挥着重要的作用，它可以在实参与形参之间有效地传递数据，尤其是在从被调函数传回调用函数值的应用功效中表现突出。本实训将利用指针作参数传递数据，通过应用实践，充分发挥指针在函数设计中的应用价值，提高综合编程能力。本节学习重点为：
- 指针作函数参数的编程技巧。
- 函数参数的传递应用。

【案例7-1】 利用指针遍历数组。

【案例描述与分析】

假设有一个存储整数的数组 numbers，包含有 5 个元素，请利用指针遍历数组 numbers，并依次输出每个元素的值。算法实现思路：可声明一个指向 int 类型的指针变量 *ptr，将其指向数组 numbers 的首元素，然后使用指针 ptr++ 可遍历数组元素。

【案例实现】

```c
#include <stdio.h>
int main()
{
    int i,numbers[] = {10,20,30,40,50};
    int *ptr;
    ptr = &numbers[0];              // 将指针 ptr 指向数组 numbers 的第一个元素
    for(i = 0;i < 5;i++)            // 使用指针 ptr 遍历数组 numbers 的值
    {
        printf("%d  ", *ptr);
        ptr++;
    }
    return 0;
}
```

运行结果：

```
10 20 30 40 50
```

【案例7-2】 移除重复元素。

【案例描述与分析】

编写一个函数 removeDuplicates()，把它接收到的一个有序整型数组的指针、数组的大小和操作后的新数据存储数组作为参数，将数组中重复的元素移除，并返回新数组及元素个数。

在 removeDuplicates() 函数中，使用一个索引变量 newIndex 来记录新数组的位置。在初始状态时，把原始数据存储数组的首元素赋给结果数组的首元素，并把索引变量 newIndex 的初始值设为 1。从第二个元素（下标值为 1）开始遍历原数组，如果当前元素与前一个元素不相等，则将当前元素存入新数组，并更新 newIndex，这样重复的元素就被过滤掉了。最后返回 newIndex 为新数组的大小，新数据经过指针变量自然返回到主函数，在主函数中输出结果。

【案例实现】

```c
#include <stdio.h>
#define N 10
int removeDuplicates(int * arr, int size,int * arr2)
{   int i,newIndex = 1;
```

```c
            arr2[0] = arr[0];                    //新数组中获取原始数据中的首元素值
            if (size <= 1)
                return size;
            for (i = 1; i < size; i++)           //遍历原始数据
            {
                if(arr[i-1] != arr[i])           //现元素与前一个元素不同,需要存入新数组中
                    arr2[newIndex++] = arr[i];
            }
            return newIndex;                     //返回元素数
        }
        int main()
        {   int i, arr2[N];
            int size, newSize, arr1[] = { 1,1, 2, 2,3,4,4,5,15,15,80};
            size = sizeof(arr1) / sizeof(arr1[0]);
            printf("原始数据为:\n");
            for(i = 0; i < size; i++)
                printf(" %d ", arr1[i]);
            printf("\n");
            newSize = removeDuplicates(arr1,size,arr2);
            printf("新数据长度:%d  新数据为:\n",newSize);
            for(i = 0; i < newSize; i++)
                printf(" %d ", arr2[i]);
            printf("\n");
            return 0;
        }
```

运行结果:

```
原始数据为:
 1 1 2 2 3 4 4 5 15 15 80
新数据长度:7  新数据为:
 1 2 3 4 5 15 80
```

【案例 7-3】 在已知数据中查找第一个负数。

【案例描述与分析】

编写一个函数 findElement(),把它接收到的一个整数数组的指针和数组的大小作为参数,返回数组的第一个负数的指针。如果数组中不存在负数,则返回空指针。

C 语言允许函数的返回值是一个指针(地址),这类函数称为指针函数。在函数中通过遍历数组来查找第一个负数,如果找到就返回该负数的指针,如果找不到则返回空指针。

【案例实现】

```c
#include <stdio.h>
int *findElement(int *p, int size)           //定义指针函数,返回值为指针
{
    if (*p < 0)
        return p;                            //返回第一个负数的指针
    else
        return NULL;                         //数组中不存在负数,返回空指针
}
int main()
{   int *negativePtr;
    int i, size, arr[] = {3,7,2,-9,5,-15};
```

```
        int  * q = &arr[0];
        size = sizeof(arr)/sizeof(arr[0]);          //求数组长度
        for(i = 0;i < size;i++)
        {    negativePtr = findElement(q,size);     //调用
             if (negativePtr!= NULL)
                { printf("第一个负数:% d\n",  * negativePtr);
                  break;  }
             else     q++;
        }
        while (negativePtr  ==  NULL)
        {        printf("数组中不存在负数\n");
            break;
        }
        return 0;
}
```

运行结果：

第一个负数: - 9

7.8 指针实践项目

内容概述

函数中使用指针作参数，对于数据传递有强大的支持，数组与指针结合使用会更加便利。本次实践项目基于数组和指针作函数参数，对一卡通系统进行更加深入的设计。本节学习重点为：

- 指针作函数参数。

【项目分析】

本节的实践重点是在第 6 章实践项目的基础上，利用指针在函数之间传递数据，完成"新卡注册"模块功能。系统变量规划与前面章节相同，为了实现数据传递功能，把部分公用数据变量定义为外部变量。同样考虑到后续内容会有更合理、更简洁的方法实施项目，本节只通过实现选项 1 的功能来说明。为了使程序能够正确退出，保留了选项 7 的功能。

本实训项目主要实现"新卡注册"功能，void new_c()用于实现新卡注册，其中嵌套了函数 void PRINT(int n,int * pcn,char pname[ ][10],float * pmoney)。指针变量 * pcn 和 * pmoney 分别用于接收实参为数据名的地址信息和用于传递卡号及账户金额的地址信息，而形参 pname[ ][10]用于接收实参数组传来的用户姓名字符串，在输出字符串时以指针的方式引用数据。本项目突出函数调用中指针变量和数组作为参数传递数据的灵活应用，充分展示了指针与数组混合引用的强大功能。

【项目实现】

```
# include < stdio. h >
# include < stdlib. h >
# include < string. h >
# define N 20
//以下为变量规划,将卡的信息定义为外部变量,方便数据传递
```

```c
    char personname[N][10] = {"\0"};            //姓名
    int cardnum[N] = {0};                       //卡号
    float cardmoney[N] = {0.0};                 //卡余额
    int num = 1;                                //建卡数量
    void PRINT(int n,int *pcn,char pname[][10],float *pmoney)
    {   int k;
        printf("\t卡号\t姓名\t余额\n");
        for(k=1;k<=n;k++)
            printf("\t%-d\t%s\t%.2f\n",*(pcn+k),*(pname+k),*(pmoney+k));
        getchar();
    }
    void new_c()                                //建卡函数
    {   int i,cardnumber;
        float cardmone;
        cardnumber = num;
        i = num;
        printf(" \n\t请输入姓名:");
        scanf("%s",personname[i]);
        printf(" \n\t请输入要充值到卡内的金额:");
        scanf("%f",&cardmone);
        cardnum[i] = cardnumber;                //存储卡号
        cardmoney[i] = cardmone;                //存储金额
        PRINT(i,cardnum,personname,cardmoney);  //调用输出信息函数
        num++;
        return;
    }
    void main()
    {   char choose;
        while(1)
        {   system(" cls");
            printf("\n\t||================================||");
            printf("\n\t||            欢迎使用            ||");
            printf("\n\t||            一卡通系统          ||");
            printf("\n\t||================================||");
            printf("\n\t||            功能菜单选项        ||");
            printf("\n\t||--------------------------------||");
            printf("\n\t||            1.新卡注册          ||");
            printf("\n\t||            7.退出系统          ||");
            printf("\n\t||--------------------------------||");
            printf("\n\t请输入选项:");
            scanf(" %c",&choose);
            switch(choose)
            {
                case'1':printf("\n\t您选择了新卡注册");
                        new_c();
                        getchar();
                        break;
                case'7':printf("\n\t您选择了退出系统\n");
                        exit(0);
                        break;
                default: printf("\n\t输入错误,请重新输入。\n");
                        system("pause");
                        getchar();
            }
        }
    }
```

运行结果：

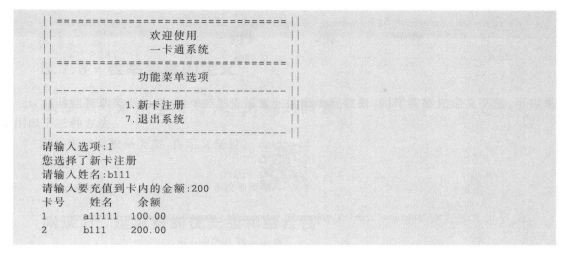

习题与实训 7

一、概念题

1. 阐述指针、地址、指针变量各自的概念及三者的联系。
2. 简述两个运算符"&"和"*"的功能特点。
3. 当指针 p 指向一个数组元素时，执行 p+1 后，p 的值表示什么？
4. 若有二维数组 int arr[3][4]，设 arr 的首地址为 2000，整型数据占 4 字节，arr+1 和 *(arr+1)分别表示什么？计算出各自的取值。
5. 字符指针变量与字符数组在使用方面的区别有哪些？
6. 同类型指针变量之间有哪些运算？
7. 什么是函数指针？写出定义指向函数的指针变量的一般语法形式。
8. 什么是指向指针的指针？
9. 什么是指针数组？写出定义指针数组的一般语法形式。
10. 动态分配内存的函数有哪些？各函数的功能及用法是什么？

二、选择题

1. 变量的指针，其含义是指该变量的（　　）。
   A. 值　　　　　　B. 地址　　　　　　C. 名　　　　　　D. 一个标志
2. 对于语句"int i=5;*pi=&i;"，以下哪个选项的值不是地址？（　　）
   A. pi　　　　　　B. &i　　　　　　C. &pi　　　　　　D. *pi
3. 已有定义 int k=2;int *p1,*p2;且 p1 和 p2 均已指向变量 k，下面不能正确执行的赋值语句是（　　）。
   A. k = *p1 + *p2　　　　　　　　B. p2 = k
   C. p1 = p2　　　　　　　　　　　D. k = *p1 * (*p2)

4. 语句"int a[8] = {1,2,3,4,5,6,7,8}, * pa = a;"中,以下哪个选项能取到数组中值为 7 的元素?（   ）
  A. * (pa + 6) B. * pa + 6 C. * pa + 7 D. * (pa + 7)

5. 对于语句"int * pa, * pb, a = 3, b;"以下哪个选项均是正确赋值语句?（   ）
  A. pa = &a; pb = &pa;
  B. pa = &a; pb = &b; * pa = * pb;
  C. pa = &a; pb = pa;
  D. pa = &a; * pa = * pb;

6. 若有声明 int * p, m = 5, n; 以下程序段正确的是（   ）。
  A. p = &n; scanf("%d", &p);
  B. p = &n; scanf("%d", * p);
  C. scanf("%d", &n); * p = n;
  D. p = &n; * p = m;

7. 若有语句 int * p, a = 4; 和 p = &a; 下面均代表地址的一组选项是（   ）。
  A. a, p, * &a B. &*a, &a, * p C. *&p, p, &a D. &a, &* p, p

8. 下面判断正确的是（   ）。
  A. char * a = "china"; 等价于 char * a; a = "china";
  B. char str[10] = {"china"}; 等价于 char str[10]; str[] = {"china"};
  C. char * s = "china"; 等价于 char * s; s = "china";
  D. char c[4] = "abc", d[4] = "abc"; 等价于 char c[4] = d[4] = "abc";

9. 下面能正确进行字符串赋值操作的是（   ）。
  A. char s[5] = {"ABCDE"};
  B. char s[5] = {'A', 'B', 'C', 'D', 'E'};
  C. char * s; s = "ABCDE";
  D. char * s; scanf("%s", s);

10. 下面程序段的运行结果是（   ）。
```
char * s = "abcde";
s += 2;
printf("%d", s);
```
  A. cde B. 字符'c' C. 字符'c'的地址 D. 不确定

11. 设 p1 和 p2 是指向同一个字符串的指针变量, c 为字符变量, 则以下能正确执行的赋值语句是（   ）。
  A. c = * p1 + * p2 B. p2 = c
  C. p1 = p2 D. c = * p1 * (* p2)

12. 设有程序段: char s[] = "china"; char * p; p = s; 则下面叙述正确的是（   ）。
  A. s 和 p 完全相同
  B. 数组 s 中的内容和指针变量 p 中的内容不相同
  C. s 数组长度和 p 所指向的字符串长度相等
  D. * p 与 s[0] 相等

13. 若有定义 int a[2][3]; 则对 a 数组的第 i 行第 j 列元素值的正确引用是（   ）。
  A. * (a[i] + j) B. (a + i)
  C. * (a + j) D. a[i] + j

14. 若有程序段 int a[2][3], (* p)[3]; p = a; 则对 a 数组元素的正确引用是（   ）。

A. (p+1)[0] B. *(*(p+2)+1)
C. *(p[1]+1) D. p[1]+2

15. 若有定义 int x[10] = {0,1,2,3,4,5,6,7,8,9}, *p1;则数值不为 3 的表达式是( )。
    A. x[3] B. p1 = x+3, *p1++
    C. p1 = x+2, *(p1++) D. p1 = x+2, *++p1

16. 已知 int (*p)();指针 p 可以( )。
    A. 代表函数的返回值 B. 指向函数的入口地址
    C. 表示函数的类型 D. 表示函数返回值的类型

17. 以下与"int *q[5];"等价的定义语句是( )。
    A. int q[5]; B. int *q;
    C. int *(q[5]); D. int(*q)[5];

18. 设有声明"int *p1,*p2,m=5,n;",以下均是正确赋值语句的选项是( )。
    A. p1 = &m;p2 = &p1; B. p1 = &m;p2 = &n;*p1 = *p2;
    C. p1 = &m;p2 = p1; D. p1 = &m;*p1 = *p2;

19. 下面程序段的运行结果是( )。
    ```
    char *s = "abcde";
    s += 2;
    printf("%c", *s);
    ```
    A. cde B. 'c' C. 字符 c 的地址 D. 不确定

20. 有声明语句"int a[10] = {1,2,3,4,5,6,7,8,9,10}, *pa = a;",则数值为 9 的表达式是( )。
    A. *(pa+8) B. *pa+8 C. *pa+=9 D. pa+8

三、填空题

1. 变量的指针,其含义是指该变量的_____。

2. 系统访问变量有两种方式,设 int a = 3, *pa = &a;,直接按变量 a 的地址存取变量值 3 的方式称为_____访问;通过指针 pa 间接得到变量 a 的地址,再存取变量 a 的值 3 的方式称为_____访问。

3. 若有定义 char s[10];,请写出至少两种描述 s[1] 的地址的表达式_____和_____。

4. printf("%d\n",NULL);的输出结果为_____。

5. 设 int a[10] = {1,2,3,4,5,6,7,8,9,10}, *p = a;则 *(p+2) 的值为_____。

四、判断题

1. C 语言中变量的指针就是变量的地址。( )
2. 函数的参数可以是整型、实型、字符型,但不允许是指针类型。( )
3. 指针变量可以指向数组,但不允许指向数组元素。( )
4. 引用数组元素可以用下标法,也可以用指针法。( )

5. 用指针变量可以指向一维数组，但不能指向多维数组。　　　　　　　　（　　）
6. 指针变量不能指向一个函数。　　　　　　　　　　　　　　　　　　（　　）
7. 函数可以返回一个数值型值，也可以返回指针型的数据。　　　　　　（　　）
8. 指针数组中的每一个元素都相当于一个指针变量。　　　　　　　　　（　　）
9. 指针变量不允许有空值，即指针变量必须有所指向。　　　　　　　　（　　）
10. 若两个指针指向同一个数组的元素，则两个指针变量可以进行比较。（　　）

五、程序补充题

1. 下面程序的运行结果是＿＿＿＿＿＿＿＿。

```
fun(char *s)
{   char *p=s;
    while(*p)  p++;
    return (p-s);
}
main()
{   char *a="Hello China";
    printf("%d\n",fun(a));
}
```

2. 下面函数的功能是将一个整数字符串转换为一个整数，例如将"1357"转换为1357，请将程序补充完整。

```
int convert(char *p)
{   int num=0,k,len,j;
    len=strlen(p);
    for(;_____;p++)
    {   k=_____;
        j=(--len);
        while(_____)    k=k*10;
        num=num+k;
    }
    return num;
}
```

3. 阅读以下程序，运行结果为＿＿＿＿＿＿＿＿。

```
#include <stdio.h>
void test(int *x,int *y)
{   int t;
    t=*x; *x=*y; *y=t;
}
void main()
{   int a=10,b=20;
    printf("a=%d,b=%d\n",a,b);
    test(&a,&b);
    printf("a=%d,b=%d\n",a,b);
}
```

六、应用题

本章习题均要求使用指针实现。

1. 输入一行字符,统计其中大写字母、小写字母、空格、数字及其他字符的个数。
2. 输入 3 个字符串,按从小到大的顺序输出。
3. 输入 n 个数,逆序后输出。
4. 编写程序,输入星期几的数字代码,输出相应的英文单词。例如输入"2",则输出"Tuesday",要求用指针数组处理。
5. 编写一个函数,将 3×3 矩阵转置后输出。
6. 编写一个函数,交换数组 a 和数组 b 中的对应元素。

第 8 章

用户自定义数据类型

CHAPTER 8

内容导引

编写程序及软件开发,离不开对数据的存储、加工、输入输出和传输等处理。C 语言编译系统提供了 int(整型)、float(实型)、char(字符型)、double(双精度型)等**基本类型**的数据,用户可以**直接使用**这些数据类型。但是,由于客观事物属性的多样性,决定了反映这些事物特性的数据也必将是多样化的。为此,C 语言为用户提供了通过基本类型组合生成数据类型的手段,并把这种组合生成的数据类型称作**用户自定义数据类型**。

与基本类型不同,**用户自定义数据类型必须先定义后使用**。定义后的数据类型与基本数据类型功能相同,比如可用来定义变量。C 语言提供的用户自定义数据类型主要有**结构体、共用体和枚举类型**等。

理解这三种用户定义数据类型的概念,掌握自定义数据类型的声明方法,应用自定义数据类型定义变量并解决实际问题是本章的重点学习任务。

另外,为了简化数据类型名称的书写,C 语言还提供了一种可以为**数据类型重命名**的方法,以达到简化书写数据类型名称的目的。

学习目标

- 理解结构体的概念、特点并能够应用。
- 理解共用体的概念、特点并能够应用。
- 理解枚举类型的概念、特点并掌握其使用方法。
- 能够选择确切的自定义数据类型解决实际问题。
- 理解数据类型重命名的意义,分清用户定义数据类型与数据类型重命名的差异性,并能够正确使用数据类型重命名。

8.1 结构体

内容概述

结构体是 C 语言为用户提供的一种组合数据类型，它可以通过组合不同的基本类型成为一种新的数据类型，可以更为丰富地表示操作对象的多元化属性。本节学习重点为：

- 理解结构体的概念。
- 掌握结构体的定义及用结构体类型定义结构体变量。
- 掌握结构体变量的引用方法。
- 用结构体数据类型解决实际问题。

8.1.1 C 语言结构体数据类型概述

在线视频

在前面学习的程序中，都是通过 C 语言的基本数据类型的变量如：int（整型）、float（单精度型）、double（双精度型）、char（字符型）等进行数据的存储和加工的，这种称为简单变量的变量是相互独立、无内在关系的，一个变量只能处理一个数据，对于大批量同类型的数据处理，比如一个班 50 名学生 1 门课的成绩、1 名学生 8 门课的成绩，或者 50 名学生 8 门课的成绩数据，简单变量很不方便甚至不可行。为此，C 语言中支持数组（Array）这种派生数据类型，用于存放这种相同类型的大量数据，有效解决了此类问题。但在实际工作中，经常会遇到需要处理不同类型数据的问题，比如学生信息数据，如表 8-1 所示，其中不只包含有成绩，还有与学生相关的其他信息，这些信息的数据类型不同，必要的信息有学号 num（int）、姓名 name（char）、年龄 age（int）、成绩 score（float）等。表中每一行代表一名学生的信息，数据之间有着不可分割的内在联系，因为每项数据的类型不同，显然不能用单一类型的变量存放。使用简单变量存储学生数据，不能反映这些数据之间的内在关系，即一行数据属于同一名学生。一个数组中的元素虽然有内在关联性，但同一数组中的不同元素只能存放相同类型的数据，因此也不可以使用一个数组来存放一名学生的信息。

表 8-1　学生信息表

num	name	age	score
06011	Li ming	19	91.5
06012	Zhang xiao feng	18	87.0

在 C 语言中，有一种称为**结构体**（structure）的派生数据类型能够方便地解决上述问题。**结构体是用户利用已经存在的不同的数据类型组合而成的一种新的数据类型**，有些高级语言也称为**记录**（record）。现实工作中像职工信息、商品信息等凡是可以用 Excel 表格表示的信息，在 C 语言中使用结构体数据类型存储、运算是适合的。表 8-1 中的数据可以使用结构体数据类型来表示。

结构体的使用也要符合相关的语法规定，如使用关键字 struct 对结构体进行定义，在定义结构体数据类型之后，还需要用结构体数据类型定义变量，以及对结构体变量的初始化、引用等，接下来将学习有关结构体的相关语法及应用。

在线视频

8.1.2 结构体数据类型的一般应用

1. 定义结构体数据类型

像 int、float、char 等是 C 语言本身提供的数据类型,称为基本数据类型;而结构体是由用户利用基本数据类型组合而成的一种数据类型,结构体中可以包含多个基本类型的数据项,这个用来说明组合体构成元素的过程就是结构体的定义,结构体必须先定义后使用。结构体也称为复杂数据类型或构造数据类型。

结构体定义的语法格式:

```
struct 结构体名
{
        数据类型    结构体成员列表;
};
```

例如:

```
struct student              //结构体定义语句,struct 为关键字,student 为结构体名称
{   int num;                //学号为整型数据        ┐
    char name[15];          //姓名为字符型数据      │
    int age;                //年龄为整型数据        ├ 结构体成员
    float score;            //成绩为实型数据        ┘
};
```

该例中,struct 是定义结构体数据类型的关键字,表示以下代码将定义结构体数据类型;结构体名 student 用于标识结构体;结构体成员列表是结构体内所包含的数据项的集合,称为结构体的成员(Member),也称作"域",成员实质上是数据项,以变量的形式存在。上例中包含了 4 个成员,分别是 num、name、age、score。

特别说明:①结构体成员的定义方式与变量或数组(如果成员是数组)的定义方式相同,但在定义时不可以同时初始化。②在大括号后面的分号";"不可省,它表示定义结束。

结构体成员还可以是另一个结构体类型。假设学生信息如表 8-2 所示,其中出生日期 birthday 又由三个成员组成。可以先定义一个 date 结构体,成员由 month、day 和 year 组成;再用 date 定义 birthday,这样 birthday 就拥有了像 date 一样的三个成员了。这种形式可理解为一种嵌套定义。

表 8-2 结构较复杂的学生信息

num	name	age	birthday			score
			month	day	year	
06011	Li ming	19	5	12	2000	91.5

成员为另一个结构体类型,定义形式如下:

```
struct date                 //定义结构体,结构体名为 date,表示日期
{   int month;              //定义成员分别为 month、day、year
    int day;
    int year;
};
struct student              //定义学生信息结构体 student
```

```
{   int num;                //学号为整型数据
    char  * name;           //姓名为字符型数据
    int age;                //年龄为整型数据
    struct date birthday;   //定义出生日期,数据类型为 struct date
    float   score;          //成绩为实型
};                          //语句结束标志
```

在这种结构体的嵌套定义过程中,显然必须先定义 struct date,再利用它定义包含 birthday 成员的 struct student。

2. 定义结构体类型的变量

通过基本数据类型的学习可知,数据类型是不可以承载数据的,而是用来声明变量的,变量才是可操作数据的实体。结构体是一种数据类型,同样也不可以承载数据处理功能,使用结构体类型的数据,也必须依赖于相应的变量,用结构体数据类型定义的变量称作结构体变量,结构体变量也必须遵循先定义后使用的原则。定义形式有以下 3 种情况。

1) 先定义结构体再定义结构体变量

用已有结构体定义结构体变量的一般格式是:

struct 结构体名 变量名列表;

假设按上例定义了结构体 struct student,可以按如下格式定义结构体变量 stu1,stu2 等。

`struct student   stu1,stu2;`

经过定义的变量具有与结构体相同的数据构成。在本例中,stu1 和 stu2 都具有与 struct student 相同的内部结构,即 stu1 和 stu2 分别具有 4 个成员:num、name、age 和 score,通俗地可以说 stu1、stu2 与 student"长得一模一样",如表 8-3 所示。经过变量定义,系统会为每个变量分配相应的内存空间,并由变量名标识和操作。

表 8-3   变量实体内容

域名	num	name	age	score
stu1	06011	Li ming	19	91.5
stu2	06012	Zhang xiao feng	18	87.0

这种定义变量的方式与使用基本数据类型定义变量的方式相同,优点在于把定义结构体与定义变量分离开来,在声明类型后,可以在需要的地方随意定义变量,比较灵活。

2) 定义结构体类型的同时定义结构体变量

一般格式为:

```
struct   结构体名
{
    数据类型名 成员列表;
}变量名列表;
```

例如:

```
struct student              //结构体名
{   int num;                //学号
    char name[20];          //name 用于存放字符串
    char sex;               //性别
```

```
    int  age;              //年龄
    float score;           //成绩
}student1,student2;        //定义了两个变量
```

这种形式把变量的定义与结构体放在一起，可以直观地看到变量所包含的成员。对于编写小程序比较适合，但对于大型程序的编写，采用结构体与变量定义分离的形式更方便。

3) 直接定义结构体变量而不指定类型名

一般格式为：

```
struct
{
    数据类型名 成员列表;
}变量名列表;
```

例如：

```
struct                     //无结构体名
{   int num;               //学号
    char name[20];         //name用于存放字符串
    char sex;              //性别
    int  age;              //年龄
    float score;           //成绩
}student1,student2;        //定义了两个变量
```

这种形式无结构体名，因此属于"一次性"定义格式，不可以再次引用此结构体。C语言在语法上支持此格式，但应用较少。

3. 结构体变量的初始化和引用

结构体变量的初始化就是对结构体变量中的每个成员赋初值。结构体变量的引用就是对结构体变量的成员进行操作，可以存取数据或进行相关运算处理。

一般语法格式：

```
struct 结构体名 变量名 = {结构体成员对应的初值列表};
```

1) 结构体变量的初始化

在定义结构体的同时定义变量，并赋初值。定义两个变量，并对第二个变量赋初值。

例如：

```
struct student             //结构体名
{   int num;               //学号
    char name[20];         //name用于存放字符串
    char sex;              //性别
    float score;           //成绩
}stu1,stu2 = {106010,"li ming",'M',87.5};
```

如果已经定义了结构体，利用定义结构体变量的语句赋初值：

```
struct student             //结构体名
{   int num;               //学号
    char name[20];         //name用于存放字符串
    char sex;              //性别
    float score;           //成绩
};
struct student stu = {106010,"li ming",'M',87.5};
```

初值列表是用花括号包围并以逗号(,)分隔开的一组常量,系统会把初值依次分配给结构体中的成员变量。因此要注意初值列表中的常量次序和数据类型要与结构体相应成员匹配。常量的数量不可以超过成员数量,可以少于成员数量,没有给定值的成员将取默认数据类型值。

2) 结构体变量的引用

结构体变量的引用就是对结构体变量中的成员实行赋值、输入、输出等相关操作。结构体变量的成员引用基本格式为:

结构体变量.成员名

例如:stu.num,stu.name

C 语言中把结构体引用格式中的点"."称作为"成员运算符"。

以下程序示例表示出结构体变量常用的几种引用方式。

【例 8-1】 结构体成员引用。

```
#include <stdio.h>
struct student                                  //结构体名
{   int num;
    char name[20];
    char sex;
    float score1,score2,score3;                 //三个成绩成员
}stu;
void main()
{   float s;
    stu.num = 106010;                           //结构体变量的赋值引用
    stu.sex = 'M';
    stu.score1 = 87.5;
    stu.score2 = 80.0;
    stu.score3 = 90.0;
    printf("请输入姓名!");
    gets(stu.name);                             //作函数参数,同时也是一种输入引用
    s = (stu.score1 + stu.score2 + stu.score3)/3.0;  //结构体变量的运算
    printf("No:%d name:%s sex:%c score1:%.2f\n",stu.num,stu.name,stu.sex,stu.score1);
                                                //结构体变量的输出引用
    printf("该学生的平均成绩为:%.2f\n",s);
}
```

运行结果:

请输入姓名!li ming
No:106010 name:li ming sex:M score1:87.50
该学生的平均成绩为:85.83

3) 结构体变量引用特例

(1) 同类结构体变量可以相互赋值。

例如,假设有 stu1 和 stu2 是同属于一个结构体的变量,它们可以相互赋值。

```
struct student stu2,stu1 = {106010,"li ming",'M',87.5};
stu2 = stu1;                                    //把 stu1 赋值给 stu2,
```

通过赋值语句 stu2 获得了 sut1 的值。

(2) 如果成员仍然是结构体的变量,需要多次使用成员运算符".",直到最低一级的

成员。

在8.1.2节的例子中,定义了 struct date,包含成员 month、day、year,在定义 struct student 时包含了成员 struct date birthday,结构体"嵌套定义"后成员的引用是通过成员运算符的多次使用实现的。例如,出生日期需使用 stu.birthday.year,stu.birthday.month,stu.birthday.day 等来引用。

(3) 对于成员仍然是结构体的变量,赋初值方法与其他变量相同,按结构体中成员的定义顺序依次列出初值。

假如变量的初值如表8-4所示。

表8-4 结构体中含有结构体的应用

num	name	age	birthday			score
			month	day	year	
106010	Li ming	19	5	10	2000	89.5

赋初值语句为:stu = {106010,"li ming",19,5,10,2000,89.5};

为了校对数据和阅读的直观性,也可以把下级结构体的成员值用花括号"{ }"括起来,可把本例的初始化改为以下形式:

stu = {106010,"li ming",19,{5,10,2000},89.5};

其中,5、10、2000分别对应 birthday 中的 month、day 和 year。

4) 容易出现的错误引用

(1) 不可以把定义变量和赋初值分隔开来。

例如 stu = {106010,"li ming",'M',87.5};

是错误的,stu 定义与赋值分开在不同的语句行中,系统编译无法通过。

(2) 对于采用数组存放数据的情况,不可以直接赋初值。

例如:

```
struct student                              //结构体名
{   int num;                                //学号
    char name[20];                          //name 用于存放字符串
    char sex;                               //性别
    float score;                            //成绩
}stu2;                                      //定义结构体变量
stu2.num = 10110;                           //正确的赋值
stu2.name = "Li ming";                      //错误的赋值,数组型变量不接受直接赋值
```

以上程序段编译错误,原因在于对 name[] 数组直接赋值。

正确的操作方法之一是把 stu2.name = "Li ming" 改为 strcpy(stu2.name,"Li ming")。

【例 8-2】 有两名学生信息包括:学号、姓名、成绩。要求从键盘动态输入学生信息,并输出成绩较好的一名学生的信息。

(1) 按要求把学生信息定义为结构体数据类型,并用结构体定义 student1、student2 两个变量,用于存储学生信息。

(2) 分别输入学生的相关信息存入相应变量。

(3) 比较两名学生的成绩,把成绩较高的一名学生信息输出。

```
#include <stdio.h>
struct student                                //结构体名
{   int num;                                  //学号
    char name[20];                            //name 用于存放字符串
    float score;                              //成绩
};
main()
{   struct student student1,student2;         //定义结构体变量
    int i=1;
    printf("请输入第%d名学生信息,以空格分隔\n编号 姓名 成绩\n",i);
    scanf("%d %s %f",&student1.num,&student1.name,&student1.score);
    i++;
    printf("请输入第%d名学生信息,以空格分隔\n编号 姓名 成绩\n",i);
    scanf("%d %s %f",&student2.num,&student2.name,&student2.score);
    printf("\n成绩较好的一名学生信息如下:\n");
    if(student1.score>student2.score)         //比较成绩,输出成绩较好的一名学生信息
        printf("No:%d name:%s score:%.2f\n",student1.num,student1.name,student1.score);
    else
        printf("No:%d name:%s score:%.2f\n",student2.num,student2.name,student2.score);
}
```

运行结果:

```
请输入第1名学生信息,以空格分隔
编号 姓名 成绩
100 zhang 87
请输入第2名学生信息,以空格分隔
编号 姓名 成绩
101 wang 90

成绩较好的一名学生信息如下:
No:101 name:wang score:90.00
```

8.2 使用结构体数组

内容概述

结构体扩展了语言的数据处理能力,结构体变量用于存储和处理结构体类型的数据,但一般的结构体变量不便于处理同类型的大批量数据,C 语言允许使用结构体数组。本节学习重点为:

- 理解结构体数组的概念。
- 掌握结构体数组的定义及结构体数组的引用方法。
- 能够使用结构体数组解决实际问题。

8.2.1 结构体数组的概念

前面已经讨论过这样的问题,每名学生的信息包括学号、姓名、年龄、成绩等(可称作一条记录),因数据类型不同,采用结构体数据类型表示更合理。如果要处理一个班 50 名学生

在线视频

的信息,相当于同类型(结构体)的 50 组数据,如表 8-5 所示。

每名学生信息是一条记录,称作一个**数据元素**,那么 50 名学生信息就是 50 个数据元素,这些信息之间有内在的联系,采用由 50 个以上元素构成的数组来存储这些信息,数据元素和数组之间就建立了一对一的逻辑关系。如表 8-5 所示,例如,stu[1]存放第 1 条记录对应的学生信息,stu[2]存放第 2 条记录对应的学生信息,以此类推,操作就非常方便。

表 8-5 适合采用结构体数组表示的数据

域名	num	name	age	score
stu[1]	106001	Li ming	19	91.5
stu[2]	106002	Zhang xiaofeng	20	87.0
…	…	…	…	…

可以把这种**数据元素为结构体的数组**称为**结构体数组**,用它来处理具有相同结构的大批量数据。

8.2.2 定义结构体数组

与数组的使用方法类似,相关规则可以推广到结构体数组中。比如,结构体数组必须先定义后使用。定义结构体数组的格式与定义结构体变量方法相同,一般有如下三种情况。

(1) 定义结构体类型的同时定义结构体数组。

一般格式是:

```
struct   结构体名
{
    数据类型名 成员列表;
}数组名[数组长度];
```

例如:

```
struct student
{   int num;                        //学号为整型
    char name[15];                  //姓名为字符型
    int age;                        //年龄为整型
    float score;                    //成绩为实型
}stu1[10],stu2[50];                 //定义结构体数组
```

(2) 先定义结构体再定义结构体数组。

用已有结构体定义结构体数组的一般语法格式是:

```
struct 结构体类型名    数组名[数组长度];
```

例如:struct student   stu[10];   //定义结构体数组

用已经定义过的结构体 struct student 定义了结构体数组 stu[10],其由 10 个元素组成。

(3) 直接定义结构体数组而不指定类型名。

直接定义结构体数组的一般语法格式是:

```
struct
{
    数据类型名 成员列表;
}数组名[数组长度];
```

这种形式与无结构体名定义结构体变量相同,属于"一次性"定义格式,不可以再次引用此结构体。

8.2.3　结构体数组的初始化

在线视频

与一般数组的初始化相同,结构体数组也需要通过初始化获得基础性操作,而且初始化方法也类似,可通过定义语句完成数组的初始化操作。

（1）定义结构体数组的同时初始化。

```
struct  结构体名
{
    数据类型名 成员列表;
}数组名[数组长度] = {初始值列表};
```

（2）先定义结构体,再定义数组同时初始化。

```
struct  结构体名
{
    数据类型名 成员列表;
};
struct 结构体名 数组名[数组长度] = {初始值列表};
```

在编程过程中,结构体数组赋初值格式常采用以下形式:

struct 结构体名 数组名[数组长度] = {{初始值1组},{初始值2组}…};

定义结构体数组并分组初始化方式示例如下。

格式1:定义与初始化同时进行。

```
struct student                          //结构体名
{   int num;                            //学号
    char name[20];                      //name用于存放字符串
    char sex;                           //性别
    float score;                        //成绩
}stu[3] = {{10101,"liming",'M',82.0},{10102,"Wanggang",'W',88.0},{10103,"Zhang hong",'M',90.0}};
```

格式2:先定义结构体,再定义数组,顺序赋初值。

```
struct student                          //结构体名
{   int num;                            //学号
    char name[20];                      //name用于存放字符串
    char sex;                           //性别
    float score;                        //成绩
};
struct student stu[3] = {10101,"li ming",'M',82.0,10102,"Wang gang",'W',88.0, 10103,"Zhang hong",'M',90.0};
                                        //定义结构体数组
```

两种赋初值方式结果等效,但前一组采用分组赋初值的方法看起来更清晰,常被采用。

8.2.4　结构体数组元素的引用

在线视频

结构体数组既有结构体的特征,又有数组的特征,因此,引用结构体数组元素时,要同时服从两方面的规定。从数组的角度讲,有元素引用和数组名引用,含义和作用不同。从结构体的角度讲,须采用成员运算符"."及成员来引用域值。

前面讨论过,结构体变量可以相互赋值,每个数组元素相当于一个变量,因此结构体数组元素之间可以整体赋值,如 stu[1] = stu[2];。

【例 8-3】 数组元素的引用。

```
#include <stdio.h>
struct student                           //结构体名
{   int num;                             //学号
    char name[20];                       //name 用于存放字符串
    char sex;                            //性别
    float score;                         //成绩
}stu[0] = {10101,"li ming",'M',82.0};    //定义结构体数组
main()
{   stu[1] = stu[0];                     //结构体数组元素相互赋值
    printf("No:%d name:%s sex:%c score:%.2f\n",stu[1].num,stu[1].name,stu[1].sex,stu[1].score);
}
```

运行结果:

No:10101 name:li ming sex:M score:82.00

结果说明:

执行 stu[1] = stu[0] 语句后,stu[1] 获得了 stu[0] 的值。这种引用方式与两个普通结构体变量之间的赋值方式相同。

对于成员的引用,结构体变量与结构体数组的引用方式对比如下。

(1) 一般结构体变量对成员的引用格式:**变量名.成员名**。

(2) 结构体数组元素对成员的引用格式:**数组名[i].成员名**。

因为数组元素实质上就是一个变量,从引用格式看,两者的差别仅为变量名与数组元素名之间的一个简单代换。例 8-3 中的数组元素的引用为 stu[1].num,stu[1].name 等,就是域名前的变量名由普通的变量名更换为数组元素名。

8.3 使用结构体指针

内容概述

指针操作结构体同样具有独特的优点,比如可使用 ++ 或 -- 在结构体数据节点之间自由地转移,C 语言允许使用结构体指针。本节学习重点为:

- 理解结构体指针的概念。
- 掌握结构体指针的定义及引用方法。
- 能够使用结构体指针解决实际问题。

8.3.1 结构体指针概述

在线视频

指针是 C 语言中很有效的一类变量,专门用来存放变量的地址,无论数据类型多么复杂,每个数据元素占用多大的存储空间,通过指针的 ++、-- 运算,可以准确、快捷地在不同的数据元素之间来回转移,操作非常方便。指针可以指向任何数据类型的变量,当然也可以

指向结构体。由于结构体数据类型的数据元素构成相对复杂多变，因此利用指针操作结构体的优势更加明显。

指向结构体变量的指针称作结构体指针。结构体变量与其他变量相同，可以是单个变量形式，也可以是数组。结构体指针指向的是该结构体对应的内存空间的起始地址。

8.3.2 指向结构体变量的指针

在线视频

与其他指针变量使用规则相同，结构体变量也必须先定义后使用。结构体指针定义的语法格式为：

struct 结构体类型名 * 变量名；

对于已经定义的学生信息结构体 struct student，定义结构体指针的语句如下：

struct student * p;

当存在同类型的一般变量，就可以用指针指向它，并完成相同的操作。

设有如下的结构体变量定义并赋初值语句，定义一个同结构的指针变量 p，让指针指向结构体变量，如图 8-1 所示。此时既可以用 stu 也可以用指针变量 p 操作该结构体。

域名	域值
num	10101
name	Li ming
sex	M
score	82.0

stu
p→

图 8-1 结构体存储

```
struct student stu = {10101,"li ming",'M',82.0};   //定义结构体变量并赋值
struct student * p;                                  //定义结构体指针变量
p = &stu;                                            //p 指向 stu
```

特别说明，对于指针变量的所有操作，一定要确保**"指针有所指"**。所谓指针有所指，就是通过赋值运算让指针变量指向一个实体变量的地址。没有完成该操作的指针可以称为"野指针"，是错误的。

对于结构体变量成员的引用同样需要通过"成员名"或"域名"实现。一般格式为：

结构体指针变量->成员名

【例 8-4】 指向结构体变量的指针。

```
#include <stdio.h>
struct student                                       //结构体名
{   int num;                                         //学号
    char name[20];                                   //姓名字符串
    char sex;                                        //性别
    float score;                                     //成绩
}stu = {10101,"li ming",'M',82.0};                   //定义结构体指针和变量
main()
{   struct student * p;
    p = &stu;                                        //指针指向变量
    printf("以变量形式操作结构体成员的结果为:\n");
    printf("No:%d name:%s sex:%c score:%.2f\n",
        stu.num,stu.name,stu.sex,stu.score);
    printf("以指针形式操作结构体成员的结果为:\n");
    printf("No:%d name:%s sex:%c score:%.2f\n",
        p->num,p->name,p->sex,p->score);
    printf("以指针变量的[.域]形式操作结构体成员的结果为:\n");
    printf("No:%d name:%s sex:%c score:%.2f\n",
```

```
        (*p).num,(*p).name,(*p).sex,(*p).score);
}
```

运行结果：

```
以变量形式操作结构体成员的结果为：
No:10101 name:li ming sex:M score:82.00
以指针形式操作结构体成员的结果为：
No:10101 name:li ming sex:M score:82.00
以指针变量的[.域]形式操作结构体成员的结果为：
No:10101 name:li ming sex:M score:82.00
```

分析例 8-4 可知，使用普通变量操作结构体成员采用如下格式 1，使用指针变量操作结构体成员采用如下格式 2 和格式 3。

格式 1：**一般变量.成员名**，如 stu.name　　　　//基本格式
格式 2：**指针变量->成员名**，如 p->name　　　　//指针变量惯用格式
格式 3：**(*指针变量).成员名**，如(*p).name　　//指针变量需要认识的格式

三种格式解析：设 p 为结构体指针变量，当 p=&x 时，*p 与 x 是等价的。由于成员运算符"."运算级别优先于指针运算符"*"，因此(*p).num 前面的括号"()"不可省略。对于指针变量，虽然(*p).num 与 p->num 是等价操作，但因 p->num 比(*p).num 看起来更直观，故建议以使用 p->num 为主。

在线视频

8.3.3 指向结构体数组的指针

把操作结构体数组的指针称为**指向结构体数组的指针**。如表 8-5 所示，设有 n 名学生信息，按序存放在结构体数组 stu[1]、stu[2]、…、stu[n]中，如果定义一个与数组 stu 为同类型的结构体指针变量 p，并让 p 指向 stu，即执行如下语句：

```
struct student stu[3],*p;
p = stu;                              //指针指向结构体数组
```

此时，数组元素与结构体信息的对应关系如表 8-6 所示。让 p 指向结构体数组 stu[]的首地址，可以有以下几种等价的写法：

```
p = stu;                              //数组名代表首地址
p = &stu;                             //明确用取地址符
p = &stu[0];                          //首元素地址是整个数组的首地址
p = stu[0];                           //此格式为错误引用，试分析原因
```

表 8-6　数组元素与结构体信息的对应关系

stu[0]	stu[1]	stu[2]	stu[3]	…	stu[n]
记录0	记录1	记录2	记录3	…	记录n

p　　　　p++　　　　p++　　　　p++　　　　p++　　　　p++

完成以上操作后，就可以使用 p++ 遍历数组元素的各条记录值，无论结构体的结构多么复杂，只要执行 p++，指针总会指向下一个结构体元素的首地址，这是指针操作结构体数组的一个明显优势。

【例 8-5】 指向结构体数组的指针的使用。

```
#include <stdio.h>
struct student                              //结构体名
{   int num;                                //学号
    char name[20];                          //姓名字符串
    char sex;                               //性别
    float score;                            //成绩
};
main()
{   int i;
    struct student stu[3] = {{10101,"li ming",'M',82.0},
            {10102,"Zhang ming",'W',78.0},
            {10103,"Wang ming",'M',92.0}};  //定义结构体数组并赋初值
    struct student *p;                      //定义同类型的指针变量
    p = stu;                                //指针指向数组
    for(i = 0;i < 3;i++,p++)                //依次输出结构体记录
        printf("No:%d name:%-10s sex:%c score:%.2f\n",
                p->num,p->name,p->sex, p->score);
}
```

运行结果：

```
No:10101 name:li ming     sex:M score:82.00
No:10102 name:Zhang ming  sex:W score:78.00
No:10103 name:Wang ming   sex:M score:92.00
```

输出数据采用了指向结构体数组的指针变量 p，循环中用 p++ 完成指针的移位。

8.4 结构体数据类型作函数参数

内容概述

复杂程序设计中，以函数形式实现各个子模块功能是常用的解决问题的方法。函数之间是要进行数据传递的，结构体数据自然也可能成为函数之间交互的数据类型，因此掌握结构体数据作函数参数的使用方法是模块化程序设计的必然要求。本节学习重点为：

- 理解结构体数据类型作函数参数的概念。
- 掌握结构体数据作函数参数的形式及功能。
- 能够在函数中使用结构体参数解决实际问题。

8.4.1 结构体变量作函数参数概述

如前所述，函数调用中可通过参数进行数据传递，使函数之间发生种种数据关联，实现函数之间既有分工又有协作完成总任务的功能。主调函数中的参数称作实参，可以是值，也可以是变量；被调函数中如果存在参数一定是变量形式，称作形参。一般来说，**函数的参数传递可分为"传值"和"传地址"两种模式**。传值模式在主调函数和被调函数参数之间只是完成值的"复制"，不能实现参数数据值的回带——**实参值在调用函数前后不会发生改变**；传地址模式可以在主调函数和被调函数的参数之间实现值的回带——**实参值在调用函数前后**

在线视频

会发生改变。

结构体变量具有变量的属性,当然也可以作为函数的参数使用。需要强调的是仍然要保证形参与实参之间必须具有相同的数据结构及取值类型特性。根据变量的形式不同,分为以下三种情况。

(1) 用结构体成员作实参——传值。

假设定义的结构体为前述的 struct student,结构体成员 stu.score 相当于一个简单变量,示例如下。这种变量作实参属于值传递模式。结果为例 8-6 第一组。

被调用函数:

```
void print0(float k)                    //接收元素值参数的函数
```

调用函数:

```
struct student stu = {10101,"li ming",'M',82.0};
float m = stu.score;
print0(m);                              //实参 m 与形参 k 为同一数据类型
```

(2) 用结构体变量作实参——传值。

假设定义的结构体为前述的 struct student,结构体变量为 stu,示例如下。实参 stu 是结构体全部的域值。这种变量作实参也属于值传递模式。结果为例 8-6 第二组。

被调用函数:

```
void print1(struct student k)           //形参 k 为结构体变量
```

调用函数:

```
struct student stu = {10101,"li ming",'M',82.0};
print1(stu);                            // 实参 stu 与形参为同一结构体
```

(3) 用指向结构体的指针作实参——传地址。

假设定义的结构体为前述的 struct student,结构体变量为 stu,示例如下。实参 stu 是结构体全部的域值。这种变量作实参属于地址传递模式。结果为例 8-6 第三组。

被调用函数:

```
void print2(struct student *k)          //形参 k 为结构体指针
```

调用函数:

```
struct student stu = {10101,"li ming",'M',82.0};
struct student *p;                      // 实参*p 与形参为同一结构体
p = &stu;                               //指针有所指
print2(p);                              //用指针型实参调用被调函数
```

8.4.2 结构体变量作函数参数应用

8.4.1 节中三种参数传递功能的一个完整测试实例如下。

【例 8-6】 结构体变量作函数参数测试。

```
#include <stdio.h>
#define FORMAT1 "score:%.2f\n"         //统一的输出格式定义,简化程序书写
struct student                          //定义结构体
    { int num;                          //学号
      char name[20];                    //姓名字符串
```

在线视频

```c
        char sex;                                    //性别
        float score;                                 //成绩
    };
void print0(float k)                                 //接收元素值参数的函数
    { printf("传递到子函数中的参数初值为:");
        printf(FORMAT1,k);
        k = k + 100;
        printf("子函数中运算后的参变量值为:");
        printf(FORMAT1,k);
    }
void print1(struct student k)                        //接收结构体变量参数的函数
    { printf("\n 传递到子函数中的参数初值为:");
        printf(FORMAT1,k.score);
        k.score = k.score + 100;
        printf("子函数中运算后的参变量值为:");
        printf(FORMAT1,k.score);
    }
void print2(struct student *k)                       //接收结构体指针参数的函数
    { printf("\n 传递到子函数中的参数初值为:");
        printf(FORMAT1,k->score);
        k->score = k->score + 100;
        printf("子函数中运算后的参数值为:");
        printf(FORMAT1,k->score);
    }
void main()                                          //主函数调用结果测试
    { struct student x = {10101,"li ming",'M',82.0};
        struct student *p;
        float m = x.score;
        print0(m);                                   //调用 0 号函数
        printf("调用子函数后实参的值为:");
        printf(FORMAT1,m);
        print1(x);                                   //调用 1 号函数
        printf("调用子函数后实参的值为:");
        printf(FORMAT1,x.score);
        p = &x;
        print2(p);                                   //调用 2 号函数
        printf("调用子函数后实参的值为:");
        printf(FORMAT1,p->score);
    }
```

运行结果:

```
传递到子函数 0 中的参数初值为:score:82.00  ⎫
子函数 0 中运算后的参变量值为:score:182.00  ⎬ 第一组
调用子函数 0 后实参的值为:score:82.00      ⎭
传递到子函数 1 中的参数初值为:score:82.00  ⎫
子函数 1 中运算后的参变量值为:score:182.00  ⎬ 第二组
调用子函数 1 后实参的值为:score:82.00      ⎭
传递到子函数 2 中的参数初值为:score:82.00  ⎫
子函数 2 中运算后的参数值为:score:182.00   ⎬ 第三组
调用子函数 2 后实参的值为:score:182.00     ⎭
```

8.5 用结构体实现链表操作

内容概述

链表是极其重要的数据存储方法之一,要实现链表结构,数据结点须采用结构体。为给后续课程学习打好基础,也作为结构体数据类型的一种应用,需要掌握链表的有关内容。本节学习重点为:
- 理解链表结构。
- 掌握用结构体定义链表节点的方法。
- 能够实现链表的基本操作。

在线视频

8.5.1 链表概述

链表是常用的一种数据存储结构,其特点是数据元素之间串接为一个链,就像现实世界的铁链或珍珠链一样。我们知道,使用数组存储数据时,必须预先确定数组的容量即元素个数,假如数据个数不确定,或多或少,此时要确定数组大小就很难,定义小了空间不足,定义大了会带来空间的浪费。链表就是针对这种不能预先确定数据元素个数的应用问题提出来的。链表的优点在于可根据数据元素的多少动态地申请内存空间,做到数据多少与空间保持一致,做到"一个萝卜一个坑"的存储效果,充分利用存储空间。

链表的基本构成形式如图 8-2 所示,链表操作包括建立和使用,必须从称为头(head)的数据元素开始。为了形成一个连接关系,每个数据元素都包括两部分信息,即一是数据元素的值,如 D1、D2 等;二是下一个数据元素的地址,如 1000、1045 等。头元素是整个链表结构的操控抓手,如果丢失头元素指针,其他元素就无法访问。最后一个元素的地址区域必须存放 NULL,表示链表结束。

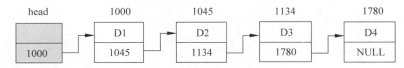

图 8-2 链表的基本构成形式

因为结构体中的各个成员值可以是不同类型的,比如,用基本类型或数组等存放链表中的第一部分信息即数据,用指针存放第二部分信息即地址,因此用结构体存储链表中数据元素最为适合。

根据数据节点的生成方式,链表可分为静态链表和动态链表。静态链表是用预先定义好的存储空间来存放数据元素的链表;动态链表是根据数据元素的多少,随时生成存储空间来存储数据元素的链表,生成的空间在不用时可以随时释放,应用价值更为广泛。建立动态链表的过程一般为:申请结点、存放数据、建立链接。

在线视频

8.5.2 链表操作

下面通过实例说明动态链表的使用方法。

【例 8-7】 有 3 名学生的信息,包括学号、姓名、成绩,要求建立一个动态链表,实现数据的输入输出操作。

图 8-3 为数据节点内部结构图。链表建立过程如图 8-4 所示,其中图 8-4(a)表示创建了首元素节点,指针变量 head、p 和 q 都指向它。图 8-4(b)表示第二次申请数据节点后的情况,p 指向新节点,通过它存储数据,然后把 q 指向它,此时只有 head 指向首节点。图 8-4(c)表示第三次申请数据节点后的情况,p 再次指向新节点,数据存储后,依然把 q 指向它,此时第三个节点被串接到链中。如此重复,直到最后一个节点数据输入,当输入结束标志后退出循环,此时需要做收尾工作,如图 8-4(d)所示,q 所指的节点的 next = NULL,表示它是最后一个节点。

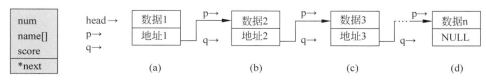

图 8-3 数据节点图　　　　　图 8-4 动态链表

程序如下:

```c
# include <stdio.h>
# include <stdlib.h>
struct student                              //定义结构体
{   int num;
    char name[10];
    float score;
    struct student * next;
};
struct student * creat()                    //创建链表结构函数
{   struct student * head, * p, * q;        //定义同类型的三个变量
    int x = 1, n = 0;
    do
    {   n++;
        p = (struct student * )malloc(sizeof(struct student));
                                            //p 指向新开辟的空间并存入数据
        printf("请输入第 % 3d 名学生信息,格式为:学号,成绩\n", n);
        scanf(" % d, % f", &p -> num, &p -> score);
                                            //读取数值型信息,字符型数据不方便一并输入
        printf("请输入学生姓名\n");
        getchar();                          //消耗掉上行的回车符
        gets(p -> name);                    //读取字符串
        if(n == 1)                          //首节点时,head 和 q 都指向它
        {   head = p;
            q = head;
        }
        else                                //非首节点,则把新节点加入链中
        {   q -> next = p;
            q = p;                          //q 指向最新节点
        }
        printf("还要继续录入吗(1/0)?");
        scanf(" % d", &x);
    }while(x == 1);
    q -> next = NULL;
    return (head);
```

```
    }
    void print(struct student * head)          //输出链表元素函数
    {   struct student * p;                    //定义临时指针 p
        p = head;                              //让 p 指向 head
        if(head!= NULL)                        //如果表不空
        do
        {   printf("学号:%ld 姓名:%10s 成绩:%.2f \n",
                p->num,p->name,p->score);      //输出数据
            p = p->next;                       //指向下一个节点
        }while(p!= NULL);                      //不到末节点继续输出
    }
    void main()
    {   struct student * r;
        r = creat();
        print(r);
    }
```

运行结果:

```
请输入第 1 名学生信息,格式为:学号,成绩
1000,78
请输入学生姓名
ttttt
还要继续录入吗(1/0)?1
请输入第 2 名学生信息,格式为:学号,成绩
2000,67
请输入学生姓名
yyyy
还要继续录入吗(1/0)?1
请输入第 3 名学生信息,格式为:学号,成绩
3000,56
请输入学生姓名
ppp
还要继续录入吗(1/0)?0
学号:1000 姓名:       ttttt 成绩:78.00
学号:2000 姓名:       yyyy 成绩:67.00
学号:3000 姓名:        ppp 成绩:56.00
```

结果分析：

实现动态存储,须使用前面学习过的动态内存分配的相关知识及函数,如 malloc()。从以上实例可以看出,动态链表中的数据节点数不是预先定义的,而是根据用户实际数据的多少申请,这样就不会产生溢出现象,也不会出现大量存储空间的浪费现象,在数据元素数量不确定的情况下,最为适用。关于链表将会在"数据结构"课程中有更深入的学习,这里只是作为结构体应用实践来学习的,也将为后续课程学习奠定良好的基础。

8.6 共用体

内容概述

共用体是 C 语言中另一种派生数据类型,其主要特点是能够在同一空间内存储不同类

型的数据。它是最能突显"C 语言是贴近低级语言的高级语言"这一特点的语法所在。本节学习重点为：
- 理解共用体的概念及内在运行机制。
- 掌握共用体及变量的定义方法。
- 能够使用共用体解决相关问题。

8.6.1 共用体概述

在线视频

结构体是在同一个存储区域内依次存放不同类型数据的一种数据结构，成员按照定义时的顺序依次存储在连续的内存空间中。与此类似，**在同一个存储区域中覆盖式地存放不同类型数据的数据结构称为共用体**。实质上是多种类型的数据共享同一段内存空间的一种存储方式。

在结构体中，不同的数据类型占用的存储空间是各个数据长度（字节数）的总和＋偏移量，而共用体则是按占用存储空间最长的数据来确定其总长度的，如图 8-5 所示。

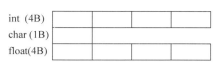

图 8-5 共用体长度示意

假设定义一个结构体 struct student，也定义一个具有相同元素的共用体 union data，编写一段代码如例 8-8 所示。通过运行程序，从结果可以看出，结构体的总长度是元素长度字节数之和（9）＋偏移量（3）＝12，而共用体是以各数据元素字节数的最大值 float 的长度 4 作为共用体的长度。

说明：偏移量指的是结构体中成员的地址和结构体变量地址的差。结构体变量的首地址就是第一个成员的地址，结构体大小就是从首地址开始，到最后一个成员的地址的字节数再加偏移量的大小。实际的系统中要求存储变量的地址对齐，编译器在编译程序时会遵循两条原则：①结构体变量中成员的偏移量必须是成员大小的整数倍；②结构体大小必须是所有成员大小的整数倍，也即所有成员大小的公倍数。本例中成员最大的字节数是 float 类型的 4 字节，因此总字节数为 4 的整数倍 12 而不是 9。

【例 8-8】 结构体与共用体的比较。

例如：

```
struct student                          union data
{   int num;                            {
    char sex;                               int num;
    float score;                            char sex;
};                                          float score;
void main()                             };
{   printf("数据长度测试:\n");
    printf("int 长度为:%d\n",sizeof(int));
    printf("char 长度为:%d\n",sizeof(char));
    printf("float 长度为:%d\n",sizeof(float));
    printf("结构体长度为:%d\n",sizeof(struct student));
    printf("共用体长度为:%d\n",sizeof(union data));
}
```

运行结果：

```
数据长度测试：
int 长度为:4
char 长度为:1
float 长度为:4
结构体长度为:12
共用体长度为:4
```

8.6.2 共用体的定义

在线视频

与结构体等其他扩展数据类型相同，在使用共用体之前，同样需要先定义才能引用。定义共用体类型，使用关键词 union，一般格式如下：

```
union 共用体类型名称
{
    成员类型名  成员列表;
};
```

例如：

```
union elem
{   int num;
    char sex;
    char name[10];
    float score;
};
```

共用体与结构体的定义格式很相似。共用体是按所有元素的最大长度再加偏移量来分配空间的。本例的共用体最大长度为元素 name[10] 的最大长度(10)＋偏移量(2)＝12(4字节)。

8.6.3 共用体变量的定义

在线视频

(1) 先定义共用体再定义变量。

用已有共用体定义变量的一般格式是：

union 共用体名　变量名列表；

假设按 8.6.2 节的例子定义了共用体 union elem，可以按如下格式定义共用体变量 stu1,stu2。

union elem　stu1,stu2;

经过定义的变量具有与共用体相同的数据构成，即 stu1 和 stu2 分别有 5 个成员：num、sex、name 和 score。

(2) 定义共用体类型的同时定义变量。

同时定义共用体类型和变量的一般格式是：

```
union  共用体名
{
    数据类型名 成员列表;
}变量名列表;
```

例如：

```
union elem                              //共用体名
{   int num;                            //学号
    char name[20];                      //姓名
    char sex;                           //性别
    int  age;                           //年龄
    float score;                        //成绩
}stu1,stu2;                             //定义了两个变量
```

这种形式中变量与共用体定义放在一起，可以直观地看到变量所包含的成员，书写程序时比较直观。

（3）直接定义共用体变量而不指定类型名。

直接定义共用体变量的一般格式是：

union
{
　　数据类型名 成员列表；
}变量名列表；

例如：

```
union                                   //无结构体名
{   int num;                            //学号
    char name[20];                      //姓名
    char sex;                           //性别
    int  age;                           //年龄
    float score;                        //成绩
}stu1,stu2;                             //定义了两个变量
```

这种形式中无共用体名，因此也属于"一次性"定义格式，不可以再次引用此共用体。这种格式较少采用。

8.6.4 共用体变量的引用及特点

在线视频

1．共用体变量的引用格式

与结构体相同，不可以直接引用共用体变量，只能引用共用体成员或称为域值，共用体的一般引用格式为：

变量名.成员名

如上面定义了 stu1、stu2 为共用体变量，以下引用方法是正确的：

stu1.num　和　stu1.sex

在语句中正确的写法如下：

printf("%.2f\n",stu1.score);   //引用变量的成员

以下是错误的引用：

printf("%.2f\n",stu1);   //引用变量

2．共用体变量的引用特点

（1）共用体变量可以初始化，但只能针对一个成员。如下例是错误的：

```
union elem
{    int num;
     char sex;
     float score;
}stu1 = {1000,'M',90.0};                    //试图为多个成员赋初值,语法错误
```

假设是按以下格式初始化,则操作正确。

```
union elem
{    int num;
     char sex;
     int score;
}stu1 = {65};                    //为共用体赋初值,实际为成员共同的初值
```

此时执行如下格式的输出语句,输出结果为：65,A,65。

```
printf("%d,%c,%d\n",stu1.num,stu1.sex,stu1.score);
```

原因就在于共用体数据类型是在同一个存储空间中只保存了一个初始值 65,使用了共用体中的不同成员调用它,只不过是采用了不同的格式读取数据。

(2) 共同体的成员在任何时段只能有一个可用。

因为共用体的所有成员是共享相同的存储空间,因此不同的成员只能在不同的时间段占用这个公共空间。打个比方,这就像一个教室可以为几个不同的班级提供上课场所,但任何时间只能有一个班级上课。

例如：

```
union elem
{    int num;
     char sex;
     float score;
}stu1;
main()
{    stu1.score = 90.5;
     stu1.sex = 'M';
     stu1.num = 90;
     printf("%d,%c,%.2f\n",stu1.num,stu1.sex,stu1.score);
}
```

运行结果：

90,Z,0.00	

结果分析：

在系统中三个赋初值语句执行完后,共用体对应的内存中最后只保留了 90 这一个值。按 num、sex 和 score 所对应的不同的数据类型格式输出时,因 stu1.num 为整型,正好对应 90,stu1.sex 是字符型,输出 ASCII 码 90 对应的字符 Z,stu1.score 为实型数据,因保存 90 时,需要进行数据类型转换,只保存了 0。

如果将 main()函数改为如下所示,采用分别赋值并输出的方法,运行结果改变为正常值。

```
main()
{    stu1.score = 90.5;
     printf("%.2f\n",stu1.score);
```

```
            stu1.sex = 'M';
            printf("%c\n",stu1.sex);
            stu1.num = 90;
            printf("%d\n",stu1.num);
        }
```

运行结果：

```
90.5
M
90
```

(3) 不可对共用体变量赋值，但可以在共用体变量之间赋值。

设如前例已经定义了共用体 stu1，以下语句为错误语句：

stu1 = 0;

如下语句是正确的：

stu2 = stu1;

(4) 可以使用共用体数组。

上例可以修改为数组型变量，程序如下，运行正常，结果为：

```
90.50   M   90
```

```
union elem
{   int num;
    char sex;
    float score;
}a[5];

main()
{
    a[1].score = 90.5;
    printf("%.2f   ",a[1].score);
    a[1].sex = 'M';
    printf("%c   ",a[1].sex);
    a[1].num = 90;
    printf("%d\n",a[1].num);
}
```

(5) 共用体与结构体可以相互嵌套使用。

```
struct elem                                 //定义结构体
{   int num;
    char name[10];
    char job;
    union                                   //结构体中嵌套了共用体
    {   float salary;
        int    score;
    }data;
}a[2];
```

【例 8-9】 由学生和教师两类人员构成的数据表，学生数据由编号、姓名、职业、成绩组成，教师数据由编号、姓名、职业、薪资组成。要求用同一张表存储处理两类人员数据。

两类人员的数据大多都相同,只有一项所要表达的意思不同,即如果是学生,此数据表示成绩;如果是教师,此数据表示薪资。因此把用于表示此数据的变量设置为共用体,在同一存储空间中存放两种意义的数据。

程序如下:

```c
#include<stdio.h>
struct elem            //定义结构体
{   int num;           //成员包括编号、姓名、工作
    char name[10];
    char job;
    union              //定义了共用体,用于存放数值型数据,本例中使用了两种不同类型的数据
    {   float salary;
        int score;
    }data;
}a[2];                 //定义共用体变量,用来承载数据

main()
{   int i;
    float x=0.0;
    for(i=0;i<2;i++)
    {   printf("请输入第%d个人员信息,以空格分隔\n编号姓名工作数据\n",i+1);
        scanf("%d %s %c",&a[i].num,&a[i].name,&a[i].job);
        if(a[i].job=='t')
            scanf("%f",&a[i].data.salary);
        else if(a[i].job=='s')
            scanf("%d",&a[i].data.score);
        else
            printf("数据错误!\n");
    }
    printf("No.    name    job salary/score\n");
    for(i=0;i<2;i++)
    {   if(a[i].job=='t')
            printf("%-5d %-8s %-4c %8.2f\n",a[i].num,a[i].name,a[i].job,a[i].data.salary);
        else
            printf("%-5d %-8s %-4c %8d\n",a[i].num,a[i].name,a[i].job,a[i].data.score);
    }
}
```

运行结果:

```
请输入第1个人员信息,以空格分隔
编号 姓名 工作 数据
100 张三 s 89
请输入第2个人员信息,以空格分隔
编号 姓名 工作 数据
200 李国兵 t 9908.7
No.    name    job salary/score
100    张三       s        89
200    李国兵     t     9908.70
```

结果分析：
按照任务要求定义了数据结构，成员名、数据类型及成员关系如表 8-7 所示。

表 8-7 共用体数据表

编 号	姓 名	工 作	共用体区域	
num	name	job	score(int)	salary (float)
100	ZhangSan	s	90	
		t		9002.5

本例通过在结构体中嵌入共用体数据类型，实现同一条数据记录（行）的某个字段（列）在不同数据类型之间自动转换的应用。现实世界中的个体如一个人对应数据中的一条记录，就是表中的一行，如老师或学生。一般情况下，用结构体很方便保存各类型的数据，但对某个字段，只能对应一种数据类型。假设希望一个字段的数据类型是可变的，那这个字段使用共用体最为合适。如表 8-7 中的阴影部分，当工作类型为"s"时，需要填成绩 score 字段，int 型；当工作类型为"t"时，需要填薪资 salary 字段，float 型。因此，在结构体中增加了一个 union 字段，由两个成员 score 和 salary 共用一块内存区域。

8.7 枚举类型

内容概述

枚举也是 C 语言中较为重要的一种派生数据类型，在可枚举事件编程问题中，使用该类型比使用一般整型数据具有更为确切的含义，具有较好的应用体验。本节学习重点为：
- 理解枚举类型的概念及内在规则。
- 掌握枚举数据类型及变量的定义方法。
- 能够使用枚举类型解决相关问题。

8.7.1 枚举类型概述

实际应用中，经常会遇到在有限序列值范围内选取某个值的情况，比如抛硬币，有正反两面，扑克牌的花色有红桃、梅花、黑桃、方块，每周的 Sunday、Monday、Tuesday、Wednesday、Thursday、Friday、Saturday 等。虽然可以用整数表示这些值，比如用 1、2、3 等依次表示这些给定值，但这样只能停留在实际值与变量值之间对应关系的表达形式上，不便于表达实际值的明确含义。为此，C 语言提供了一种称作枚举的数据类型来解决这类问题。**枚举（enumeration）是由在规定值域范围内命名的常量的集合构成的一种数据类型**。从这种数据类型的名称可见，集合中的常量一定具有枚举特性。

在线视频

8.7.2 枚举数据类型的定义

假设一个问题的取值只在几个固定的值范围内，就可以使用枚举类型。枚举就是列举这些固定的值。与结构体等自定义数据类型相同，枚举类型也必须先定义，使用的关键词为 enum，语法格式如下：

在线视频

```
enum  枚举名
{
   枚举常量1[ = 整型常数],
   枚举常量2[ = 整型常数],
   ……
   枚举常量n[ = 整型常数]
};
```

格式说明：

（1）enum：是定义枚举类型的关键字，表明所定义的数据类型为枚举类型。

（2）枚举名：是数据类型名，即标识符，必须符合C语言标识符命名规则。

（3）枚举常量列表：是枚举值的集合，以符号名称形式表现，实质上取值为整型常数。

每个枚举常量（枚举元素）结束符是逗号","而不是分号";"，最后一个成员可省略逗号","。初始化时的赋值是可选择的，省掉"= 整型常数"时，表示按默认取值赋值，依次赋给枚举成员（标识符）0,1,2,…的整型值。初值可以是任意整数，甚至可以是负数，赋值后从所赋值常量开始，后续枚举常量依次加1。

（4）枚举值限定在枚举说明结构中的某个枚举常量中获取，不可获取枚举常量以外的值。

按如下程序定义枚举类型后，x1,x2,x3,x4的值分别为0,1,2,3。

```
#include<stdio.h>
main()
{   int i;
    enum Num
    {  x1,x2,x3,x4    };
    printf("x1 = %d   x2 = %d   x3 = %d   x4 = %d\n",x1,x2,x3,x4);
}
```

程序执行结果为：x1 = 0   x2 = 1   x3 = 2   x4 = 3

当定义改为如下格式后，则成员值改变为：0,1,20,21。

```
#include<stdio.h>
main()
{   int i;
    enum Num
    {  x1,x2,x3 = 20,x4    };
    printf("x1 = %d   x2 = %d   x3 = %d   x4 = %d\n",x1,x2,x3,x4);
}
```

程序执行结果改变为：x1 = 0   x2 = 1   x3 = 20   x4 = 21

又如执行以下程序

```
#include<stdio.h>
main()
{   enum Weekday
    {  Sunday = 7,Monday = 1,Tuesday,Wednesday,Thursday,Friday,Saturday};
    printf("Sunday = %d   Monday = %d   Tuesday = %d   Wednesday = %d Thursday = %d Friday = %d Saturday = %d\n",Sunday,Monday,Tuesday,Wednesday,Thursday,Friday,Saturday);
}
```

程序执行结果为：

Sunday = 7   Monday = 1   Tuesday = 2   Wednesday = 3   Thursday = 4   Friday = 5   Saturday = 6

如果不对枚举成员赋初值,则程序执行结果如下:

```
Sunday = 0    Monday = 1    Tuesday = 2    Wednesday = 3    Thursday = 4    Friday = 5    Saturday = 6
```

8.7.3 枚举变量的定义

与其他数据类型相似,枚举类型也需要变量来承载数据,同样需要先定义变量,可以采用以下三种方法。

(1) 先定义枚举类型,再定义变量。

例如:

```
enum Weekday           //定义一个枚举类型
{
    Sunday = 7,Monday = 1,Tuesday,Wednesday,Thursday,Friday,Saturday
};
enum Weekday day;      //定义了一个枚举变量
```

(2) 在定义枚举类型的同时定义枚举变量。

例如:

```
enum Weekday           //定义一个枚举类型
{
    Sunday = 7,Monday = 1,Tuesday,Wednesday,Thursday,Friday,Saturday
}day;                  //定义一个枚举变量 day
```

(3) 直接定义枚举变量。

```
enum
{
    Sunday = 7,Monday = 1,Tuesday,Wednesday,Thursday,Friday,Saturday
}day;                  //定义一个枚举变量 day
```

以上三种形式都能达到定义一个枚举变量 day 的目的。

8.7.4 枚举变量的使用

枚举变量可以赋值。既可以赋常量值,也可以变量之间相互赋值。枚举数据类型使用说明如下。

(1) 枚举值是常量,不是变量。不能在程序中用赋值语句再对它赋值。例如对枚举 Weekday 中的元素再作如下赋值:Sunday=5;Monday=2;Sunday=Monday;等都是错误的。

(2) 只能把枚举值赋予枚举变量,如前所述的枚举变量定义中:day=Sunday;day=Monday;是正确的。

(3) 枚举变量操控的是枚举常量对应的整数值,不能输出常量名,也不能把元素的值直接赋予枚举变量,如 a=0;b=1;是错误的。

(4) 若一定要把数值赋予枚举变量,则必须用强制类型转换,如 day=(enum weekday)2;,其意义是将顺序号为 2 的枚举元素赋予枚举变量 day,相当于 day=Tuesday;。

(5) 枚举元素不是字符常量也不是字符串常量,使用时不可以加单引号或双引号。

(6) 枚举变量可以进行 ++ 或 -- 运算。

(7) 枚举变量与枚举常量之间可以进行比较运算,如 i <= Saturday,这种比较的实质是在变量与常量的整数值(0,1,2,…)之间进行。

【例 8-10】 从装有红、黄、蓝三种不同颜色小球的口袋里,任意取出两个小球,列出得到两种不同颜色小球的可能取法。

用枚举类型数据表示三种颜色,设置两个枚举类型的变量 i 和 j,在满足 i!=j 的前提下,遍取三种颜色球中的任意一种组合,即可模拟出所要求的取法。

```c
#include <stdio.h>
enum color
{   red,yellow,blue   };                  //定义枚举数据
void print(enum color c)                  //输出数据函数,形参为需打印的枚举常量
{
    switch
        {   case red:    printf("红\t");break;   //以制表位间隔方式输出选定的颜色
            case yellow: printf("黄\t");break;
            case blue:   printf("绿\t");break;
        }
    return;
}
void main()
{   enum color i,j;                       //定义了两个枚举型变量 i,j
    printf("满足要求的取法为:\n");
    for(i = red;i <= blue;i++)            //第一个选定的色球
        for(j = red;j <= blue;j++)        //第二个选定的色球
            if(i!= j)                     //如果两个球的颜色不相同
            {
                print(i);                 //输出第一个球
                print(j);                 //输出第二个球
                printf("\n");             //换行准备输出下一组值
            }
    return;
}
```

运行结果:

```
满足要求的取法为:
红    黄
红    绿
黄    红
黄    绿
绿    红
绿    黄
```

在线视频

8.8 数据类型命名

内容概述

本节主要学习了 C 语言中较为重要的几种派生数据类型,它们共同的特点是数据类型名称由用户自己定义,这些数据类型名称一般来说比基本数据类型名称复杂。出于简化数据类型名称书写的目的,也为了增加程序的可移植性和共享性,C 语言提供了数据类型重命

名的方法。本节学习重点为：
- 理解数据类型重命名概念。
- 掌握数据类型重命名的使用方法。
- 能够使用声明的数据类型编写程序。

C 语言提供了数据类型的标准名称，如 int、char、float 和 double 等；也提供了用户声明数据类型如结构体、共用体、指针、枚举等的方法。在编程过程中，如果用户因某些数据类型名称书写复杂而感到不方便时，可以使用 typedef 为其重新命名，以此来代替原类型名，以达到简化程序书写的目的。基本用法有以下两种。

（1）用一个新类型名代替系统类型名。

语法格式：

typedef 原类型名 新类型名；

例如：

```
typedef char zf;
typedef float real;
```

通过上面类型声明后，zf 代表了 char 类型，real 代表了 float 类型。此时以下语句等价：

```
char ch1,ch2;        zf   ch1,ch2;
float a,b;           real a,b;
```

这种类型的应用在于为熟悉其他语言的编程人员提供快速使用 C 语言语法的方法。比如 FORTRAN 语言的实数类型就采用 real 这个关键字来定义，通过这个类型重命名语法，可以在 C 语言中使用其他语言的数据类型关键字。

（2）用简单的类型名代替复杂的类型名。

C 语言允许用户定义数据类型名，如果这些类型名书写较复杂，编写程序过程中效率将会降低，可以通过 typedef 用简单名称代替复杂名称，起到简化程序书写的目的。

我们经常用到的是为结构体重命名，示例和格式如下所示。

格式：
```
typedef struct 结构体名
  {
    数据类型名   结构体成员名；
  }新名；
```

```
typedef struct stu
{
    int num;
    char name[10];
    float score;
}student;
```

本例声明了一个结构体，把 struct stu 改名为 student，之后就可以用它来定义变量了，例如：

```
student a[10];              //声明了一个结构体数组 a,其结构与 struct stu 相同
```

要注意以下两个数据类型声明语句的区别：

(a)
```
struct student
{   int num;
    char name[10];
       float score;
}student;
```

(b)
```
typedef struct student
{   int num;
    char name[10];
       float score;
}student;
```

其中(a)定义了一个结构体并声明了变量；(b)定义了一个新的结构体名。

说明：以上两个例子特别容易误读，要引起足够重视，需要认真分析其差异性。示例(a)声明了一个结构体变量 student，示例(b)为结构体数据类型 struct student 取了一个新的名字 student。为此，要使用这种数据结构，需另外用 student 这种数据结构名定义结构体变量。

如：student stu1;

此语句等价于：

struct student stu1;

使用 typedef 重命名有利于编写通过性好的程序和后期修改及移植。在数据结构课程中，使用 typedef 为结构体重命名的情况非常普遍。

在线视频

8.9 用户自定义数据类型实训案例

内容概述

本实训以用户自定义数据类型的应用为背景，以解决实际问题为目的，掌握结构体、共用体、枚举等数据类型的使用方法，并学习链表操作编程技巧，提升实践能力。本节学习重点为：

- 用户自定义数据类型编程方法。
- 枚举数据类型编程方法。

【案例 8-1】 学生信息管理。

【案例描述与分析】

编写一个程序，实现对学生信息的管理。每名学生包含学号、姓名和年龄三个属性。设计一个函数 printStudent()，该函数接收一名学生结构体数据作为参数，并输出学生的信息。

通过结构体数据类型作为参数传递，可以方便地在函数中访问和操作结构体的成员，具体过程如下：

(1) 使用结构体定义学生数据类型。
(2) 在主函数中创建一个学生变量并初始化学生信息。
(3) 调用 printStudent()函数，将学生变量作为参数传递给函数。
(4) printStudent()函数打印学生的学号、姓名和年龄。

【案例实现】

```c
#include <stdio.h>
struct Student                                    //学生结构体定义
{   int id;
    char name[50];
    int age;
};
void printStudent(struct Student student)         //打印学生信息函数
{   printf("学号：%d\n", student.id);
    printf("姓名：%s\n", student.name);
    printf("年龄：%d\n", student.age);
```

```
}
int main()
{   struct Student student;
    student.id = 1001;                          // 初始化学生信息
    strcpy(student.name, "Tom");
    student.age = 20;
    printStudent(student);                      // 调用打印学生信息函数
    return 0;
}
```

运行结果:

```
学号:1001
姓名:Tom
年龄:20
```

【案例 8-2】 选择使用商品类型。

【案例描述与分析】

假设我们正在开发一个电商平台,需要存储商品的名称和类型。商品的类型分为电子产品、服装和食品。为了实现这个功能,可以使用枚举类型来表示商品的类型。枚举类型定义的三个值分别代表电子产品、服装和食品。用户可以输入商品的名称和类型,并将其存储在对应的数据结构中;然后根据用户的选择,系统将打印出商品的名称或类型。

枚举类型为每个值分配了一个整数常量,这样就可以用这些常量来代表不同的商品类型。枚举类型的优势在于能增强代码的可读性和可维护性,同时它也提供了一种限定选项的方式,避免了错误或无效的输入。

【案例实现】

```
#include<stdio.h>
enum ProductType                                //枚举类型定义
{   ELECTRONICS,
    CLOTHING,
    FOOD
};
int main()
{   enum ProductType type;
    char productName[50];
    int choice;
    printf("请输入商品的名称:");                    // 输入商品的名称和类型
    gets(productName);
    printf("请选择商品的类型(0-电子产品,1-服装,2-食品):");
    scanf("%d", &type);
    getchar();                                  // 消耗输入缓冲区中的换行符
    printf("请选择要打印的信息(1-商品名称,2-商品类型):");
    scanf("%d", &choice);
    if (choice == 1)
        printf("商品的名称:%s", productName);
    else if (choice == 2)
    {   switch (type)
        {   case ELECTRONICS:
                printf("商品的类型:电子产品\n");
                break;
```

```
            case CLOTHING:
                printf("商品的类型:服装\n");
                break;
            case FOOD:
                printf("商品的类型:食品\n");
                break;
            default:
                printf("未知类型\n");
                break;
        }
    }
    else
        printf("无效的选择\n");
    return 0;
}
```

运行结果:

```
请输入商品的名称:运动套装
请选择商品的类型(0-电子产品,1-服装,2-食品):1
请选择要打印的信息(1-商品名称,2-商品类型):2
商品的类型:服装
```

8.10 用户自定义数据类型实践项目

内容概述

在之前的章节中,一卡通系统中的主要数据:用户卡号、用户姓名、账户金额等是分别用不同的数组进行存储的,为了保证信息的准确性,任何操作都需要在三个数组中同步序号,也就是说卡号为 n 的用户,一定要与姓名数组中的序号 n、账户数组中的序号 n 严格对应,操作结果才是正确的。这样的数据存储条件操作过程比较烦琐。本次实训项目将以结构体数据类型对系统功能进行改善,使实现更为合理。本节学习重点为:

- 结构体类型数据的项目实践。

【项目分析】

本节的开发重点是用结构体数据类型改造"新卡注册""信息查询"功能模块设计。

在第 5 章项目实践时,系统开发对变量进行了规划。本章中把数据规划改造为结构体,重新进行系统实现。变量的使用更加系统、规范化,用一个结构体数组存储用户记录,以元素序号作为卡号,为方便起见,0 号元素未记录卡号,从 1 号元素开始存放卡号信息。系统的主要代码如下所示。

【项目实现】

```
#include<stdio.h>
#include<stdlib.h>
#include<string.h>
#define N 20
struct card
{   int   c_num;                                    //卡号
```

```c
    char   c_name[10];                              //姓名
    float  c_money;                                 //充值
    float  c_balance;                               //余额
    int    c_flag;                                  //账户在用标记,1 为在用,0 为注销
};
void display( struct card real[ ], int num)
{   printf("\n\t| ---------------------------------------------- |");
    printf("\n\t|  卡号  |  姓名   | 充值金额 | 余额 |");
    printf("\n\t| ---------------------------------------------- |");
    printf("\n\t|  %6d  |  %8s   |  %6.2f | %6.2f|", real[num].c_num, real[num].c_name,
real[num].c_money, real[num].c_balance);
    printf("\n\t| ---------------------------------------------- |");
    getchar();
}
int findcard(struct card array[ ], int cardnumber, int num)
{   int i = 0;
    for (i = 0; i < num; i++)
        if (array[i].c_num == cardnumber && array[i].c_flag != 1)
            return i;
    return -1;
}
void find(struct card array[ ], int num)
{   int i = 0, cardnumber = 0, f = 0;
    float cardmoney = 0;
    system(" cls");
    printf("\n\t 请输入要查询卡的卡号:");
    scanf(" %d", &cardnumber);
    f = findcard(array, cardnumber, num);
    if (f == -1)
    {   printf("\n\t 此卡不存在.");
        _getch();}
    else
        display(array, f);
}
void addrecord(struct card array[ ], int * num)
{   int i, cardnumber = 0;
    float cardmoney = 0;
    char personname[10] = {"\0"};
    for (i = 1; i < * num; i++)
        if (array[i].c_flag == 1)                    //如有无效卡就用该卡号,否则顺延开卡
            break;
    cardnumber = i;
    printf(" \n\t 请输入姓名:");
    scanf(" %s",personname);
    printf(" \n\t 请输入要充值到卡内的金额:");
    scanf_s(" %f", &cardmoney);
    array[cardnumber].c_num = cardnumber;
    strcpy(array[cardnumber].c_name,personname);
    array[cardnumber].c_money = cardmoney;
    array[cardnumber].c_balance += cardmoney;
    array[cardnumber].c_flag = 0;
```

```
            if (cardnumber == *num)
                (*num)++;
            display(array,cardnumber);
}
main()
{    struct card c[N]={0};
     char choose = '\0';
     int num = 1;
     while(1)
     {   system("cls");
         printf("\n\t          功能菜单选项          ");
         printf("\n\t||--------------------------||");
         printf("\n\t||         1.新卡注册        ||");
         printf("\n\t||         6.信息查询        ||");
         printf("\n\t||         7.退出系统        ||");
         printf("\n\t||--------------------------||");
         printf("\n\t 请输入选项:");
         scanf_s(" %c",&choose);
         switch (choose)
         {   case'1':printf("\n\t 您选择");
                     addrecord(c,&num);
                     getchar();
                     break;
             case'6':printf("\n\t 您选择");
                     find(c,num);
                     getchar();
                     break;
             case'7':printf("\n\t 您选择\n");
                     exit(0);
                     break;
             default: printf("\n\t 输入错误,请重新输入。");
         }
     }
}
```

运行结果:

```
          功能菜单选项
||--------------------------||
||         1.新卡注册        ||
||         6.信息查询        ||
||         7.退出系统        ||
||--------------------------||
请输入选项:1
您选择 1
请输入姓名:魏怀明
请输入要充值到卡内的金额:12345
|---------------------------------------------|
|   卡号   |   姓名   |  充值金额  |   余额    |
|---------------------------------------------|
|    2     |  魏怀明  |  12345.00  | 12345.00  |
|---------------------------------------------|
```

习题与实训 8

一、概念题

1. C 语言中由基本数据类型复合的派生数据类型主要有哪些？
2. 结构体变量整体引用可实现哪些操作？
3. 可以用作结构体变量的变量类型有哪些？
4. 引用结构体类型的指针与一般变量格式各是怎样的？
5. 共用体内是否可以同时存放成员数据类型？
6. 结构体与结构体、结构体与共用体之间可否相互嵌套使用？请举例说明。
7. 枚举数据类型中的常量，系统按什么值类型运算？可否对常量再赋值？
8. 通过新数据类型声明能否为 C 语言增加多种数据类型？
9. 数据类型的定义与变量定义的关系是怎样的？
10. 链表是否是一种数据类型？

二、选择题

1. C 语言结构体类型变量在程序运行期间(　　)。
    A. 所有成员一直驻留在内存中　　B. 没有成员驻留内存
    C. 只有一个成员驻留内存　　　　D. 部分成员驻留内存
2. 设有如下结构体定义语句，以下叙述中不正确的是(　　)。

    ```
    struct student
    {    int a;
         float b;
    }stutype;
    ```

    A. struct 是定义结构体类型的关键字
    B. struct student 是用户定义的结构体变量名
    C. a,b 是结构体成员名
    D. stutype 是结构体变量名
3. 当定义一个结构体后，系统为它分配的内存空间是(　　)。
    A. 所有成员一直驻留在内存中　　B. 没有成员驻留内存
    C. 只有一个成员驻留内存　　　　D. 部分成员驻留内存
4. 关于定义结构体和共用体数据类型时系统为它们分配空间的说法不正确的是(　　)。
    A. 分配空间的方法不同
    B. 结构体是全部成员存储空间的总和再加偏移量
    C. 共用体按成员的最大空间计算
    D. 共用体是全部成员存储空间的总和再加偏移量
5. 设有以下结构体定义语句，执行输出函数 printf()后的结果为(　　)。

    ```
    struct st
    ```

```
{   int x;
    int y;
}a[2] = {1,2,3,4};
printf("%d\n",a[0].x * a[1].x);
```
　　A. 2　　　　　　B. 8　　　　　　C. 6　　　　　　D. 3

6. 以下程序的运行结果是(　　)。
```
struct words
{   int Num;
    char word[20];
}c[ ] = {1,"void",2,"int",3,"char",4,"float"};
printf("%d %s\n",c[2].Num,c[2].word);
```
　　A. 3 char　　　　B. 2 int　　　　C. 出错信息　　　　D. 1 void

7. 以下程序的运行结果是(　　)。
```
struct words
{   int Num;
    char word[20];
}c[ ] = {1,"void",2,"int",3,"char",4,"float"};
printf("%d %c\n",c[1].Num,c[1].word[0]);
```
　　A. 1 void　　　　B. 2 i　　　　C. 出错信息　　　　D. 2 int

8. 假设有以下结构体定义语句,不能够正确引用 st 变量的表达式是(　　)。
```
struct stru
{   int num;
    char name;
}st, * p = &st;
```
　　A. (*p).name　　　B. st.name　　　C. p->name　　　D. st->name

9. 以下定义枚举类型正确的是(　　)。
　　A. enum a = {one,two,three};
　　B. enum a {one = 2,two = -1,three};
　　C. enum a {"one","two","three"};
　　D. enum a = {"one","two","three"};

10. 假设有以下共用体定义语句,系统为变量 x 留出的存储空间大小为(　　)。
```
union elem
{   int num;
    char sex[10];
    float score;
}x;
```
　　A. 10B　　　　　B. 18B　　　　　C. 12B　　　　　D. 4B

11. 假设成员数据与第 10 题相同,改为结构体后,变量 x 获得的存储空间大小为(　　)。
　　A. 20B　　　　　B. 10B　　　　　C. 12B　　　　　D. 18B

12. 以下对结构体变量 stu1 中成员 age 的非法引用是(　　)。
```
struct  student {
    int  age;
    int  num;} stu1, * p;
p = &stu1;
```

A. stu1.age　　　　B. student.age　　　　C. p->age　　　　D. (*p).age

13. 设有以下定义语句,则输出结果为(　　)。
```
struct
{   int a;int b;
}t[2]={{1,6},{2,4}};
printf("%d\n",t[0].b/t[0].a*t[1].a);
```
A. 0　　　　　　　B. 12　　　　　　　C. 6　　　　　　　D. 2

14. 以下对共用体类型的叙述正确的是(　　)。
   A. 可以对共用体变量名直接赋值
   B. 一个共用体变量中可以同时存放其所有成员
   C. 一个共用体变量中不可以同时存放其所有成员
   D. 共用体定义中成员不可以是结构体

15. 以下叙述中不正确的是(　　)。
   A. typedef 可以定义各种类型名,但不能用来定义变量
   B. 用 typedef 可以增加新类型
   C. 用 typedef 只能将已有类型重新命名
   D. 使用 typedef 扩展程序的通用性和移植性

三、填空题

1. 结构体是用户利用已经存在的不同的数据类型组合而成的一种新的_____。
2. 结构体必须先_____后使用。
3. 定义结构体数据类型的关键字是_____。
4. 结构体变量的引用就是对结构体变量的_____执行相关操作。
5. 数据元素为_____的数组称为结构体数组。
6. 指向结构体变量的_____称作结构体指针。
7. 使用结构体成员作实参,给调用函数传递_____,用结构体变量作实参,给调用函数传递_____,用指向结构体的指针作实参,给调用函数传递_____。
8. 在结构体中,不同的数据类型占用的存储空间是各个成员数据长度(字节数)的总和＋偏移量,而共用体则是按占用存储空间_____的数据成员来确定其总长度。
9. 共用体与结构体_____相互嵌套使用。
10. 枚举是由在规定值域范围内命名的_____的集合构成的一种数据类型。
11. typedef 的应用在于增加程序的可_____和共享性。
12. 为了建立链表,结构体中的成员必须有一个成员为_____类型,用于存放下一个节点的_____。
13. 结构体中的成员数据类型可以_____,也可以_____。
14. 如果形参是结构体变量,实参也必须是_____。

四、判断题

1. 结构体成员还可以是另一个结构体类型。　　　　　　　　　　　　　　(　　)

2. 经过定义的结构体变量具有与结构体相同的数据构成。   （   ）
3. C 语言中结构体引用不可以对变量整体引用,只能引用成员。   （   ）
4. 同类结构体变量不可以相互赋值。   （   ）
5. 结构体定义变量和赋初值不可以分隔开来。   （   ）
6. 可以使用结构体数组来处理具有相同复杂数据构成的批量数据。   （   ）
7. 在不同存储区域中覆盖式地存放不同类型数据的数据结构称为共用体。   （   ）
8. 共用体变量可以同时对多个成员初始化。   （   ）
9. 因为枚举类型的数据总是整数,因此此类变量可以不定义直接使用。   （   ）
10. C 语言程序可以使用 typedef 新增用户定义数据类型。   （   ）

五、程序补充题

按各题功能要求,在画线位置对语句进行补充完善,使程序能够正确运行。

1. 结构体定义如下,实现对变量 stu 数据输入及输出功能,补充相关语句。

```
struct Student
{   int num;
    char mame[20];
    float score;
}stu;
scanf("%d,%s,%f",_____,_____,_____);
printf("NO = %d  name = %s
score = %.2f\n",  _____, _____, _____);
```

2. 完成以下结构体的定义及初始化功能。

```
struct person
{int Num;
char name[20];
}leader[3] = {_____,_____,_____,_____,_____,_____};
```

3. 数据结构如下所示,要求使用指针变量 p 对结构体进行数据的输入输出。

```
struct Student
{int num;
    char name[20];
    float score;
}stu, *p;
p = _____;
scanf("%d,%s,%f",_____,_____,_____);
printf("NO = %d  name = %-s
score = %.2f\n",  _____, _____, _____);
```

六、应用题

1. 学生的记录由学号、姓名、3 门课成绩、平均分、总分组成,要求计算总分和平均分,学生人数自行确定。设计结构体,并编程实现数据输入、计算、结果输出功能。

2. 与第 1 题数据内容相同,改用函数形式实现以下功能:数据输入函数、计算平均分和总分函数、查找成绩最高和最低学生数据函数、输出数据函数,并由主函数调用各自的功能实现数据处理及各类数据输出。

3. 有若干人员，包括学生和教师。描述人员的数据如表 8-8 所示。

表 8-8 人员数据

编　号	姓　名	职　业		住　址	
No	name	category	s	add	宿舍号(int)
			t		居住地名(char)

假设职业为学生(标识符为 s)，则住址栏中填写宿舍号(整型数据)；如果职业为教师(标识符为 t)，则住址栏中填写居住地名称(字符串)。

编程实现如下功能：

(1) 建立能够实现如上所述功能的数据结构。

(2) 动态输入数据记录，人数多少动态确定。

(3) 输出所有存储的数据记录。

第 9 章

文 件

CHAPTER 9

内容导引

应用程序解决的是现实世界中存在的问题,而这些问题是通过数据在计算机中的表示描述的,因此应用程序必须具备获取、存储、处理和输出数据的功能。

我们知道,程序运行过程中,原始数据和运算结果都是暂存在内存中的,当退出程序或关闭系统后,内存中的数据将全部丢失。如果运算结果需要保存或者所要加工处理的原始数据需要从外设输入或从外存载入,都需要与外部设备交换数据。外部设备一般包括输入输出设备和存储设备。零散的数据输入主要通过键盘实现,运算结果输出主要通过显示器完成,这些操作在之前的章节中已经做了详细的讨论。

批量数据输入或运算结果长久保留的功能,需要通过外存实现,当应用程序运行时,可以从存储设备中读取数据,也可以将运算结果写入存储设备。程序中涉及与外存进行数据交换的问题,是本章的学习内容。C语言中,与存储设备进行数据交换的功能是编译系统借助于操作系统的文件操作功能来实现的。本章重点学习C语言中关于文件的概念及其操作方法。

学习目标

- 了解流和文件的概念。
- 掌握C语言中的控制台输入和输出方法。
- 掌握文件顺序读写和随机读写的操作。
- 了解检测文件读写错误的方式。

9.1 文件的基本知识

内容概述

文件用于对数据进行永久性存储,应用程序要想实现数据与外部存储设备交换信息,必须使用文件。本节学习重点为:
- 了解文件的基本概念。
- 掌握访问文件的基本操作方法和过程。

9.1.1 外部设备及其操作

应用程序是通过多种外部设备与外部世界进行数据交换的,当程序从外部设备中接收数据时称为程序的输入(input),而当程序向外部设备发送数据时则称为程序的输出(output)。

在线视频

按照工作特性,外部设备可分为存储器和输入输出设备。
- 存储器

存储器是计算机用来存储数据的设备,相对计算机的内存而言,这类设备通常也被称为辅助存储器或外存,例如硬盘、U 盘等都属于计算机的外部存储器。程序运行时,可以从存储器中读取数据,也可以将数据写入到这些存储器上。
- 输入输出设备

输入设备是计算机用于接收来自外部世界数据的设备,常用的有键盘、鼠标等。输出设备是将计算机加工处理后的结果数据送达外部世界的设备,常用的有显示器、打印机等。

无论是存储器还是输入输出设备,操作系统都使用文件与它们进行交互。

9.1.2 文件和流的概念

1. 文件的概念

文件是保存在外部存储器上的数据的集合。如常见的 *.doc 文件、*.txt 文件、*.c 源程序文件等。文件是数据源的一种,主要的作用是保存数据。一般所说的文件是指保存在外部存储器上的信息集,例如硬盘中所存储的各种文件。在 C 语言中,文件的概念具有更广泛的意义,它把外部输入输出设备也作为文件来对待。例如键盘,这样的文件被称为设备文件。对外部设备的输入输出操作就是读写设备文件的过程,对设备文件的读写与一般文件的读写过程完全相同。

用户在执行程序时输入的任何数据,在程序结束后都会消失。此后如果用户需要使用相同的数据运行程序,就必须重新输入一遍,显然对于大量的数据这种无谓的重复操作效率极其低下,有效的方法是将这些数据存储在外存中以便随时调用。

2. 流的概念

当程序与外界环境进行信息交换时,存在两个对象,一个是程序中的对象,另一个是文件对象。流是一种抽象，它担负着在数据的生产者和数据的消费者之间建立连接和管理数据流动的任务。程序建立一个流对象，并指定这个流对象与某个文件对象建立连接，程序操作流对象，流对象通过文件系统对所连接的文件对象产生作用。由于流对象是程序中的对象与文件对象进行数据交换的界面，对程序对象而言，文件对象有的特性，流对象也具备，所以，程序的流对象是文件对象的化身。文件有当前长度，这个长度可以被动态改变，所以，流也就有长度。文件能读写，因此流也能读写。程序在建立一个流对象与一个文件对象的连接时，流对象打开文件对象，如果文件被成功打开，我们说连接被成功建立，否则建立连接的目标失败。程序可以显式地断开流对象与文件对象的连接，或在流对象被删除时自动断开流对象与文件对象的连接。这时，流对象自动将文件对象关闭。

在 C 语言中，对流的读写往往被直接称为文件的读写或终端的输入输出。

3. 文件与流的缓冲处理

外部设备的处理速度要远远低于计算机本身的数据处理速度，为了保证计算机与外部设备之间的协调运行，通常对文件和流操作都采用一种缓冲处理的办法。

缓冲处理是指系统自动地在内存区为每一个正在使用的流开辟一个缓冲区。当向流中写入数据时，先送往该缓冲区，只有当缓冲区被装满时，缓冲区中的数据才被流输出到文件或输出设备中；当从流中读取数据时，也是先从该缓冲区读取，只有缓冲区的数据被读完时，流才从文件或输入设备中向缓冲区再读入下一批数据。

非缓冲处理时，系统不为流自动开辟确定大小的缓冲区，每次向流中插入一个字符时，流都直接向文件或输出设备进行输出；而每次从流中提取一个字符时，流都直接从文件或输入设备中读取一个字符。

在线视频

9.1.3 文件的分类

C 语言中将文件看成字节的序列，即由一个一个字节的数据顺序组成。所有的数据对计算机内部来讲都是用二进制表示的，既然文件是可以被计算机输入和输出的数据序列，那么它也应该是用二进制表示的。但为了能满足不同的使用需求，程序必须以一定的数据格式来组织文件中的数据。根据对文件中数据的不同组织形式，可将文件大致分为以下两种类型。

（1）ASCII 文件。

ASCII 文件的每个字节存放一个 ASCII 码，代表一个字符或设备控制指令。设备控制指令用于控制设备的动作。

ASCII（American Standard Code for Information Interchange），是用于在不同的设备之间进行信息交换的标准代码。为了使计算机与外部世界之间能够正确地交换信息，计算机与输入输出设备必须在信息交换发生之前约定信息交换的格式或协议。随着设备的不同，信息交换协议也可能会不一样，但大多数输入输出设备使用 ASCII，例如键盘、显示设备和打印机等这些直接与人打交道的设备都支持 ASCII，这类设备称为字符设备，因为它们所显示的是人类可理解的图形符号，例如显示器接收一个 ASCII 码 65 之后，它在屏幕上向用户显示字符 A。

由于 ASCII 是一个应用非常广泛的标准，以这个标准作为信息交换的设备有更广泛的通用性。当程序为这种设备准备数据时,必须满足这种设备的数据格式要求,当从这种设备输入数据时,也必须按这种设备所要求的数据格式去解释数据。

ASCII 还包括一些控制代码,这些代码控制设备的动作。例如,表示回车和换行的 ASCII 码分别为'\r'和'\n',前者的作用是使显示终端的光标或打印机的打印头回到同一行的开始处;而后者的作用是使光标或打印头的列位置不变,光标或打印头移到下一行。这两个控制符结合起来一起使用,就可以使后面的数据显示或打印在一个新行上。由于这类设备的这种控制特性,与它们有关的数据也必须这样组织,满足这种要求组织的 ASCII 文件被称为文本文件。文本文件所表达的信息是文本信息,文本信息有行的概念。

(2) 二进制文件。

二进制文件是把内存中的数据按其在内存中的存储形式原样输出到磁盘上存放。这种格式文件的数据存储形式紧凑,可以节省存储空间,而且在数据输入输出操作中没有数据格式的转换问题,读写时效率较高。例如,在文件中用二进制存储一个整数 127,则二进制码表示为 01111111,它占用 1 字节。而如果用 ASCII 码存放 127,由于 ASCII 码与字符一一对应,一个字节代表一个字符,因此需要 3 字节存放 127 所对应的 3 个内部码 49、50、55。很显然,文本文件比二进制文件占用的内存要多,但文本文件便于对字符进行输出或逐个处理。

对于存储设备来讲,可以将数据保存为文本格式的文件,也可以保存为二进制格式的文件。如果要将存储设备中存储的数据文件输出到目标设备上,应用程序必须按目标设备所能认识的格式来解释文件中的数据。

9.2 输入输出与文件指针

内容概述

对文件的读写涉及打开文件、关闭文件、向文件输出数据、从文件读取数据等操作,下面将学习 C 语言中关于文件的命名、文件指针的概念及操作方法。本节学习重点为:
- 文件的控制台输入与输出。
- 文件指针与文件的命名。
- 文件的打开与关闭操作。

9.2.1 控制台输入与输出

前面我们已经学习过文件的基本概念,并理解了操作系统是采用文件形式进行输入和输出数据的。程序运行过程中,一般的输入输出是通过控制台进行的。

在线视频

控制台输入与输出通常是指计算机键盘和显示器上的输入和输出操作。键盘作为输入设备与一个标准的输入流 stdin 相连接,显示器作为输出设备与一个标准的输出流 stdout 相连接。当应用程序开始运行时,系统自动打开 3 个标准流,这 3 个标准流分别是 stdin、stdout 和 stderr。stdin 是一个标准的输入流,它可以使程序从键盘中读入数据;stdout 是一个标准的输出流,它可以向显示器屏幕输出数据;stderr 是一个用于输出错误信息的输出流,它也与显示器相连。这三个流在 C 标准库中都被定义为 FILE 类型的指针变量,即:

```
FILE *stdin, *stdout, *stderr;
```

系统利用这三个指针变量实现流中数据的输入和输出操作。

C语言本身不包含输入输出语句,而是利用标准库函数中提供的输入输出函数来完成控制台的输入与输出功能。输入数据的有 scanf()函数、getchar()函数等,输出数据的有 printf()函数、putchar()函数等。文件指针 stdin、stdout 不需要用户定义,它们都包含在 stdio.h 头文件中,由 C 编译系统自动完成。

9.2.2 文件指针与命名

与控制台 I/O 相同,C语言中的 I/O 文件系统也有一组对 FILE 指针操作的函数,只不过在文件 I/O 系统中 FILE 指针代表的流要由用户自己打开。C语言的 I/O 文件系统由缓冲型 I/O 和非缓冲型 I/O 组成。非缓冲型 I/O 主要是用于一些低级的 UNIX 系统中,使用非缓冲型 I/O 时程序员必须提供和维护所有的磁盘分区,I/O 函数不能自动完成这些功能,因此非缓冲型 I/O 文件系统在当今的大多数软件开发中已废弃不用。

1. 文件指针

程序运行时,把指针关联到特定的文件上,就可以很方便地引用文件。

调用一个文件,一般需要该文件的一些信息,比如文件当前的读写位置,与该文件对应的内存缓冲区的地址,缓冲区中未被处理的字符串,文件操作方式等。缓冲区文件系统会为每一个文件系统开辟一个"文件信息区",包含在 stdio.h 中,它被定义为 FILE 类型数据。文件指针指向表示流的 FILE 类型指针。

FILE 结构如下:

```
typedef struct
{    short level;                    //缓冲区满或者空的程度
    unsigned flags;                  //文件状态的标志
    char fd;                         //文件描述符
    unsigned char hold;              //如无缓冲区不读字符
    short bsize;                     //缓冲区的大小
    unsigned char *buffer;           //数据缓冲区读写位置
    unsigned char *curp;             //指针指向的当前文件位置标记指针
    unsigned istemp;                 //临时文件指示器
    short token;                     //用于有效性检查
}FILE;
```

编写源程序的过程中使用一个数据文件时,先预包含 stdio.h 头文件,然后定义指向该结构体类型的指针,不必关心 FILE 的细节,例如"FILE *fp;",其中,fp 是指向 FILE 结构体类型的指针变量,可以使 fp 指向某一个文件类型的结构体变量,从而通过该结构体变量中的文件信息访问该文件。

2. 文件的命名

每个文件都必须有一个文件名。文件名为一个字符串。文件名的命名规则依操作系统而确定。C语言文件名命名须符合标识符命名规则。如头文件以".h"为后缀,源文件以".c"为后缀。除满足标识符的一般规定外,C语言文件名还应该注意以下事项。

(1) 标识符长度是由机器上的编译系统决定的,一般限制为 8 字符(注:8 字符长度限制是 C89 标准,C99 标准已经扩充长度,其实大部分工业标准都更长)。

(2) 标识符对大小写敏感,即严格区分大小写。一般对变量名用小写,符号常量命名用大写。

(3) 在 C 程序中,文件名还要包含路径信息。路径特指文件所在的外存和目录(或文件夹)。如果指定的文件名没有路径,则假定该文件位于操作系统默认的当前目录中。在文件名中指定路径信息是很好的编程习惯。

(4) 在安装 Windows 操作系统的计算机中,使用反斜杠字符用于分隔路径中的目录名。例如 C:\users\data.txt 指的是 C 盘的\users 目录中的 data.txt 文件。在 C 语言中,反斜杠有特殊的含义,如果想表示反斜杠本身,必须在其前面再加上一个反斜杠。因此在 C 语言程序中,上述文件名表示为:char * filename = "C:\\users\\data.txt"。

需要注意的是,如果在运行程序的过程中需要用户通过键盘输入文件名,那么只需要输入一个反斜杠。

(5) 并非所有的计算机都用反斜杠作为目录的分隔符,依操作系统而异,例如 UNIX 操作系统就使用斜杠(/)来分隔。

9.2.3 文件操作过程

在线视频

操作文件的一般流程为:打开文件→读写文件→关闭文件。文件在进行读写操作之前需要打开,操作结束后应将文件关闭。

1. 打开文件

将内部文件指针变量关联到一个指定的外部文件名称上的过程称为打开文件。打开文件的方法是调用标准库函数 fopen(),该函数返回指定外部文件的指针。fopen()函数包含在 stdio.h 中,它的原型为:

FILE * fopen(char * filename,char * mode);

该函数的功能为以 mode 指定的方式打开名为 filename 的文件,打开成功返回一个文件指针(文件缓冲区的起始地址),否则返回 0。

例如:FILE * fp = fopen("data.txt","r");

它表示以"只读"方式打开当前目录下的 data.txt 文件,并使 fp 指向该文件,这样就可以通过 fp 来操作 data.txt 了。fp 通常称为文件指针。

函数格式中第一个变量是一个字符串指针,它表示打开的外部文件名称。可以将该文件名明确指定为变量,也可以使用数组或一个 char 类型变量的指针,它包含文件名所在地址。文件名获取一般需要一些外部方式,例如程序开始执行时的命令行或从键盘读入的文件名。第二个变量也是一个字符串,称为文件模式,它指定对文件进行什么样的处理。希望接收 fopen()的返回值,因此需要定义一个 FILE 类型的指针。

2. 文件的操作方式

对文件实施怎样的操作需要在打开文件时确定。例如只需要读取文件中的数据,就需要指定"只读方式";如果既要读又要写入数据,就需要指定"读写方式"。

另外文件有不同的类型,按照数据的存储方式可以分为二进制文件和文本文件,相应的读写方式有所不同。在调用 fopen()函数时,必须指定文件的读写权限和读写方式,可以统称为"文件打开方式"。

文件打开方式由 r、w、a、t、b、+ 六个字符组合而成,各字符的含义为 read(读)、write(写)、append(追加)、text(文本文件)、binary(二进制文件)和"读写方式"。文件的打开方式及功能描述如表 9-1 所示。

表 9-1 文件的打开方式及功能描述

打开方式	功能描述	说明
控制读写权限的字符串(必须指明)		
r	按"只读"方式打开文件	文件必须存在,否则打开失败
w	以"写入"方式打开文件	如果文件不存在,创建一个新文件;如果文件存在,清空文件内容
a	以"追加"方式打开文件	如果文件不存在,那么创建一个新文件;如果文件存在,将写入的数据追加到文件的末尾
r+	以"读写"方式打开文件	既可以读取也可以写入,也就是随意更新文件。文件必须存在,否则打开失败
w+	以"写入/更新"方式打开文件,相当于 w 和 r+ 叠加的效果	既可以读取也可以写入,也就是随意更新文件。如果文件不存在,创建一个新文件;如果文件存在,清空文件内容
a+	以"追加/更新"方式打开文件,相当于 a 和 r+ 叠加的效果	如果文件不存在,创建一个新文件;如果文件存在,将写入的数据追加到文件的末尾
控制读写方式的字符串(可以不写)		
t	文本文件	如果缺省,默认为"t"
b	二进制文件	如果以二进制方式读写,必须加上"b"

特别说明:读写权限和读写方式可以组合使用,但是必须将读写方式放在读写权限的中间或者尾部,换句话说,不能将读写方式放在读写权限的开头。以下组合是正确的:

将读写方式放在读写权限的末尾:"rb+""wt+""ab+"。

将读写方式放在读写权限的中间:"rb""wt""ab""r+b""w+t""a+t"。

3. 关闭文件

文件使用完毕后应该将其关闭,以释放相关资源,避免数据丢失。在 C 语言中使用 stdio.h 头文件中的 fclose()函数关闭文件,fclose()函数的原型为:

int fclose(FILE *fp);

例如:fclose(fp);

其中,fp 为指向打开的文件指针。同样可以通过判断 fclose()的返回值来判断文件是否关闭成功。当文件成功关闭时,fclose()函数的返回值为 0,否则返回值为 EOF(-1)。

9.3 文件的读写与定位

内容概述

在 C 语言中,文件有多种读写方式,可以按字符逐个读取,也可以按行读取,还可以读取指定的若干字节。文件的读写位置可以随机确定,既可以从文件开头读取,也可以从中间某个位置开始读取。本节学习重点为：
- 字符读写及应用。
- 字符串读写及应用。
- 格式化读写及应用。

9.3.1 字符读写

在线视频

1. 读取文件中的单个字符

以单个字符方式读取文件用函数 fgetc()实现。fgetc 是 file get char 的缩写，即从指定的文件中获取字符。函数 fgetc()的原型为：

  `int fgetc(FILE *fp);`

例如：ch = fgetc(fp);

参数 fp 是文件指针，fgetc()操作成功时，返回 fp 所指文件中的第一个字符，读取到文件末尾或读取失败时返回 EOF。

EOF(End Of File)，它在头文件 stdio.h 中定义，其值为一个负数，往往取 −1，会随使用的编译系统不同而有所差别。需要注意的是，fgetc()的返回值类型之所以为 int，是为了容纳 EOF 的值。

在文件内部设有一个位置标志，这个标志不需要用户在程序中定义和赋值，而是由系统自动设置，对用户是隐藏的，它用来指示当前读写的位置，也就是读写到第几个字节。当文件打开时，该标志总是指向第一个字节，调用 fgetc()函数一次后，该标志会自动向后移动一个字节，所以可以连续调用 fgetc()读取多个字符。

2. 向文件写入单个字符

向文件中写入单个字符使用函数 fputc()实现。fputc 是 file output char 的缩写。fputc()函数的原型为：

  `int fputc (int ch,FILE *fp);`

例如：fputc(ch, fp);

其中 ch 为要写入文件的字符，fp 为文件指针。fputc()写入成功时返回写入的字符，否则返回 EOF，其他与函数 fgetc()相同，不再赘述。

使用此函数时，需要注意以下两点。

（1）根据需要确定文件正确的打开方式。可以用写、读写、追加方式打开。不管以何种方式打开，被写入的文件若不存在时则自动创建该文件。

（2）每写入一个字符，文件内部位置指示器都会向后移动一个字节。

【例 9-1】 从键盘输入字符追加到 data.txt 文件末尾，直到按下 Enter 键结束输入，输出文件中的内容到显示器，证实输入字符成功追加到文件中。假设 data.txt 文件内容为：

  abc
  123
  ABC
\#include <stdio.h>

```c
    int Printstr(FILE * f)              //输出由 f 指向的文件内容
    {   char ch;
        if ((f = fopen("D:/test/data.txt", "r"))!= NULL)   //重新打开文件
        {   while ((ch = fgetc(f))!= EOF)   //每次读取一个字符,直到读取完毕
                putchar(ch);
            putchar('\n');
        }
        fclose(fp);                      //关闭此函数中打开的文件
        return 0;
    }
    int main ()
    {
        FILE * fp;
        char ch;
        if ((fp = fopen("D:/test/data.txt", "a + ")) == NULL)
        {
            puts("Fail to open file!");
            exit(0);
        }
        printf("Input a string:");       //以追加方式打开文件成功
        while((ch = getchar())!= '\n')   //循环读取字符,直到按下 Enter 键结束
            fputc(ch,fp);                //把获取的字符输出到文件
        fputc('\n',fp);                  //循环结束,在文件尾追加换行符
        fclose(fp);                      //关闭文件,把缓冲区中的信息安全写入文件
        Printstr(fp);                    //调用输出文件函数
        return 0;
    }
```

运行结果:

```
Input a string:new char
abc
123
ABC
new char
```

结果分析:

(1) 如果主函数中不是先关闭文件而是先调用输出函数,则文件中的指示器移向文件尾部,在调用输出文件函数中直接调用文件,结果会出错。

(2) 如果不是以追加方式打开文件,data.txt 中原字符将被覆盖丢失。

在线视频

9.3.2 文件中读写字符串

fgetc()和 fputc()函数每次只能读写一个字符,需要循环控制才可操作字符串,编程和运行效率都不高,因此在文件中以字符串或者数据块形式进行读写操作更为快捷。

1. 读取文件中的字符串

使用 fgets()函数从指定的文件中读取一个字符串,并保存到字符数组中,函数原型为:

char * fgets (char * str,int n,FILE * fp);

例如: fgets(str,n,fp);

其中 str 为字符数组，n 为要读取的字符数，fp 为文件指针。

读取成功时，返回字符数组首地址，即 str；读取失败时返回 NULL。需要注意的是如果开始读取时文件内部指针已经指向了文件末尾，那么将读取不到任何字符，也返回 NULL。

使用 fgets() 函数读取字符串时会在末尾自动添加'\0'，n 个字符中包括'\0'，也就是说，实际只读取到了 n−1 个字符。比如希望读取 100 个字符，n 的值应为 101。如以下代码段：

```
#define N 101
char str[N];
FILE * fp = fopen("data.txt","r");
fgets(str,N,fp);
```

它可实现从文件 data.txt 中读取 100 个字符，并保存到字符数组 str 中。

在读取到 n−1 个字符之前如果出现了换行，或者读到了文件末尾，则读取结束。这就意味着，不管 n 的值多大，fgets() 最多只能读取一行数据，不能跨行。

在 C 语言中，没有按行读取文件的函数，只能借助于函数 fgets()，设置足够大的 n，这样每次就可以读取到一行数据。

2. 向文件写入字符串

使用 fputs() 函数可向指定的文件写入一个字符串，函数原型为：

int fputs (char * str, FILE * fp);

例如：fputs(str,fp);

其中，str 为要写入的字符串，fp 为文件指针。写入成功返回非负数，否则返回 EOF。例如以下代码段：

```
char * str = "Hello World";
FILE * fp = fopen("data.txt", "at+");
fputs(str, fp);
```

它可实现把 str 中的字符串追加写入 data.txt 文件中。

【例 9-2】 由键盘输入字符串，并追加到文件 data.txt 中。

```
#include <stdio.h>
int main ()
{   FILE *fp;
    char str[102] = {0};              //定义并初始化数组
    if ((fp = fopen("D:/test/data.txt", "at+")) == NULL)
       {puts("Fail to open file!");
        exit(0);
       }
    printf("Input a string:\n");
    gets(str);                         //输入字符串
    strcat(str,"\n" );                 //在串中补充换行符,实现每次输入为独立行
    fputs(str, fp);                    //写入文件
    fclose(fp);                        // 操作结束后关闭文件
    return 0;
}
```

运行结果：

```
abc
123
ABC
NEW CHAR
```

运行程序，在控制台输入一个字符串"NEW CHAR"，打开 data.txt 文件，可以看到输入的内容追加到了文件末尾。显然此程序代码比例 9-4 简洁了许多。

9.3.3 文件的格式化读写

与从输入输出设备读写数据的格式化操作类似，向文件中读写数据也可以进行格式化处理。与格式化输入输出函数 scanf() 和 printf() 相对应，对文件读写采用的函数分别为 fscanf() 和 fprintf()。

1. 格式化写入文件

格式化写入文件数据的函数原型为：

`int fprintf(FILE *fp,char format,args,…);`

例如：fprintf(fp,"%c,%d",a,b);

其中，fp 为文件指针，format 为格式字符串，args 为所要操作的数据项。函数的功能为按 format 规定的格式向 fp 所指的文件中写入 args 列出的数据项。如果操作成功，将返回写入文件的字符个数，否则返回 EOF。

2. 格式化读取文件

格式化读取文件数据的函数原型为：

`int fscanf (FILE *fp, char format, *args,…);`

例如：fscanf(fp,"%c,%d",&a,*p);

其中，fp 为文件指针，format 为格式字符串，args 为存储读取数据的变量，要求指针数据类型。函数的功能为按 format 规定的格式从 fp 所指的文件中读取数据并存储于 args 列出的数据项中。如果操作成功，将返回成功匹配和赋值的个数，否则返回 EOF。

【例 9-3】 按规定的格式从键盘输入数据，将其以规定的格式写入到 data.txt 文件中。

```c
#include<stdio.h>
#define N 2
struct stu
{   char name[10];
    int num;
} boya[N], *pa;
int main()
{   char str[10];
    FILE* fp;
    int i;
    pa = boya;
    if((fp = fopen("D:/test/data.txt","wt+")) == NULL)
```

```
    {   puts("Fail to open file!");
        exit(0);
    }
    printf("Input data:1 - char 2 - int\n");
    for (i = 0;i < N;i++,pa++)         //从键盘输入数据暂存于由 pa 所指的 body 数组中
        scanf("%s %d",pa -> name,&pa -> num);
    pa = boya;
    for (i = 0;i < N;i++,pa++)         //将由 pa 指向的 body 中的数据写入文件
        fprintf(fp,"%s %d\n",pa -> name,pa -> num);
    fclose(fp);
    return 0;
}
```

运行程序时,在提示后输入如下数据:

```
Input data:1 - char 2 - int
q 1
a 2
```

打开 data.txt 文件,可以看到数据以规定的格式写入文件中。一般使用 fscanf()和 fprintf()函数来读写配置文件或日志文件。

9.3.4 文件的数据块读写

前面所学习的文件操作方法,无论是采取单个字符、字符串还是格式化存储,实际上都是按照单字节的方式写入文件的。从文件中读取也是如此,按照字节流方式一个字节一个字节读入程序中存储。实际应用中还需要从文件中读取或向文件写入一个数据块,比如一个数组或结构体中的数据,在写数据时直接将内存中的一组数据原封不动地复制到文件中,在读数据时是将文件中若干字节的内容批量读入内存。

文件的数据块读写方式是以二进制形式进行的,这种读取数据的方式也称为数据流读写,这种文件也称为流文件,传输过程中对数据不做任何格式转换。操作方法分别采用 fread()和 fwrite()函数进行。

1. 从文件读取数据块

实现从文件中读取数据块的功能,使用函数 fread(),函数原型为:

int fread(void * buffer,int size,int count,FILE * fp);

其中的参数含义为:

```
void buffer                    //存放读入数据的存储空间地址
int size                       //读取的字节数
int count                      //读取的数据项个数,每个数据项长度为 size
FILE * fp                      //数据流指针
```

例如:fread(arr,4,10,fp);

本例实现的功能为从 fp 所指向的文件中读取 10 个 4 字节的数据块,存储到 arr 数组中。此函数的返回值为所读取文件的数据块的数量,如遇到文件结束或出错则返回值为 0。

2. 向文件写入数据块

实现将数据块写入文件的功能,使用函数为 fwrite()。函数原型为:

```
int fwrite(void * buffer,int size,int count,FILE * fp);
```

其中的参数含义与函数 fread()相同。

例如：fwrite(&stu[i],sizeof(struct student),1,fp);

本例中函数的功能为向 fp 所指向的文件中写入一个结构体类型的数据块,存储到 stu[]数组中。

该函数返回值是写入数据项的个数。

该函数把流写入到文件的具体位置,与文件的打开模式有关,如果是 w+,则是从文件指针指向的地址开始写,替换之后的内容,文件的长度可以不变,位置指示器的位置移动 count 个数;如果是 a+,则从文件的末尾开始添加,文件长度加大。

【例 9-4】 将字符串写入文件中去,然后再从文件中读取并输出。

```
#include<stdio.h>
#include<string.h>
int main(void)
{   FILE * stream;
    char msg[] = "Hello World!";
    char buf[20];
    if((stream = fopen("D:/test/data.txt","w + ")) == NULL)
    {fprintf(stderr,"Cannot open output file.\n");
    return 1;}
    fwrite(msg,strlen(msg) + 1,1,stream);        //将数据块写入文件中
    rewind(stream);                              //指针定位到文件的开头部分
    fread(buf,strlen(msg) + 1,1,stream);         //读取文件中的数据块
    printf(" % s\n",buf);                        //输出缓冲区中的数据块
    fclose(stream);
    return 0;
}
```

运行结果：

Hello World!	

结果分析：

打开 data.txt 文件,可以看到字符串值确实写入了文件中。

需要注意的是,此程序中用到函数 rewind(),目的是调整文件指针至文件开始处,因写入数据时文件指向的位置为末尾,不定位而直接输出的结果将是错误的。

9.3.5 文件指针的定位

在线视频

如例 9-4 程序中那样,文件操作中经常会用到文件指针重新定位功能,本节重点介绍文件指针定位功能函数。

1. 文件指针定位到头部位置

函数 rewind()的功能为将文件位置指针重置到文件开头处,它的原型为：

```
void rewind (FILE * fp);
```

其中,fp 是文件指针,该函数无返回值。

2. 文件指针定位到指定位置

函数 fseek() 的功能是将文件指针移动到文件指定位置,其原型是:

`int fseek(FILE * fp, long offset, int fromwhere);`

其中,fp 为文件指针,offset 为文件指针定位偏移量,是一个带符号的 long 类型值,正数表示文件指针向后偏移,负数表示文件指针向前偏移,0 表示不进行偏移。fromwhere 表示文件指针从哪个位置开始偏移,有三个值可选,含义如表 9-2 所示。

表 9-2 fromwhere 参数及功能说明

标 识 符	数 字 代 码	定 位 位 置
SEEK_SET	0	文件头
SEEK_CUR	1	文件指针当前位置
SEEK_END	2	文件尾

fromwhere 取值可使用表 9-2 中的标识符,也可使用相应的数字代码。

操作成功返回 0,操作失败返回非 0。

3. 获取文件指针当前位置

ftell() 函数的功能是定位文件指针的当前位置,函数原型为:

`long int ftell(FILE * fp);`

其中,fp 为文件指针。操作成功返回位置标识符的 SEEK_CUR,如果发生错误将返回 -1。

4. 判定文件指针是否指向结尾

feof() 函数的功能是检测文件是否指向结尾处,函数原型为:

`int feof(FILE * fp);`

其中,fp 为文件指针。操作失败返回 0,否则返回非 0。

9.4 检测文件读写错误

内容概述

文件读写过程中可能会遇到读写失败的问题,有效的提示会帮助编程人员更好地纠正错误,为此 C 语言提供了相关的文件检测读写错误函数。本节学习重点为:

- 文件读写错误检测功能。

9.4.1 检测文件读写错误的作用

文件操作中,符号常量 EOF 用来表示指针指向文件末尾,意味着读取结束,但是很多函数在读取出错时也返回 EOF,那么当返回 EOF 时,到底是文件读取结束了还是读取出错了,可以借助于 feof() 和 ferror() 两个函数来检测。

在线视频

9.4.2 检测文件读写错误的函数

1. ferror()函数

该函数原型为：

`int ferror(FILE *fp);`

例如：

`ferror(fp);`

该函数的功能是判断文件操作是否出错，未出错返回值为 0，否则返回非 0。

说明：

（1）对同一个文件每一次调用输入输出函数，都会产生一个新的函数值，因此，在调用一个输入输出函数后应立即检查函数值，否则不能反映最近读取文件的真实值。

（2）执行 fopen() 函数时，ferror() 函数的初始值自动置为 0。

2. clearerr()函数

该函数原型为：

`void  clearerr(FILE *fp);`

例如：

`clearerr(fp);`

函数 clearerr() 的功能是使文件错误标志和文件结束标志置为 0，相当于置为默认的文件读写无误状态。

假设在调用输入输出函数时出现了错误，ferror 函数值即改变为非零值。为了确保出现错误操作后经过修正的数据或程序有正确的判断结果，应该通过调用 clearerr(fp)，使 ferror(fp) 的值变为 0，以便进行下一次的检测。

【例 9-5】 编写程序，检测函数的功能。

```c
#include<stdio.h>
int main()
{   char a[30]="0";
    FILE * fp;
    fp=fopen("D:/test/data.txt","w");        //以写方式打开文件
    fgetc(fp);                                //以读方式获取文件内容
    printf("%d \n",ferror(fp));
    if(ferror(fp))
        printf("读取文件:data.txt 时发生错误\n");
    clearerr(fp);
    printf("%d\n",ferror(fp));
    fclose(fp);
    return(0);
}
```

运行结果：

```
32
读取文件:data.txt 时发生错误
0
```

结果分析:

data.txt 文件是以写方式打开的,但打开后执行读操作时发生了错误,因此输出函数 ferror(fp)的值为 32(非 0 值),并输出出错提示信息。当执行 clearerr(fp)函数后,复位了文件读写错误值(0 值),因此最后输出的 ferror(fp)值为 0。

9.5 文件操作实训案例

在线视频

内容概述

本节以文件操作为主,学习文件相关的编程技术,以解决实际问题为目标,掌握文件操作编程技巧,提升实践能力。本节学习重点为:

- 文件相关操作及编程方法。

【案例 9-1】 读取文件并显示不以#开头的所有行。

【案例描述与分析】

设计一个程序,要求从当前目录下的 data.txt 文件中读取内容,并显示除以#开头的行以外的所有行。

以只读模式打开文件,并检查打开文件是否成功。打开后通过 fgets()函数逐行读取文件内容,将每一行存储在字符数组 line 中。对每一行进行判断,如果该行的第一个字符不是 #,则使用 printf()函数将该行内容显示在屏幕上,如此反复,直到文件末尾。

假设文件 d:\test\data.txt 中的内容为:

#Hello
World

【案例实现】

```c
#include <stdio.h>
#define MAX_LENGTH 100
int main()
{   FILE *file;
    char line[MAX_LENGTH];
    file = fopen("d:/test/data.txt","r");
    if(file == NULL)
    {   printf("Not open file!\n");
        return 1;
    }
    while(fgets(line,MAX_LENGTH,file)!= NULL)      //逐行读取文件内容
    {if(line[0]!= '#')
        printf("%s", line);
    }
    fclose(file);                                   //关闭文件
    return 0;
}
```

运行结果:

```
World
```

【案例 9-2】 加密文件内容。

【案例描述与分析】

设计一个程序,要求从文本文件 data.txt 中读取一系列英文字符,并将每个英文字母按照加密规则进行加密后写入一个新文件 secret.txt 中。加密规则如下。

- 大写字母:A 变成 B,B 变成 C,…,Y 变成 Z,Z 变成 A。
- 小写字母:a 变成 b,b 变成 c,…,y 变成 z,z 变成 a。
- 其他字符保持不变。

打开 data.txt 文件,创建 secret.txt 文件,逐个读取 data.txt 中的字符,并按照加密规则进行加密运算,将加密后的字符写入 secret.txt 文件中。

假设文件中的内容为:

afdsa   ewefd   3324DSFdfsSASADFIQWE

【案例实现】

```c
#include <stdio.h>
int main()
{   FILE *inputFile, *outputFile;
    char ch;
    inputFile = fopen("d/test/data.txt", "r");        //打开输入文件
    if(inputFile == NULL)
    {printf("无法打开输入文件。\n");
        return 1;}
    outputFile = fopen("d:/test/secret.txt","w");     //创建输出文件
    if(outputFile == NULL)
    {   printf("无法创建输出文件。\n");
        fclose(inputFile);
        return 1;
    }
    while((ch = fgetc(inputFile)) != EOF)             //逐个读取字符并进行加密
    {   if((ch >= 'A'&&ch < 'Z')||(ch >= 'a'&&ch < 'z'))
            ch++;
        else if(ch == 'Z')
            ch = 'A';
        else if(ch == 'z')
            ch = 'a';
        fputc(ch, outputFile);
    }
    fclose(inputFile);
    fclose(outputFile);
    return 0;
}
```

运行结果:

bgetb fxfge 3324ETGegtTBTBEGJRXF

习题与实训 9

一、概念题

1. 文件类型有哪些?
2. 文本文件的特点是什么?
3. 二进制文件的特点是什么?
4. 目前 C 语言所使用的磁盘文件系统有两大类,分别是什么?
5. 实现文本位置标记及其定位的函数有哪些?

二、选择题

1. 下列关于 C 语言数据文件的叙述中正确的是(　　)。
   A. 文件由 ASCII 码字符序列组成,C 语言只能读写文本文件
   B. 文件由二进制数据序列组成,C 语言只能读写二进制文件
   C. 文件由记录序列组成,可按数据的存放形式分为二进制文件和文本文件
   D. 文件由数据流形式组成,可按数据的存放形式分为二进制文件和文本文件
2. 标准库函数 fgets(s,n,f) 的功能是(　　)。
   A. 从文件 f 中读取长度不超过 n-1 的字符串存入指针 s 所指的内存
   B. 从文件 f 中读取长度为 n 的字符串存入指针 s 所指的内存
   C. 从文件 f 中读取 n 个字符串存入指针 s 所指的内存
   D. 从文件 f 中读取 n-1 个字符串存入指针 s 所指的内存
3. 读取二进制文件的函数调用形式为 fread(buffer,size,count,fp);其中 buffer 代表的是(　　)。
   A. 一个内存块的字节数
   B. 一个整型变量,代表待读取的数据的字节数
   C. 一个文件指针,指向待读取的文件
   D. 一个内存块的首地址,代表读入数据存放的地址
4. 若文件指针 fp 已正确指向文件,ch 为字符型变量,以下不能把字符输出到文件中的语句是(　　)。
   A. fputc(ch,fp); B. fget(fp,ch);
   C. fprintf(fp,"%c",ch); D. fwrite(&ch,sizeof(ch),1,fp);
5. 以下与函数 fseek(fp,0L,SEEK_SET)有相同作用的是(　　)。
   A. feof(fp) B. ftell(fp) C. fgetc(fp) D. rewind(fp)

三、填空题

1. 文件由数据流形式组成,可按数据的存放形式分为_____和_____。
2. 当文件打开成功时,fopen( ) 函数会返回一个_____类型的结构体变量。
3. 当程序中对文件的所有写操作完成之后,必须调用_____函数关闭文件。

4. 当对文件的读(写)操作完成之后,必须将它_____,否则可能导致数据丢失。

5. fputc 是 file output char 的缩写,意思是_____。

6. 函数 fgetc 的功能是从指定文件中读入一个字符,与其功能完全相同的函数是_____。

7. C 语言中,使用_____函数从指定的文件中读取一个字符串,保存到字符数组中。

8. _____函数用来向指定的文件写入一个字符串。

9. _____函数用来从指定文件中读取数据块。

10. _____函数用来向文件中写入数据块。

四、判断题

1. 文件由记录序列组成,可按数据的存放形式分为二进制文件和文本文件。（   ）

2. 若以"a+"方式打开一个已存在的文件,文件打开时,原有文件内容不被删除,可以进行添加和读操作。（   ）

3. 程序对文件所有写操作完成之后,不一定要调用 fclose(fp) 函数关闭文件。（   ）

4. 当对文件的读(写)操作完成之后必须将它关闭,否则可能导致数据丢失。（   ）

5. 在一个程序中当对文件进行了写操作后,必须先关闭该文件然后再打开,才能读到第一个数据。（   ）

6. 指针 fp 已指向文件,ch 为字符型变量,fget(fp,ch)能输出字符到文件中。（   ）

7. C 语言通过文件指针对它所指向的文件进行操作。（   ）

8. getc 与函数 fseek(fp,0L,SEEK_SET)有相同作用。（   ）

9. fgets(s,n,f)的功能是从文件 f 中读取 n 个字符存入 s 所指的内存中。（   ）

10. rewind(fp)与函数 fseek(fp,0L,SEEK_SET)有相同作用。（   ）

五、应用题

1. 从键盘输入一个字符串,将其中小写字母全部换成大写字母,然后输出到一个磁盘文件 test 中保存。以输入字符串"!"结束。

2. 从键盘输入若干行字符(每行长度不一样),然后把它们存储到一个磁盘文件里,再从该文件中读入这些数据,将其中的小写字母转换成大写字母后在显示屏上显示。

3. 用 fgetc 函数从键盘逐个输入字符,然后用 fputc 函数写到磁盘文件中。

4. 有两个磁盘文件 A 和 B,各存放一行字母,要求把这两个文件中的信息合并(按字母顺序排列),输出到新文件 C 中。

5. 有 5 名学生,每名学生有 3 门课的成绩,从键盘输入学生数据(学号,姓名,3 门课程成绩),计算平均成绩,将原有数据和平均分数存入磁盘文件 stud 中。

附　　录

附录 A　常用字符与 ASCII 码对照表

附录 B　运算符的优先级和结合性

附录 C　C 语言常用库函数

附录 D　阿尔法编程平台使用说明

参 考 文 献

[1] 谭浩强.C 程序设计[M].5 版.北京：清华大学出版社,2017.
[2] 杨东芳.C 语言程序设计项目教程[M].上海：上海交通大学出版社,2017.
[3] 张玉生.C 语言程序设计[M].上海：上海交通大学出版社,2021.
[4] 刘军,任雪莲,魏怀明.C 语言程序设计项目化教程[M].北京：中国商业出版社,2014.

图 书 资 源 支 持

感谢您一直以来对清华版图书的支持和爱护。为了配合本书的使用,本书提供配套的资源,有需求的读者请扫描下方的"书圈"微信公众号二维码,在图书专区下载,也可以拨打电话或发送电子邮件咨询。

如果您在使用本书的过程中遇到了什么问题,或者有相关图书出版计划,也请您发邮件告诉我们,以便我们更好地为您服务。

我们的联系方式:

清华大学出版社计算机与信息分社网站:https://www.shuimushuhui.com/

地　　址:北京市海淀区双清路学研大厦 A 座 714

邮　　编:100084

电　　话:010-83470236　010-83470237

客服邮箱:2301891038@qq.com

QQ:2301891038(请写明您的单位和姓名)

资源下载: 关注公众号"书圈"下载配套资源。

资源下载、样书申请

书圈

图书案例

清华计算机学堂

观看课程直播